Martin Kördel

Berührungslose ortsauflösende Inspektion planarer Elektronik

Martin Kördel

Berührungslose ortsauflösende Inspektion planarer Elektronik

Struktur-, Defekt- und Funktionsprüfung

Südwestdeutscher Verlag für Hochschulschriften

Impressum / Imprint
Bibliografische Information der Deutschen Nationalbibliothek: Die Deutsche Nationalbibliothek verzeichnet diese Publikation in der Deutschen Nationalbibliografie; detaillierte bibliografische Daten sind im Internet über http://dnb.d-nb.de abrufbar.
Alle in diesem Buch genannten Marken und Produktnamen unterliegen warenzeichen-, marken- oder patentrechtlichem Schutz bzw. sind Warenzeichen oder eingetragene Warenzeichen der jeweiligen Inhaber. Die Wiedergabe von Marken, Produktnamen, Gebrauchsnamen, Handelsnamen, Warenbezeichnungen u.s.w. in diesem Werk berechtigt auch ohne besondere Kennzeichnung nicht zu der Annahme, dass solche Namen im Sinne der Warenzeichen- und Markenschutzgesetzgebung als frei zu betrachten wären und daher von jedermann benutzt werden dürften.

Bibliographic information published by the Deutsche Nationalbibliothek: The Deutsche Nationalbibliothek lists this publication in the Deutsche Nationalbibliografie; detailed bibliographic data are available in the Internet at http://dnb.d-nb.de.
Any brand names and product names mentioned in this book are subject to trademark, brand or patent protection and are trademarks or registered trademarks of their respective holders. The use of brand names, product names, common names, trade names, product descriptions etc. even without a particular marking in this works is in no way to be construed to mean that such names may be regarded as unrestricted in respect of trademark and brand protection legislation and could thus be used by anyone.

Coverbild / Cover image: www.ingimage.com

Verlag / Publisher:
Südwestdeutscher Verlag für Hochschulschriften
ist ein Imprint der / is a trademark of
AV Akademikerverlag GmbH & Co. KG
Heinrich-Böcking-Str. 6-8, 66121 Saarbrücken, Deutschland / Germany
Email: info@svh-verlag.de

Herstellung: siehe letzte Seite /
Printed at: see last page
ISBN: 978-3-8381-3669-1

Zugl. / Approved by: Erlangen, Technische Fakultät der Universität Erlangen-Nürnberg, Diss., 2012

Copyright © 2013 AV Akademikerverlag GmbH & Co. KG
Alle Rechte vorbehalten. / All rights reserved. Saarbrücken 2013

Inhaltsverzeichnis

Symbolverzeichnis   III

Kurzfassung   V

Abstract   VII

1 Einleitung   1
    1.1 Problemstellung 2
    1.2 Stand der Technik 4
    1.3 Lösungsansatz 7
    1.4 Überblick über die Arbeit 11

2 Physikalisch-technische Grundlagen   13
    2.1 Theorie und Messung kapazitiver Kopplungen 13
       2.1.1 Elektrisches Feld und Kapazität 13
       2.1.2 Gestaltung und Auslegung kapazitiver Sensoren 18
       2.1.3 Messprinzipien kapazitiver Sensoren 23
       2.1.4 Messung zeitlich konstanter Spannungen 27
    2.2 Planare Elektronik 28
       2.2.1 Silizium-basierte (klassische) planare Elektronik 28
       2.2.2 Organische (neuartige) planare Elektronik 31
       2.2.3 Dünnschicht-Transistoren (TFTs) 35
       2.2.4 Defekte und systematische Funktionsstörungen 38
    2.3 Finite-Elemente-Simulationen 39
       2.3.1 Finite-Elemente-Methoden zur Simulation elektrischer Felder . . . 39
       2.3.2 Nicht-konforme Gitter innerhalb der Finite-Elemente-Simulation . . 43

3 Messtechnik   47
    3.1 Messprinzip 47
    3.2 Sensorkopf 49
    3.3 Sensorkopf zur Messung zeitlich konstanter Spannungen 51
       3.3.1 Aufbau des Sensorprototyps 51
       3.3.2 Charakterisierung 53
    3.4 Elektronik 56
    3.5 Messaufbau 58
    3.6 Funktions- vs. Strukturinspektion 60

4 Defekt- (Struktur-) und Funktionsinspektion 63
4.1 Flat Panel Displays und 2D-Bilddetektoren ... 64
4.1.1 Defektinspektion ... 64
4.1.2 Inspektion elektrisch isolierter Funktionsbereiche ... 78
4.1.3 Funktionsinspektion ... 86
4.2 Messung der absoluten Spannungen elektronischer Funktionsbereiche ... 105
4.2.1 Integration des Sensors in den Messaufbau ... 106
4.2.2 Kalibrierung und Signalverarbeitung ... 107
4.2.3 Simultane Messung von Gleich- und Wechselspannungen ... 110

5 Finite-Elemente-Simulationen der kapazitiven Kopplung 123
5.1 FE-Simulationen des quasi-statischen Sensorsignals (Defektinspektion) ... 124
5.1.1 Aufbau der FE-Simulation ... 124
5.1.2 Verifizierung der Simulationsergebnisse ... 130
5.2 Modellierung der kapazitiven Kopplung ... 131
5.2.1 Eindimensional angeordnete Bestandteile planarer Elektronik ... 134
5.2.2 Zweidimensional angeordnete Bestandteile planarer Elektronik ... 139
5.2.3 Verifizierung der Modellergebnisse ... 142
5.3 Sensordesign zur Inspektion elektrisch isolierter Bestandteile ... 145
5.3.1 Bisheriges Sensorchipdesign ... 147
5.3.2 Detektion elektrisch isolierter Bestandteile ... 148
5.3.3 Optimale Sensorgröße ... 153
5.3.4 Sensorelektrodenschirmung ... 155
5.3.5 Einfluss der Eigenschaften des Trägermaterials ... 159
5.4 Simulation des dynamischen Sensorsignals (Funktionsinspektion) ... 161
5.4.1 Aufbau des hybriden Simulationsverfahrens ... 162
5.4.2 TFT-Modell ... 164
5.4.3 RC-Delay ... 169
5.4.4 Vorbereitung eines Simulationsdurchlaufs ... 169
5.4.5 Verifizierung des Simulationsverfahrens ... 171

6 Diskussion und Zusammenfassung 175
6.1 Diskussion ... 175
6.2 Zusammenfassung ... 185

Literaturverzeichnis 189

Symbolverzeichnis

Konventionen

$\nabla \cdot$	Gradient
$\nabla \times$	Divergenz
Δ	zweifache Ableitung ($\nabla\nabla$)
$\partial[\ ]$	Rand eines Volumen/Gebiets (ausg. partielle Ableitungen)
$\frac{\partial[\ ]}{\partial[\ ]}$	partielle Ableitung
$\frac{d[\ ]}{d[\ ]}$	totale Ableitung
$d\mathbf{A}$	Vektor des differentiellen Flächenelements
$d\mathbf{V}$	Vektor des differentiellen Volumenelements
δ	Diracsche Delta-Funktion (ohne Index)
sin	Sinus-Funktion
cos	Cosinus-Funktion
exp	Eulersche Exponentialfunktion
erf	Error-Funktion
j	imaginär
const.	Konstante
$\overline{}$	komplexe Größe
$\mathbb{R}$	Raum der Reellen Zahlen
H_0^1	Sobolevscher Funktionsraum

Lateinische Symbole

I_{dis}	Umladestrom
C	Kapazität
U	elektrische Spannung (resultierend)
V	elektrische Spannung (angelegt)
t	Zeit
$\mathbf{B}$	Vektor der magnetischen Flussdichte
$\mathbf{H}$	Vektor der magnetischen Feldstärke
$\mathbf{J}$	Vektor der Stromdichte
$\mathbf{E}$	Vektor der elektrischen Feldstärke
$\mathbf{D}$	Vektor der dielektrischen Verschiebung
Q	elektrische Ladung
$\mathbf{x}$	Ortsvektor
$\mathbf{F}$	Vektor der elektrischen Kräfte (auf eine Punktladung)
$\mathbf{P}$	Vektor der elektrischen Polarisation
d	Plattenabstand (Kondensator)
A	Plattenfläche (Kondensator)
Z	elektrische Impedanz
f	(Signal-) Frequenz
W	Gate-Breite
Z	Gate-Länge

K	Steifigkeitsmatrix
D	Dämpfungsmatrix
M	Massenmatrixmatrix
$\underline{f}$	Lastvektor

Griechische Symbole

ε_0	Dielektrizitätskonstante des Vakuums
ρ	Volumenladungsdichte
φ	elektrisches Potential
σ	Flächenladungsdichte
χ_e	elektrische Suszeptibilität
ε_r	relative Dielektrizitätskonstante
ω	(Kreis-)Frequenz
μ	Ladungsträbeweglichkeit
Ω	Raumgebiet
Γ	Randgebiet

Indices

sen	Bezug auf Sensorelektrode
ges	Bezug auf Gesamtvolumen
ind	Bezug auf induzierte Größen
mess	Bezug auf Messgrößen
const	Bezug auf zeitliche Konstanz
pix	Bezug auf Pixelelektrode
gate	Bezug auf Gate-Line/-Elektrode
data	Bezug auf Data-Line/-Elektrode
s	Bezug auf Source-Elektrode
com	Bezug auf Com-Line/-Elektrode
out	Bezug auf Ausgangsgröße (Verstärker)
a	Bezug auf Außenbereich
i	Bezug auf Innenbereich
gs	Bezug auf Gate-Source-Differenzgrößen
gd	Bezug auf Gate-Drain-Differenzgrößen
sd	Bezug auf Source-Drain-Differenzgrößen
th	Bezug auf Schwell-Größe
fl	Bezug auf Float-Größe
leak	Bezug auf Leck-Größe
chip	Bezug auf Sensorchip
shield	Bezug auf Sensorschirmung
ov	Bezug auf Überlapp
track	Bezug auf Leiterbahnanordnungen
sim	Bezug auf Simulations-Größe
mis	Bezug auf Metall-Isolator-Grenzschicht

Kurzfassung

Gegenstand dieser Arbeit ist ein neuartiges berührungsloses und ortsauflösendes Inspektionsverfahren auf Basis kapazitiver Kopplung. Das Verfahren ist auf die Inspektion der Funktionseinheiten (Leiterbahnen, Transistoren, etc.) planarer elektronischer Produkte, wie Flat Panel Displays und gedruckte elektronische Schaltungen, ausgerichtet. Seitens der Hersteller begründet sich die Nachfrage nach entsprechenden Inspektionsverfahren vor allem durch die Forderung nach einer kontinuierlichen Weiterentwicklung bestehender Produkte sowie den Einsatz neuartiger Herstellungsverfahren und Materialien im Rahmen von Neuentwicklungen. Hinzu kommt eine sich stetig verschärfende Konkurrenzsituation. Hieraus ergeben sich maßgeblich zwei Anforderungen an entsprechende Inspektionssysteme. Diese sind erstens die Sicherstellung einer durchgängigen Prozesskontrolle zur Steigerung der Ausbeute und zweitens die Verkürzung der Entwicklungszeiten neuer Produkte.

Im Zentrum der Arbeit steht die Untersuchung des Verfahrens hinsichtlich der Defekt- und Funktionsinspektion planarer Funktionseinheiten sowie der grundlegenden physikalischen Eigenschaften der kapazitiven Kopplung zwischen den Funktionseinheiten und den eingesetzten Sensoren. Ziel ist zum einen die Charakterisierung des Verfahrens bzgl. der Defektdetektion sowie der korrekten Defektklassifizierung und Funktionsüberprüfung. Zum anderen wird durch die Simulation des Sensorsignals mittels Finiter-Elemente-Methoden erstmals die Möglichkeit zur eindeutigen und von jeglicher Verstärkerelektronik unabhängigen Analyse der Sensorcharakteristik geschaffen. Die Simulation erlaubt es hierbei, das Verfahren auf einfache Weise auf bisher unerschlossene Inspektionsaufgaben anzuwenden und so das Anwendungsgebiet zu erweitern.

Zunächst werden die Ergebnisse der Untersuchung unterschiedlicher Flat Panel Displays sowie Röntgenflachdetektoren im Rahmen der Defekt- und Funktionsinspektion vorgestellt und die gewonnenen Defektklassifizierungen sowie die entwickelten Methoden zur Funktionsprüfung diskutiert. Hierbei wird das Verfahren auch auf die Inspektion elektrisch isolierter Funktionseinheiten übertragen sowie Maßnahmen zur Überwindung der daraus erwachsenden Herausforderungen abgeleitet. Zusätzlich wird ein neu entwickelter Sensor zur Messung des absoluten Spannungsverlaufs an elektronischen Funktionseinheiten evaluiert, welcher vor allem den Umfang der Funktionsinspektionsmethoden deutlich erweitert. Im Anschluss wird das entwickelte Simulationsverfahren auf Basis Finiter-Elemente-Methoden vorgestellt. Zur Abbildung der Funktionsinspektion dient eine im Rahmen der Arbeit entwickelte hybride

Methode zur Integration der elektronischen Charakteristik der Funktionseinheiten. Die Simulation wird u.a. zur Ableitung eines analytischen Modells der kapazitiven Kopplung und zur Gestaltung eines Sensordesigns zur Inspektion elektrisch isolierter Funktionsbereiche herangezogen. Abschließend wird die Leistungsfähigkeit des kapazitiven Inspektionsverfahrens anhand ausgewählter Anwendungsbeispiele demonstriert. Die in dieser Arbeit erzielten Ergebnisse stellen hierbei die hervorragende Eignung des Verfahrens zur Defekt- und Funktionsinspektion während allen Schritten der Herstellungsprozesse sowie die Bedeutung der simulativen Abbildung des Sensorsignals im Bezug auf die Grenzen und die gezielte Weiterentwicklung des Verfahrens dar.

Abstract

This thesis is concerned with a new contactless inspection technique based on capacitive coupling. The technique can be employed to inspect and test the components (e.g., thin-film transistors, conductor tracks) of planar electronic devices, such as flat-panel displays and printed electronics. On the manufacturers' side, there is a growing demand for inspection and test equipment in order to support the continuous improvement of today's products as well as the development of products based on new materials. Additionally, the competition among the manufactures is rising steadily. Thus, inspection systems are mainly employed for two reasons. First, they are used to establish a continuous process control of the entire production process in order to increase the yield. Second, they should be able to support the development of new products by shortening the development times.

The focus topics of this work are the defect detection capability of the technique and the physical properties of the underlying capacitive coupling between sensor and components. On the one hand, the technique is characterized with regard to defect localization and classification as well as functional testing. On the other hand, the sensor signal is simulated by means of finite element methods, which, for the first time, allow for the analysis of the sensor characteristic without interference of any kind of amplifier electronics. Moreover, the simulation of the sensor signal offers the possibility to thoroughly study the performance of the method regarding new inspection tasks, thus boarding the overall application range.

First, the inspection results for different flat-panel displays and x-ray detector panels in terms of defect and functionality inspection are presented and the methods for classification as well as the functionality analysis are discussed. Hereby, the technique is also applied to electrically isolated components. Methods to overcome the challenges accompanying this inspection task are presented. In addition, a new sensor principle capable of measuring the constant (in time) voltages of the components is introduced and measurement results are shown. This sensor mainly impacts the functionality inspection since the absolute voltage (AC and DC parts) of the components can be measured. Subsequently, the simulation method, which is based on finite element methods is presented. To simulate the sensor signal in case of functionality inspections, a hybrid (dynamic) simulation method is developed, which allows for the integration of electronic characteristics of the components into the simulation. The simulation results are used to develop an analytical model of the capacitive coupling and to develop a new sensor design for the inspection of electrically isolated components.

Eventually, the performance of the inspection method is presented for selected inspection tasks. The results achieved within this thesis clearly demonstrate that the technique can be employed for the realization of a thorough process control. In addition, the impact of the simulation results with regard to the analysis of the sensor signals and the successive broadening of the application range becomes obvious.

1 Einleitung

Zahlreiche heute erhältliche Elektronikartikel weisen bereits in planarer Bauweise hergestellte elektronische Funktionsbereiche, wie Transistoren, Kondensatoren und Leiterbahnen, auf. Hierunter fallen vor allem die Anzeigeelemente (Displays) von Computermonitoren, Fernsehern und Mobiltelefonen. Eine flächige Bauform findet sich aber auch bei gedruckten Elektronikartikeln, wie Radio Frequency Identifier (RFIDs), Batterien und einfachen Sensoren [1–3]. Künftig werden zudem in planarer Bauweise gefertigte Leuchtmittel, Photovoltaikzellen und elektronische Zeitungen (E-Reader) erhältlich sein [2, 4, 5]. Die Entwicklung einer planaren Bauform kann teilweise direkt auf die Funktion der einzelnen Einheiten zurückgeführt werden. Überwiegend beruht sie jedoch auf der somit möglichen Verwendung kostengünstiger Fertigungstechniken. Im Vergleich zur klassischen Siliziumtechnologie spielt die Verringerung der Funktionsbereichsgröße im Hinblick auf die Reduzierung der Herstellungskosten nur eine untergeordnete Rolle. Die eingesetzten Fertigungsverfahren, wie Lithographie-, Abscheide-, Schleuder- und Druckprozesse [6], zeichnen sich daher vor allem durch die Möglichkeit der gleichzeitigen und großflächigen Bearbeitung einer Vielzahl elektronischer Funktionsbereiche aus. Die zur Herstellung der Funktionseinheiten verwendeten Materialien bestimmen hierbei, welche der Fertigungstechniken eingesetzt werden kann. So beruht die Entwicklung organischer elektronischer Funktionseinheiten vor allem auf der möglichen Verwendung von einfachen und kostengünstigen Druck- und Rolle-zu-Rolle-Verfahren [1–3].

Die Vielzahl an Elektronikartikeln, die auf flächigen elektronischen Funktionsbereichen basieren, wird im Rahmen dieser Arbeit unter dem Begriff „planare Elektronik" zusammengefasst. Produkte der Silizium-Mikroelektronik, wie Prozessorchips, CMOS- oder CCD-Sensoren, sind hiervon ausgenommen. Den entscheidenden Unterschied der beiden Produktkategorien bildet die Strukturgröße. Planare Elektronik zeichnet sich durch minimale Strukturgrößen im Bereich von einigen Mikrometern bis hin zu Millimetern aus, während mikroelektronische Funktionseinheiten laterale Abmessungen im Bereich von wenigen Nanometern aufweisen können. Gegenstand dieser Arbeit ist die Defekt- und Funktionsinspektion planarer elektronischer Funktionsbereiche mittels eines kapazitiven Verfahrens sowie die Simulation und Modellierung der kapazitiven Kopplung.

1. Einleitung

1.1 Problemstellung

Die Hersteller planarer Elektronik sehen sich heute neben der Forderung nach einer möglichst lückenlosen Produktpalette zahlreichen noch unerschlossenen Anwendungsbereichen gegenüber. Dies zwingt sie zum Einsatz neuer Fertigungstechniken und Materialien sowie zur Neu- oder Weiterentwicklung bestehender Produkte und Fertigungsprozesse. So ist die treibende Kraft hinter der Entwicklung von Active-Matrix Liquid Crystal Displays (AMLCD) die Nachfrage nach immer größeren Bildschirmdiagonalen, höheren Bildwiederholfrequenzen und der Steigerung von Auflösung und Kontrast [6–8]. Zusätzlich führt der Wunsch nach dünnen und flexiblen Displays zur Entwicklung neuer Bildschirmtechnologien und der Verwendung organischer Materialien und Funktionseinheiten [9]. Die Herausforderungen bei der Herstellung von Active-Matrix Organic Light Emitting Diode (AMOLED) Displays und elektrophoretischen Displays (E-Reader) sind jedoch gewaltig [10–12]. Auch bei der Herstellung von Photovoltaikzellen stellt der Übergang zu neuen Materialien eine Herausforderung dar [13]. Analog zur Entwicklung flächiger Organic Light Emitting Diodes (OLEDs) (Leuchtmittel) erlauben die Materialien zunächst die Verwendung von einfachen und kostengünstigen Fertigungstechniken. Die gewünschten Ergebnisse werden jedoch nur durch eine kontinuierliche Anpassung und Kontrolle der Prozesse erzielt [14]. Hohe Anforderungen an die Prozesstechnik stellt auch der Druck von Batterien, Sensoren, Speicherbausteinen oder RFIDs. Je mehr Materialien zum Einsatz kommen und je komplexer das Schaltungsdesign wird, umso exakter müssen die Prozessparameter eingestellt und überwacht werden. Nur so kann die Funktionalität der elektronischen Funktionsbereiche auch bei der Herstellung großer Stückzahlen garantiert werden [15].

Gleichzeitig tragen die rasante Entwicklung neuer Technologien und die Fortschritte bei der Optimierung bestehender Produktionsprozesse zu einer verschärften Konkurrenzsituation bei. Dies führte zur Konzentration der AMLC-Display-Produktion auf einige wenige Hersteller, deren Produktionsstätten sich zudem überwiegend im asiatischen Raum befinden [8]. Mit dem Rückzug der Osram Opto Semiconductors GmbH aus der Entwicklung von OLED-Displays im Sommer 2007 übernahmen die entsprechenden Hersteller auch im Hinblick auf diese Displaytechnologie die Vorreiterrolle. Wie schwierig es sein kann, eine komplett neue Technologie am Markt zu etablieren, zeigt das Beispiel der in Großbritannien ansässigen Firma Plastic Logic Ltd.. Die Ankündigung und spätere Absage des Que-Readers (elektronische Zeitung) kann nicht zuletzt auf das Erscheinen des IPads von Apple zurückgeführt werden.

Maßgeblich müssen die Hersteller somit zwei Anforderungen gerecht werden. Dies sind [16-19]

- die Sicherstellung einer durchgängigen Prozesskontrolle und
- die Verkürzung der Entwicklungszeiten neuer Produkte.

Aufgrund dieser Anforderungen hat sich in den letzten Jahren ein zunehmendes Interesse an flexiblen Inspektionsverfahren entwickelt. Meist werden hierbei noch rein optische Inspektionsmethoden eingesetzt [17, 18]. Da Flüssigkristalldisplays eine der ersten und zugleich komplexesten Formen planarer Elektronik darstellen, wurden hierfür bereits einige weitere Inspektionstechniken entwickelt (siehe Abs. 1.2).

Die Anforderung an entsprechende Inspektionssysteme sind folglich klar definiert. Zum einen müssen sie die kontinuierliche Inspektion großer Stückzahlen während der laufenden Produktion ermöglichen. Zum anderen müssen sie flexibel genug sein, um auch in der Entwicklung eingesetzt werden zu können [16, 19]. Die Systeme sollten daher eine hohe Erkennungsrate und die Möglichkeit zur massiven Parallelisierung aufweisen. Gleichzeitig müssen sie jedoch in der Lage sein, detaillierte Informationen über die jeweiligen Funktionseinheiten zu liefern, um deren Analyse während der Entwicklungsphasen zu erlauben. Darüber hinaus sollte ein System die Inspektion nach nahezu jedem Produktionsschritt ermöglichen. So können Fehler frühzeitig erkannt und ggf. repariert werden. Bilden die Materialkosten pro Einzelstück einen großen Teil der Gesamtproduktionskosten, wird sich ein Hersteller nicht für die Aussonderung, sondern für die Reparatur eines (Einzel-)Produktes entscheiden [19]. Ebenso wie bei einem Einsatz im Entwicklungsprozess, sind für Reparaturmaßnahmen deutlich mehr Informationen als eine reine Gut-/Schlecht-Aussage nötig. Nur auf der Basis einer genauen Klassifizierung der Defekte können gezielt Reparaturmaßnahmen ergriffen oder die Entscheidung zur Aussonderung getroffen werden. Mit dem Einsatz eines Inspektionssystems in der Entwicklungsphase neuer Produkte steigen die Anforderungen im Vergleich zum Einsatz in der Prozesskontrolle noch einmal erheblich an. Während ein in der Prozesskontrolle eingesetztes System auf die typischen Defekte geprägt werden kann, muss es beim Einsatz im Entwicklungsbereich in der Lage sein, neue Fehlertypen zu erkennen und Informationen über Prozess- und Designparameter zu liefern. Um dies zu gewährleisten, muss das System bzw. die informationsliefernde Komponente leicht an verschiedene Designs und Prototypen planarer elektronischer Komponenten angepasst werden können. Wird z.B. ein Sensor zur Inspektion verwendet, sollte das Sensorprinzip unabhängig von der Ausgestaltung eines Produktes die Lösung der unterschiedlichen Messaufgaben ermöglichen. Zudem ist eine flexible Auswertung der gelieferten Daten und der einfache Zugriff darauf notwendig. Die Datenanalyse kann dann vom entsprechenden Hersteller angepasst oder gänzlich selbst gestaltet werden.

1.2 Stand der Technik

Im Vergleich zu gedruckter Elektronik sind AMLC-Displays bereits seit Anfang der 1990er Jahre im Handel erhältlich. Im Zuge ihrer Weiterentwicklung konnten sich daher eine Reihe unterschiedlicher Inspektionsverfahren entwickeln. Dagegen konzentriert sich die Inspektion gedruckter Elektronik noch stark auf rein optische Methoden [20, 21]. Dies kann vor allem darauf zurückgeführt werden, dass erst seit Kurzem komplexere Schaltungen hergestellt werden können. Ihre Funktionalität lässt sich jedoch nicht mehr mit rein optischen Methoden prüfen.

Grundsätzlich sollten Systeme zur Inspektion planarer Elektronik berührungslos arbeiten. Dies gilt insbesondere, wenn die Inspektion in einem frühen Fertigungsstadium erfolgen soll. Die Fertigung findet oft unter Reinraumbedingungen oder sogar im Vakuum statt, was die aufgebrachten elektronischen Funktionsbereiche und isolierenden Schichten sehr empfindlich gegenüber Verunreinigungen und Beschädigungen macht. Da meist nicht alle Funktionseinheiten gleichzeitig kontaktiert werden können, schmälert die zur ständigen Neu-Kontaktierung benötigte Zeit die Inspektionsrate. Unter diesen Gesichtspunkten ist der Einsatz von kontaktierenden Systemen für eine flächendeckende Inspektion nicht geeignet und allenfalls im Entwicklungsumfeld von Nutzen. Es existieren daher nur wenige kontaktierende Systeme [22–24]. Ein inhärentes Problem dieser Systeme ist die mechanische Beanspruchung der verwendeten Prober-Halterungen aufgrund des Step-and-Repeat-Zyklus. Sie kann zu Ausfällen einzelner Prober führen und damit im ungünstigsten Fall die komplette Einheit unbrauchbar machen.

Die Kategorie berührungslos arbeitender Inspektionssysteme lässt sich in zwei Gruppen einteilen. Eine Gruppe bilden dabei Systeme, die auf rein optischer Basis arbeiten. Die andere Gruppe bilden Systeme, die Kombinationen von optischen und nicht-optischen Techniken verwenden (Übersicht Tab. 1.1). Als nachteilig an rein optischen Methoden erweist sich die hohe Fehlerrate. Diese beruht vor allem darauf, dass ein Großteil der elektrischen Defekte nicht detektiert werden kann [19]. So sind sowohl auf Mustererkennung beruhende Techniken [25, 26] als auch konventionelle Bildverarbeitungstechniken [27] unempfindlich gegenüber Kurzschlüssen, vergrabenen Defekten, Veränderungen der Leitfähigkeit und Fehlfunktionen.

Der zweiten Gruppe berührungsloser Verfahren sind u.a. elektronenoptische Inspektionssysteme zuzuordnen [28–30]. Im Gegensatz zu rein optischen Techniken erlauben sie die De-

1.2. Stand der Technik

tektion aller typischen elektrischen Defekte [19]. Der Elektronenstrahl kann hierbei entweder nur zur Spannungsmessung oder auch zum Aufladen der elektronischen Funktionsbereiche verwendet werden. In erstem Fall muss eine externe Beschaltung der Funktionsbereiche erfolgen. Um die Spannung an den elektronischen Funktionseinheiten zu bestimmen, wird das Sekundär-Elektronen-Spektrum [31] ausgewertet. Auch der gleichzeitige Einsatz mehrerer Elektronenstrahlen ist möglich [30]. Der Betrieb dieser Systeme kann nur innerhalb von Hoch-Vakuumumgebungen erfolgen.

Weiterhin kommen sogenannte Voltage-Imaging-Techniken zum Einsatz. Sie beruhen auf dem elektrooptischen Effekt von optisch-anisotropen Kristallen (z.B. Pockels-Effekt [32]) oder auch Flüssigkristallen [33–36]. Das von den elektronischen Funktionsbereichen ausgehende elektrische Feld bzw. die dort herrschende elektrische Spannung wird hierbei durch die aufgrund der Polarisationsdrehung hervorgerufene Modulation des von der Kristalloberfläche reflektierten Lichts bestimmt. Um die Auflösung einzelner Pixel und Lines (Funktionsbereiche) zu gewährleisten sowie genügend hohe Feldstärken zu erreichen, müssen die Kristalle dabei in eine Entfernung im Bereich von ca. 10 µm an die Funktionsbereiche herangeführt werden. Aufgrund der Ansprechzeiten der elektrooptischen Modulatoren und der oft großflächigen Ausführung der aktiven Kristallschicht ist ein kontinuierlicher Scan meist nicht realisierbar. Die Inspektion unterliegt folglich einem zeitaufwendigen Step-and-Repeat-Prozess. Darüber hinaus erschwert die Ansprechzeit der Modulatoren die Inspektion der Funktionsbereiche unter Betriebsbedingungen.

Die Inspektionsmethode des Optical Charge Sensing [37] beruht auf der Abhängigkeit des Brechungsindex (Halbleiter) von der Konzentration freier Ladungsträger (Plasmafrequenz [38]). Da nur die Oberfläche halbleitender Materialien als Messbereich in Frage kommt, ist die Methode nur eingeschränkt zur Inspektion von planarer Elektronik nutzbar. Im Bereich der Displayinspektion können allenfalls die Eigenschaften der Dünnschicht-Transistoren überprüft werden. Die Spannung an den Pixelelektroden kann nicht direkt detektiert werden.

Im Vergleich zu den behandelten Inspektionsmethoden spielen elektrische Testmethoden eine dominierende Rolle im Bereich der Display- und Flachdetektorinspektion. Die Vorzüge dieser Methoden sind zum einen die Detektion und exakte Charakterisierung aller typischen Defekte, zum anderen die hohe Inspektionsgeschwindigkeit. Die Verfahren wurden in den letzten Jahren kontinuierlich verbessert. Sie reichen von relativ einfachen Methoden, wie Transfer-Admittance-Sensing [39], bis hin zur Methode des Charge-Sensing [40–42]. Letztere bildet die Ansteuerung der Displays unter Betriebsbedingungen nach. Zur Inspektion von Flachdetektoren bzw. 2D-Bildsensoren wird eine ähnliche Methode verwendet. Hierbei

1. Einleitung

wird die an den Data-Lines des Detektors durch kapazitives Übersprechen influenzierte Ladung detektiert [43]. Unabhängig davon, ob lediglich eine Untersuchung auf typische Defekte stattfinden oder aber die Charakteristik der verwendeten Dünnschicht-Transistoren (TFTs) bestimmt werden soll, müssen alle Data- und Gate-Lines separat kontaktiert werden. Dies kann in Abhängigkeit der Displaygröße mehrere tausend Kontakte nach sich ziehen.

Wie in Abschnitt 1.1 deutlich gemacht wurde, verlangen Entwicklung und Produktion der verschiedenen Arten planarer Elektronik nach einer hochgradig flexiblen sowie zugleich schnellen, ortsauflösenden und berührungslosen Inspektionsmethode. Zusätzlich muss die exakte und eindeutige Klassifizierung der identifizierten Defekte anhand der aufgenommenen Daten sichergestellt sein. Weiterhin sollte der Einsatz des Inspektionsverfahrens nicht auf einen bestimmten Prozessschritt beschränkt, sondern entlang der kompletten Prozesskette möglich sein. Die im Stand der Technik erläuterten Verfahren erfüllen diese Voraussetzungen nicht oder nur sehr eingeschränkt. Dies beruht zum einen darauf, dass sie sehr auf die Anforderungen spezieller Inspektionsobjekte zugeschnitten sind. Zum anderen decken sie nicht alle auftretenden Fehler ab und sind nicht als Diagnose-Werkzeug in der Produktentwicklungsphase einsetzbar. Letzteres gilt vor allem für rein optische Methoden und Optical Charge Sensing Techniken. Sehr speziell auf die Inspektionsobjekte zugeschnitten sind elektronenoptische Verfahren sowie elektrische Testverfahren. Elektronen-optische Verfahren sind auf Vakuumumgebungen beschränkt und somit nur in speziellen Produktionsumgebungen einsetzbar. Elektrische Testmethoden erlauben ein hohe Inspektionsrate, müssen jedoch genau auf das Inspektionsobjekt abgestimmt werden. Darüber hinaus ist die Inspektion von einzelnen Funktionseinheiten komplexer Schaltungen nur möglich, falls entsprechende Kontakte vorgesehen werden. Die Methode des Voltage Imagings ist bereits deutlich flexibler, da sie sich zur Untersuchung unterschiedlicher Inspektionsobjekte einsetzen lässt. Aufgrund des Step-and-Repeat-Zyklus und der Reaktionszeit der elektrooptischen Modulatoren ist sie jedoch hinsichtlich der Inspektionsgeschwindigkeit und der Funktionsprüfung nur eingeschränkt einsetzbar. Um den Forderungen nach Flexibilität und Geschwindigkeit gleichzeitig nachzukommen, muss ein entsprechendes Inspektionsverfahren den kontinuierlichen Scan der Inspektionsobjekte ermöglichen und zugleich die Spannungssignale der elektronischen Funktionsbereiche aufnehmen und auswerten können. Das im Folgenden Abschnitt beschriebene berührungslose Inspektionsverfahren erfüllt diese Voraussetzungen. Es ist innerhalb jeder Produktionsumgebung sowie während jedem Fertigungsschritt einsetzbar und bietet zudem die Möglichkeit einer massiven Parallelisierung.

1.3 Lösungsansatz

In Rahmen dieser Arbeit wird ein neuartiges, berührungsloses und ortsauflösendes Inspektionsverfahren für planare elektronische Produkte, wie Flat-Panel Displays und gedruckte Elektronik (z.B. Sensoren und Logikschaltungen vorgestellt und verifiziert. Zudem werden die grundlegenden Eigenschaften der kapazitiven Kopplung mit Hilfe von Finite-Elemente Methoden untersucht und Signalmodelle entwickelt. Das Verfahren beruht ausschließlich auf der kapazitiven Kopplung zwischen planaren elektronischen Funktionsbereichen und den zur Inspektion eingesetzten Sensoren. Die grundlegende Idee der Inspektion mittels kapazitiver Kopplung ist in der Patentschrift (Basisanmeldung) „*Verfahren zur Inspektion einer Leiterbahnstruktur*" [44] aus dem Jahr 2006 sowie den Patenten [45] und [46] festgehalten.

Kapazitive Inspektionsmethoden wurden bereits in der Vergangenheit zur ortsauflösenden Inspektion planarer Elektronik vorgeschlagen [47–51]. Über ihre tatsächliche Verwendung ist jedoch nichts bekannt. Ein Grund hierfür ist sicher die nur schwer mögliche Übertragung dieser Methoden ins Produktionsumfeld. Im Unterschied zu den Verfahren nach Smith und Coates [47, 48] beruht das hier vorgestellte Verfahren auf der Einprägung eines konstanten Sensorelektrodenpotentials. Dies erleichtert die Schirmung der Sensorelektrode und reduziert die Ansprüche an die benötigte Elektronik drastisch (Kapitel 2). Bei den Techniken nach [49–51] wird die kapazitive Kopplung zwischen dem Gate eines Feld-Effekt-Transistors (FET) und den elektronischen Funktionsbereichen zur Steuerung des Stromflusses zwischen den Drain- und Sourceanschlüssen des Transistors benutzt. Als problematisch erweisen sich hierbei parasitäre, zuweilen nicht-lineare Koppelkapazitäten und die nicht-lineare Kennlinie der Transistoren. Beide Verfahren eigenen sich darüber hinaus nur eingeschränkt für die Messung dynamischer Spannungsänderungen. Hierbei kann vor allem die benötigte Elektronik die maximal auflösbaren Frequenzen stark beschränken.

Im Folgenden wird das berührungslose kapazitive Inspektionsverfahren kurz erläutert. Die dauerhafte Stabilisierung des Potentials der Sensorelektrode bietet den Vorteil, dass die ansonsten störenden Koppelkapazitäten nahezu gänzlich eliminiert werden können und keine Einschränkungen bei der Ausgestaltung des Sensorelektrodendesigns bestehen. Ein konstantes Sensorelektrodenpotential wird hierbei durch die Verbindung der Sensorelektroden mit den auf virtueller Masse gehaltenen Eingängen einer Verstärkerschaltung erreicht. Zur Untersuchung der Funktionseinheiten werden diese mit Wechselspannungen beaufschlagt und die Sensorelektroden bzw. der Sensorkopf in einem Abstand von 5 µm bis 30 µm über der Oberfläche positioniert. Mit einer x-y-Verfahreinheit wird der Sensorkopf entlang eines vorgegeben Weges über die Oberfläche der Funktionsbereiche geführt (gescannt). Während dieses

1. Einleitung

Scans wird der Umladestrom

$$I_{\text{dis}} = C_{\text{sen}} \frac{\mathrm{d}U_{\text{d}}}{\mathrm{d}t} + U_{\text{d}} \frac{\mathrm{d}C_{\text{sen}}}{\mathrm{d}t} \qquad (1.1)$$

zwischen der Sensorelektrode und den Funktionsbereichen (Spannungsdifferenz U_{d}) gemessen. Die Änderung der (Sensor-)Kapazität C_{sen} führt zu einer Modulation des Umladestroms, welcher nach Verstärkung, Wandlung, Digitalisierung und Demodulation in Falschfarben dargestellt werden kann. Auf diese Weise ergibt sich ein „Bild" der geometrischen Struktur und der elektronischen Eigenschaften der Funktionsbereiche. Darüber hinaus lässt sich die Spannung an den einzelnen Funktionseinheiten unter Betriebsbedingungen messen. So kann z.B. das Schaltverhalten von Dünnschicht-Transistoren unter Betriebsbedingungen analysiert werden.

Die Inspektionsmethode erlaubt die Detektion, exakte Lokalisation *und* die eindeutige Klassifizierung aller typischen Defekte, wie Kurzschlüsse, Unterbrechungen, Größenvariationen und eingeschränkter Funktionalität [52,53]. Zudem können die dielektrischen Eigenschaften von Isolationsschichten untersucht und Oberflächenrauigkeiten im Bereich von wenigen Mikrometern detektiert werden. Die Technik lässt sich hierbei nahezu in jedem Produktionsschritt einsetzen, selbst wenn keine direkte Kontaktierung der Funktionsbereiche oder ihrer Bestandteile möglich ist [54]. Tabelle 1.1 zeigt noch einmal eine Auflistung der berührungslosen Inspektionsmethoden hinsichtlich der Detektion typischer struktureller und funktioneller Defekte.

Tabelle 1.1: Verfahren zur Inspektion planarer Elektronik [25–30, 33–37, 39–42, 47–51]

Verfahren	**Defektinspektion**	**Funktionsinspektion**
rein optisch	nur sichtbare Defekte	nicht möglich
Optical Charge Sensing	ausgewählte Defekte	nicht möglich
elektrooptisch	alle Defekte	stark eingeschränkt möglich
kapazitiv (FET)	alle Defekte	eingeschränkt möglich
kapazitiv (Potential)	alle Defekte	eingeschränkt möglich
elektronenoptisch	alle Defekte	möglich
elektrisch	alle Defekte	möglich
diese Arbeit (Umladestrom)	alle Defekte	möglich

Im Vergleich zu den in Abschnitt 1.2 beschriebenen Verfahren eröffnet die Verwendung des vorgestellten kapazitiven Inspektionsverfahrens zahlreiche Vorteile. Dies gilt vor allem gegenüber rein optischen Inspektionstechniken, welche ein hohe Fehlerrate aufweisen. Vorteile gegenüber der zweiten Gruppe der Inspektionsmethoden ergeben sich vor allem aufgrund der zuweilen starken Spezialisierung dieser Verfahren.

Im Bezug auf rein optische Verfahren gewährleistet die kapazitive Inspektionsmethode die Detektion aller typischen Defekte und eine räumliche Auflösung im Bereich einiger zehn Mikrometer. Die erreichbare Auflösung ist dabei nur teilweise von der Größe der Sensorelektrode abhängig. Einen massiven Einfluss üben vor allem der Abstand zwischen Sensorelektrode und Funktionsbereich sowie das komplette Sensorchipdesign aus [55, 56].

Ein Vorteil gegenüber elektronenoptischen Verfahren ist die Einsatzmöglichkeit der kapazitiven Inspektionstechnik innerhalb und außerhalb von Vakuumumgebungen. Für den Einsatz an Luft sollten die Oberflächen der zu untersuchenden Funktionseinheiten lediglich frei von Partikeln sein. Partikel mit Ausdehnungen in der Größenordnung des Abstandes zwischen Sensorelektrode und Funktionseinheit können den Sensor und die Einheiten stark beschädigen. Partikel oder Verschmutzungen mit kleineren Ausdehnungen werden aufgrund der Kapazitätsänderung detektiert und können meist von strukturellen oder elektronischen Defekten unterschieden werden. Der Betrieb innerhalb einer Vakuumumgebung ist immer möglich, da die kapazitive Kopplung nicht beeinflusst wird.

Die im Abschnitt 1.2 behandelten elektrooptischen Inspektionsmethoden weisen zwei grundsätzliche Schwachstellen auf. Diese sind zum einen das zur Inspektion angewandte Step-and-Repeat-Verfahren und zum anderen die Reaktionszeit sowie die nicht-lineare Antwort der verwendeten elektrooptischen Modulatoren. Im Gegensatz zu einem kontinuierlichen Scan-Prozess verringert das nur mit endlicher Geschwindigkeit durchführbare Anheben und Absetzen des Sensorkopfes die Inspektionsrate. Zudem muss sichergestellt werden, dass Ausrichtung und Abstand zur Oberfläche der Inspektionsobjekte (einige zehn Mikrometer) nach jedem Zyklus erhalten bleiben. Eine Vergrößerung des Sensorkopfes und die damit einhergehende Parallelisierung bzw. Verringerung der Inspektionszeit ist folglich nicht möglich. Aufgrund der Reaktionszeit der Modulatoren kann eine bestimmte Inspektionszeit pro Zyklus nicht unterschritten und der Spannungsverlauf an einer Funktionseinheit nur unter Einschränkungen untersucht werden. Die Frequenzen der Spannungsänderungen an den Funktionsbereichen dürfen hierbei die halbe Grenzfrequenz der Modulatoren nicht überschreiten (Nyquist-Theorem). Werden Flüssigkristalle als Modulatoren eingesetzt, so liegt diese bereits im Bereich von wenigen hundert Hertz [19]. Die Steuer- und Signalspannungen von AMLC-Displays liegen dagegen meist im Bereich mehrerer zehn Kilohertz. Zudem kann

1. Einleitung

die nicht-lineare Antwort der Kristalle die Auswertung des Spannungsverlaufs erschweren [5]. Unter Verwendung der kapazitiven Inspektionstechnik sind die noch auflösbaren Frequenzen durch die eingesetzten Verstärker und die Abtastrate der A/D-Umsetzer begrenzt. Diese liegen jedoch im Bereich mehrerer zehn Megahertz, was eine Messung von Spannungsänderungen bis hin zu einigen Megahertz erlaubt. Darüber hinaus lassen sich nahezu konstante (Spannungs-)Übertragungsfunktionen in diesem Frequenzbereich gewährleisten.

Elektrische Testmethoden weisen keine der oben genannten Nachteile auf. Sie sind jedoch sehr stark an die jeweiligen Inspektionsobjekte angepasst und so hinsichtlich ihrer Flexibilität stark eingeschränkt. Ein großer Vorteil rein elektrischer Inspektionsmethoden ist die Inspektionsgeschwindigkeit. Sie beruht auf den Geschwindigkeiten der eingesetzten Multiplexer-Schaltungen, welche deutlich über den erreichbaren Scangeschwindigkeiten von Rasterverfahren liegen. Im Unterschied zur kapazitiven Inspektionstechnik ist jedoch eine Aussage über die einzelnen Funktionseinheiten komplexer planarer Schaltungen nur über eine separate Kontaktierung möglich. Um entsprechende Kontaktierungsmöglichkeiten zu schaffen, müssen folglich Veränderungen im ursprünglichen Schaltungsdesign vorgenommen werden. Darüber hinaus können mehrere tausend Kontakte nötig sein, um z.B. die einzelnen Pixel eines Displays zu prüfen. Bei der Verwendung des kapazitiven Inspektionsverfahren, erfolgt die Selektion der zu inspizierenden Funktionsbereiche dagegen durch die Positionierung des Sensors. So können die lokalen Spannungen auch bei einer gleichzeitigen Kontaktierung einer Vielzahl von Funktionseinheiten ermittelt werden. Die Inspektion einer Display-Schaltung kann daher bereits unter Verwendung von drei Spannungssignalen durchgeführt werden.

Entscheidende Vorteile der kapazitiven Inspektionstechnik sind die hohe Aufnahmegeschwindigkeit und die Flexibilität im Bezug auf die Untersuchung verschiedenster Inspektionsobjekte. Die Möglichkeit der Parallelisierung erweist sich zudem hinsichtlich der Verkürzung der Inspektionszeit pro Inspektionsobjekt als herausragender Vorteil. Die zur Positionierung und Ausrichtung des Sensorkopfes eingesetzte Luftlagertechnik (siehe Abs 3.5) erlaubt die gleichzeitige Verwendung mehrerer Sensorköpfe. Entsprechend kann die komplette Breite oder Länge eines Inspektionsobjekts abgedeckt werden. Weiterhin ist die Zahl der Einzelsensoren der Sensorchips (pro Sensorkopf) steigerbar. Auf diesem Wege lässt sich die Auflösung pro Einzelscan drastisch erhöhen. Im Idealfall ist somit die Inspektion nahezu jedes Inspektionsobjekts mit nur einem Scan der Objektfläche möglich.

Ziel dieser Arbeit ist Verifizierung und Charakterisierung des oben beschriebenen, neuartigen kapazitiven Inspektionsverfahrens. Dies beinhaltet vor allem die Defektklassifizierungsfähigkeit und Möglichkeiten zur Extraktion elektrischer Kenngrößen sowie die messtechnische und simulative Untersuchung der das Messsignal bestimmenden kapazitiven Kopplung zwischen Sensor und elektronischer Funktionseinheit. Es gilt das Potential des Verfahrens auszuloten, die Einsatzfähigkeit zur Prozesskontrolle unter Beweis zu stellen und weitere Einsatzgebiete zu erschließen. Hierbei werden maßgeblich zwei Ansätze verfolgt.

1. Die Gewinnung von Messergebnissen für unterschiedliche Inspektionsobjekte unter definierten Bedingungen.
2. Die Umgehung messtechnischer Einschränkungen durch die hochgenaue Simulation der kapazitiven Kopplung.

Durch die Identifikation und Auswahl der benötigten Messtechnik und den Aufbau eines Simulationsverfahrens wurden hierzu zunächst die entsprechenden Rahmenbedingungen geschaffen. Das Simulationsverfahren ermöglicht erstmalig die gezielte Abbildung des Sensorsignals für beliebige Inspektionsobjekte und so eine von jeglicher Verstärkerelektronik unabhängige Signalanalyse. Dies erlaubt die eindeutige Interpretation der Messsignale und die Bestimmung des Einflusses des Sensors auf die Messung. Zudem kann das Sensordesign gezielt und ohne die aufwendige Anfertigung von Prototypen untersucht werden. Basierend auf der Auswertung und Analyse von Mess- und Simulationsergebnissen erfolgt die Verifizierung und gründliche Charakterisierung des kapazitiven Inspektionsverfahrens. Parallel werden Lösungen für zentrale, bislang gänzlich ungelöste Problemstellungen bezüglich

- der Inspektion elektrisch isolierter elektronischer Funktionsbereiche,
- der Messung des Spannungsverlaufs an elektronischen Funktionsbereichen,
- und der analytischen Modellierung des Messsignals

erarbeitet. Die ersten beiden Punkte spiegeln hierbei direkt zentrale Alleinstellungsmerkmale des kapazitiven Inspektionsverfahrens wider. Zudem erlaubt die Modellierung des Messsignals die Analyse der Sensorcharakteristik.

1.4 Überblick über die Arbeit

Der Einleitung in **Kapitel 1** folgt mit **Kapitel 2** die Erläuterung einiger zum Verständnis der präsentierten Ergebnisse notwendigen physikalisch-technischen Grundlagen. Hierunter fallen die Beschreibung einschlägiger kapazitiver Messprinzipien, der unterschiedlichen Arten planarer Elektronik sowie typischer Defekte. Zudem wird auf die Eigenschaften von

1. Einleitung

Dünnschicht-Transistoren eingegangen, da sie eine zentrale Funktionseinheit vieler Arten planarer Elektronik darstellen. Am Ende des Kapitels werden die Grundlagen der zur Simulation des Sensorsignals eingesetzten Finite-Elemente-Methoden dargestellt. Als zentraler Punkt wird die Verwendung nicht-konformer Gitter innerhalb der Finite-Elemente-Simulationen erläutert. In **Kapitel 3** wird die zur Umsetzung der kapazitiven Inspektionsmethode notwendige Messtechnik vorgestellt und die im Rahmen dieser Arbeit vorgenommenen Anpassungen und Erweiterungen erläutert. Vor allem auf die Ausgestaltung des Sensorchips und die Entwicklung des Sensorkopfes zur Messung konstanter Spannungen wird detailliert eingegangen. **Kapitel 4** widmet sich der Verifizierung und Charakterisierung des Inspektionsverfahrens anhand der Auswertung von Inspektionsergebnissen für die in Kap. 2 vorgestellten Arten planarer Elektronik. Zudem wird die Problematik der Inspektion elektrisch isolierter Funktionsbereiche dargestellt und entsprechende Lösungsvorschläge präsentiert. Der zweite Teil des Kapitels beschäftigt sich mit der Umsetzung eines Messverfahrens zur gleichzeitigen Erfassung von Gleich- und Wechselspannungssignalen elektronischer Funktionsbereiche. In **Kapitel 5** wird der Aufbau des entwickelten Simulationsverfahrens und dessen Verifizierung illustriert. Zusätzlich wird die Entwicklung des rein analytischen Modells der kapazitiven Kopplung erläutert und das Modell zur Beschreibung der Sensorcharakteristik herangezogen. **Kapitel 6** beinhaltet die Diskussion der Ergebnisse auf Grundlage der Zusammenführung von Messung und Simulation sowie Anregungen für weiterführende Arbeiten.

2 Physikalisch-technische Grundlagen

2.1 Theorie und Messung kapazitiver Kopplungen

In diesem Abschnitt werden der Ursprung und die grundlegenden Eigenschaften kapazitiver Kopplungen erläutert. Darauf aufbauend werden einschlägige kapazitive Messprinzipien sowie die Gestaltung kapazitiver Sensoren diskutiert.

2.1.1 Elektrisches Feld und Kapazität

Die Eigenschaften des elektromagnetischen Feldes werden durch die vier gekoppelten Maxwell-Gleichungen

$$\nabla \cdot \mathbf{B} = 0 \qquad \nabla \times \mathbf{H} = \mathbf{J} + \frac{\partial \mathbf{D}}{\partial t}$$
$$\nabla \times \mathbf{E} = -\frac{\partial \mathbf{B}}{\partial t} \qquad \nabla \cdot \mathbf{D} = \rho$$
(2.1)

vollständig beschrieben [57,58]. Hierbei ist $\mathbf{B}$ die magnetische Flussdichte, $\mathbf{H}$ die magnetische Feldstärke, $\mathbf{J}$ die Stromdichte, $\mathbf{D}$ die dielektrische Flussdichte/Verschiebung, $\mathbf{E}$ die elektrische Feldstärke, und ρ die Ladungsdichte. Bis hin zu Frequenzen von einigen 10 kHz kann der Maxwellsche Verschiebestrom $\frac{\partial \mathbf{D}}{\partial t}$ vernachlässigt werden, was die Lösung der Differentialgleichungen deutlich erleichtert. Diese Vereinfachung wird als quasi-statische Näherung oder Wirbelstrom-Fall bezeichnet. Im Falle zeitlich unveränderlicher Felder ($\frac{\partial}{\partial t} = 0$) entkoppeln das magnetische und elektrische Feld vollständig und die Maxwell-Gleichungen vereinfachen sich zu

$$\nabla \cdot \mathbf{B} = 0 \qquad \nabla \times \mathbf{H} = \mathbf{J}$$
$$\nabla \times \mathbf{E} = 0 \qquad \nabla \cdot \mathbf{D} = \rho.$$
(2.2)

Die oberen beiden Gleichungen beschreiben hierbei die Magnetostatik, die beiden unteren die Elektrostatik.

Eigenschaften elektrostatischer Felder

Das Coulombsche Gesetz beschreibt die Wechselwirkung elektrischer Ladungen und kann als experimentelles Grundgesetz der Elektrostatik aufgefasst werden. Da innerhalb der (linearen) Elektrostatik das Superpositionsprinzip (viertes Newtonsches Axiom) stets gültig ist, addieren sich die von mehreren Punktladungen q_j, an den Orten $\mathbf{x}_j$, auf die Ladung q, am Ort $\mathbf{x}$ ausgeübten Kräfte vektoriell zur Gesamtkraft

$$\mathbf{F}(\mathbf{x}) = \frac{q}{4\pi\varepsilon_0} \sum_{j=0}^{n} q_j \frac{\mathbf{x} - \mathbf{x}_j}{|\mathbf{x} - \mathbf{x}_j|^3}. \tag{2.3}$$

Obwohl die Kraft die eigentliche Messgröße darstellt, ist die Einführung des elektrischen Feldes zweckmäßig. Die von einer beliebigen Ladungsanordnung ausgehende elektrische Feldstärke $\mathbf{E}(\mathbf{x})$ definiert sich durch die Kraft auf eine positive Probeladung q,

$$\mathbf{E}(\mathbf{x}) = \lim_{q \to 0} \frac{\mathbf{F}(\mathbf{x})}{q}. \tag{2.4}$$

Der Grenzübergang ist notwendig, da die Einbringung der Probeladung das Feld verändert, welches unabhängig von der Probeladung existiert. Unter Verwendung des Superpositionsprinzips [57,58] ergibt sich für die von n Punktladungen q_j erzeugte Feldstärke am Ort $\mathbf{x}$

$$\mathbf{E}(\mathbf{x}) = \frac{1}{4\pi\varepsilon_0} \sum_{j=0}^{n} q_j \frac{\mathbf{x} - \mathbf{x}_j}{|\mathbf{x} - \mathbf{x}_j|^3}. \tag{2.5}$$

Gleichung 2.5 kann nun für eine kontinuierliche Ladungsverteilung $\rho(\mathbf{x}')$ um den Ort $\mathbf{x}'$ verallgemeinert werden. Die Ladung im Volumenelement $d^3 x'$ ist gegeben durch $dq = \rho(\mathbf{x}') d^3 x'$. Somit ergibt sich $d\mathbf{E}(\mathbf{x}) = \frac{dq}{4\pi\varepsilon_0} \frac{\mathbf{x} - \mathbf{x}'}{|\mathbf{x}-\mathbf{x}'|^3}$ und folglich

$$\mathbf{E}(\mathbf{x}) = \frac{1}{4\pi\varepsilon_0} \int \rho(\mathbf{x}') \frac{\mathbf{x} - \mathbf{x}'}{|\mathbf{x} - \mathbf{x}'|^3} d^3 x'. \tag{2.6}$$

Da sich der Vektor des Integranden auch mit Hilfe des Gradienten ausdrücken lässt ($\frac{\mathbf{x}-\mathbf{x}'}{|\mathbf{x}-\mathbf{x}'|^3} = -\nabla_\mathbf{x} \cdot \frac{1}{|\mathbf{x}-\mathbf{x}'|}$) bzw. nach Gl. 2.2 $\nabla \times \mathbf{E} = 0$ gilt, ist das statische elektrische Feld ein reines Gradientenfeld

$$\mathbf{E}(\mathbf{x}) = -\nabla \cdot \varphi(\mathbf{x}), \tag{2.7}$$

mit einem skalaren Potential der Form

$$\varphi(\mathbf{x}) = \frac{1}{4\pi\varepsilon_0} \int d^3x' \frac{\rho(\mathbf{x}')}{|\mathbf{x}-\mathbf{x}'|}. \quad (2.8)$$

Mit Gl. 2.6 ist nun der Fluss des elektrischen Feldes durch die Oberfläche ∂V eines definierten Volumens V gegeben durch

$$\int_{\partial V} \mathbf{E}(\mathbf{x}) \cdot d\mathbf{A} = \frac{1}{4\pi\varepsilon_0} \int_V \rho(\mathbf{x}') d^3x' \int_{\partial V} \frac{\mathbf{x}-\mathbf{x}'}{|\mathbf{x}-\mathbf{x}'|^3} d\mathbf{A}. \quad (2.9)$$

Unter der Verwendung des Gaußschen Satzes und der Identität $\delta(\mathbf{x}-\mathbf{x}') = \frac{1}{4\pi}\Delta\frac{1}{|\mathbf{x}-\mathbf{x}'|}$ [59], wobei δ die Diracsche Delta-Funktion darstellt, folgt die Beziehung (physikalischer Gaußscher Satz)

$$\int_{\partial V} \mathbf{E}(\mathbf{x}) \cdot d\mathbf{A} = \frac{1}{\varepsilon_0} \int_V \rho(\mathbf{x}') d^3x' = \frac{1}{\varepsilon_0} Q(V) \quad (2.10)$$

bzw. $\int_{\partial V} \mathbf{D}(\mathbf{x}) \cdot d\mathbf{A} = Q$ (s.u.).

Das Verhalten des Feldes an geladenen Grenzflächen (Normal- und Tangentialeinheitsvektor $\mathbf{n}$ und $\mathbf{t}$) lässt sich leicht mit der Methode des Gaußschen Kästchens und der Stokesschen Fläche bestimmen [58]. Hierzu wird die integrale Form der Maxwell-Gleichungen verwendet. Es zeigt sich

$$\mathbf{n} \cdot (\mathbf{E}_a - \mathbf{E}_i) = \frac{\sigma}{\varepsilon_0} \quad (2.11)$$

$$(\mathbf{t} \times \mathbf{n}) \cdot (\mathbf{E}_a - \mathbf{E}_i) = 0. \quad (2.12)$$

Die Indizes i und a stehen hierbei für den inneren und äußeren Rand der Fläche. Folglich durchsetzt die Tangentialkomponente des elektrischen Feldes die Grenzfläche immer stetig, während die Normalkomponente unstetig ist, falls die Flächenladungsdichte $\sigma \neq 0$ ist.

Elektrisches Feld und Materie

Für elektrische Felder in Verbindung mit Materie muss berücksichtigt werden, dass neben freien Ladungen auch Polarisationsladungen ρ_pol vorhanden sein können. Entsprechend gilt für die Gesamtladungsdichte ρ_ges

$$\rho_\mathrm{ges} = \rho + \rho_\mathrm{pol}. \quad (2.13)$$

2. Physikalisch-technische Grundlagen

Aus Gl. 2.10 folgt somit

$$\nabla \cdot \mathbf{E} = \frac{\rho_{\text{ges}}}{\varepsilon_0} = \frac{\rho + \rho_{\text{pol}}}{\varepsilon_0}. \tag{2.14}$$

Da die Polarisationsladungsdichte ρ_{pol} über die Polarisation $\mathbf{P}$ eines Mediums in Form von $\rho_{\text{pol}} = -\nabla \cdot \mathbf{P}$ ausgedrückt werden kann, ergibt sich mit Gl. 2.14

$$\nabla \cdot (\varepsilon_0 \mathbf{E} + \mathbf{P}) = \rho. \tag{2.15}$$

Der Ausdruck in der Klammer stellt gerade die dielektrische Verschiebung oder Flussdichte $\mathbf{D}$ mit

$$\mathbf{D} = \varepsilon_0 \mathbf{E} + \mathbf{P} \tag{2.16}$$

dar. Die Quellen des $\mathbf{D}$-Feldes sind somit die freien Ladungen, während das $\mathbf{E}$-Feld, als eigentliche Messgröße, zusätzlich durch die Polarisationsladungen der Materie bestimmt wird. Im Spezialfall isotroper Medien, bei denen Polarisation und Feldstärke proportional zueinander sind ($\mathbf{P} = \varepsilon_0 \chi_e \mathbf{E}$), lässt sich mit Hilfe der dielektrischen Suszeptibilität χ_e eine Proportionalität von $\mathbf{D}$- und $\mathbf{E}$-Feld ableiten

$$\mathbf{D} = \varepsilon_0 \mathbf{E} + \mathbf{P} = \varepsilon_0 \left(1 + \chi_e\right) \mathbf{E} \equiv \varepsilon_r \varepsilon_0 \mathbf{E}. \tag{2.17}$$

Kapazität

Ausgehend vom Begriff des elektrischen Feldes wird im Folgenden in Anlehnung an [57,58] die Definition der Kapazität zwischen elektrisch leitenden Materialien abgeleitet. Abbildung 2.1a zeigt eine einfache Anordnung aus zwei elektrisch leitenden Platten der Fläche A. Eine solche Anordnung wird als Plattenkondensator bezeichnet. Randeffekte (Abs. 2.1.2) können

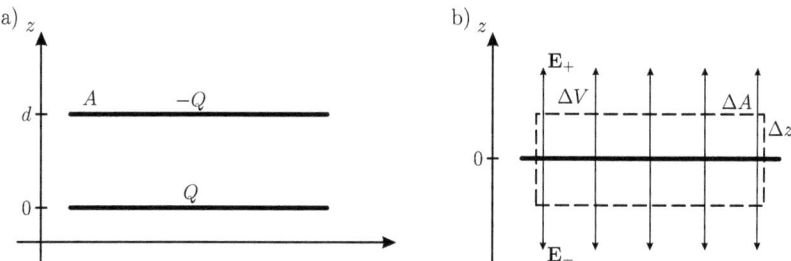

Abb. 2.1: a) Schematische Darstellung eines Plattenkondensators. b) Ausschnitt der unteren Platte bei $z = 0$.

2.1. Theorie und Messung kapazitiver Kopplungen

vernachlässigt werden, wenn der Plattenabstand d deutlicher kleiner als die Abmessung der Platten $\sqrt{A}$ ist ($d \ll \sqrt{A}$). Werden die Platten mit gleichgroßen Ladungsmengen Q und $-Q$ beaufschlagt, wird sich die Ladung gleichmäßig über die Platten verteilen (Abstoßung gleichnamiger Ladungen). Für die Flächenladungsdichte σ ergibt sich somit

$$\sigma(0) = \frac{Q}{A} = -\sigma(d). \tag{2.18}$$

Das elektrische Feld der Platten kann dann aus Symmetriegründen nur Komponenten in neg. und pos. z-Richtung aufweisen

$$\mathbf{E}_+(\mathbf{x}) = E_+(z)\frac{z}{|z|}\mathbf{e}_z \tag{2.19}$$

$$\mathbf{E}_-(\mathbf{x}) = E_-(z)\frac{z-d}{|z-d|}\mathbf{e}_z. \tag{2.20}$$

Abbildung 2.1b zeigt ein imaginäres, die untere Platte des Kondensators umschließendes Volumen $\Delta V = \Delta A \Delta z$. Für den Fluss des Feldes $\mathbf{E}_+$ durch die Oberfläche $\partial \Delta V$ des Volumens folgt

$$\int_{\partial \Delta V} \mathbf{E}_+(\mathbf{x}) \cdot \mathrm{d}\mathbf{A} = 2\,E_+\left(z = \pm\frac{1}{2}\Delta z\right)\Delta A \stackrel{!}{=} \tag{2.21}$$

$$\stackrel{!}{=} \frac{1}{\varepsilon_0}Q(\Delta V) = \frac{\sigma}{\varepsilon_0}\Delta A.$$

Aus Gl. 2.20 und Gl. 2.21 ergibt sich somit ein homogenes Feld, welches bei $z=0$ die Richtung umkehrt

$$\mathbf{E}_+(\mathbf{x}) = \frac{\sigma}{2\varepsilon_0}\frac{z}{|z|}\mathbf{e}_z. \tag{2.22}$$

Entsprechend ergibt sich für die obere Platte ($z=d$)

$$\mathbf{E}_-(\mathbf{x}) = -\frac{\sigma}{2\varepsilon_0}\frac{z-d}{|z-d|}\mathbf{e}_z. \tag{2.23}$$

Die Addition der Felder nach dem Superpositionsprinzip liefert ein homogenes Feld innerhalb der Platten, während das Feld außerhalb verschwindet

$$\mathbf{E}(\mathbf{x}) = \mathbf{E}_+(\mathbf{x}) + \mathbf{E}_-(\mathbf{x}) = \begin{cases} \dfrac{\sigma}{\varepsilon_0}\mathbf{e}_z & \text{für } 0 < z < d \\ 0 & \text{sonst.} \end{cases} \tag{2.24}$$

2. Physikalisch-technische Grundlagen

Das zugehörige Potential ergibt sich zu

$$\varphi(\mathbf{x}) = \begin{cases} \text{const.}_1 & \text{für } z < 0 \\ \dfrac{\sigma}{\varepsilon_0} z + \text{const.}_2 & \text{für } 0 < z < d \\ \text{const.}_3 & \text{für } z > d. \end{cases} \qquad (2.25)$$

Die elektrische Spannung U zwischen zwei beliebigen Punkten ist als Potentialdifferenz $\Delta\varphi$ definiert. Sie ergibt sich durch die Integration der elektrischen Feldstärke entlang einer beliebigen Verbindungslinie der Punkte. Für die Spannung zwischen den Platten gilt somit

$$U = \int_0^d \mathbf{E}(\mathbf{x}) \cdot \mathrm{d}\mathbf{x} = -\varphi(z=d) + \varphi(z=0) = \frac{\sigma}{\varepsilon_0} d = \frac{Q}{\varepsilon_0 A} d. \qquad (2.26)$$

Folglich ist die Spannung des Kondensator direkt proportional zur aufgebrachten Ladungsmenge. Die Proportionalitätskonstante C

$$C = \frac{Q}{U} = \varepsilon_0 \frac{A}{d} \qquad [C] = 1\mathrm{F} = 1\frac{\mathrm{As}}{\mathrm{V}} \qquad (2.27)$$

wird als Kapazität bezeichnet. Allgemein gilt somit für die Kapazität eines Plattenkondensators

$$C = \frac{Q}{U} = \frac{\int_A \mathbf{D} \cdot \mathrm{d}\mathbf{A}}{\int_0^d \mathbf{E} \cdot \mathrm{d}\mathbf{x}} = \varepsilon_\mathrm{r} \varepsilon_0 \frac{A}{d}. \qquad (2.28)$$

2.1.2 Gestaltung und Auslegung kapazitiver Sensoren

Nachdem im vorigen Abschnitt die Definition der Kapazität illustriert wurde, steht in diesem und dem folgenden Abschnitt die Nutzung der Kapazität als Messgröße im Vordergrund. In Anlehnung an [60, 61] werden hierbei sowohl die bei der Auslegung kapazitiver Sensoren zu berücksichtigenden Störgrößen, als auch die Gestaltung entsprechender elektronischer Beschaltungen diskutiert.

Die Palette kapazitiver Sensoren ist äußerst vielfältig und reicht von kostengünstigen robusten Schaltern und Abstandssensoren bis hin zu hochpräzisen Messgeräten. Die Verwendung von Silizium als Ausgangsmaterial erlaubt die Herstellung von Sensorelementen im Bereich weniger Mikrometer. So lassen sich die Sensoren leicht miniaturisieren und in Platinen oder Mikrochips integrieren. Entsprechende Sensoren weisen oft einen sehr geringen Energieverbrauch auf und eignen sich daher für den Langzeiteinsatz in unzugänglichen Berei-

2.1. Theorie und Messung kapazitiver Kopplungen

chen. Kapazitive Sensoren werden zur Positionserkennung, Abstands- und Winkelmessung, Schichtdickenmessung, berührungslosen Füllstands- und Durchflusskontrolle [62], Druckmessung, Feuchtigkeitsmessung und Beschleunigungsmessung verwendet. Sie sind ein integraler Bestandteil von Elektretmikrophonen, berührungssensitiven Oberflächen (Touch Pads) und Fingerabdrucksensoren [63]. In Forschung und Entwicklung werden kapazitive Sensoren beim Bau äußerst empfindlicher Mikrometer (Sensitivität bis $10\,\text{fm}$) [64], zur Charakterisierung der (di-) elektrischen Eigenschaften neuartiger Materialien sowie zur Durchflussmessung [65] eingesetzt. Zudem existieren Tomographieverfahren (Electrical Capacitance Tomography, ECT) auf Basis kapazitiver Sensoren [65, 66].

Bevor im Folgenden der Einfluss von Störgrößen auf die Auslegung und Gestaltung kapazitiver Sensoren diskutiert wird, soll an dieser Stelle die in Abschnitt 2.1.1 gewonnene Definition der Kapazität veranschaulicht werden. Abbildung 2.2a zeigt eine Anordnung aus vier Elektroden, die mit idealen Spannungsquellen verbunden sind. Beispielhaft sollen nun

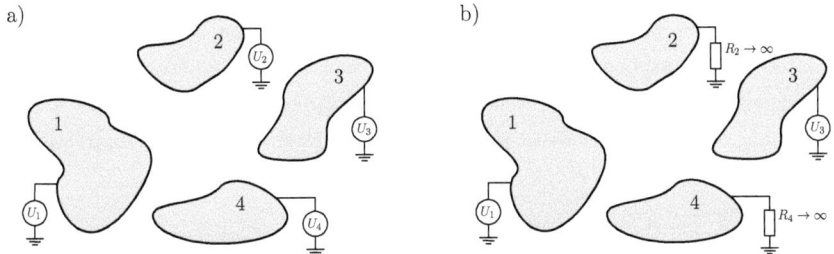

Abb. 2.2: Schematische Darstellung einer beliebigen Elektrodenanordnung a) Elektroden verbunden mit idealen Spannungsquellen. b) Elektroden 2 und 4 floatend.

die Elektroden 1 und 3 betrachtet werden ($U_1 > U_3$). Die Spannung U_1 bzw. das elektrische Feld von Elektrode 1 influenziert an Elektrode 3 eine bestimmte Ladungsmenge $Q_{3_{\text{ind}}}$. Die Kapazität zwischen den Elektroden ist definiert als der Quotient dieser Ladung und der zwischen den Elektroden herrschenden Spannungsdifferenz U_{13} (Gl. 2.28)

$$C_{13} = \frac{Q_{3_{\text{ind}}}}{U_{13}} = C_{31}. \tag{2.29}$$

Aufgrund des Superpositionsprinzips (Abs. 2.1.1) ist die an Elektrode 3 influenzierte Ladungsmenge unabhängig von der Höhe der Spannungen bzw. Ladungsmengen an den Elektroden 2 und 4. Dies gilt auch, wenn sich der Verlauf des elektrischen Feldes und die Ladungsverteilung an Elektrode 3 durch die Variation der Spannungen gänzlich verändern. Entsprechend bestimmen im Fall von fest vorgegebenen Spannungen ausschließlich die Form und die Anordnung der beteiligten Elektroden (inkl. der Zusammensetzung des Mediums) die Kapazität [67]. Sind die Elektroden 2 und 4 jedoch nicht mit einer Spannungsquelle verbunden (Abb. 2.2b) oder ist die Impedanz zwischen den Spannungsquelle und Elektroden deutlich größer ist als die Impedanzen der Kapazitäten (AC-Spannungen), wird sich die Kapazität im Vergleich zur der in Gl. 2.29 definierten Kapazität deutlich erhöhen. In einem solchen Fall bleibt die Ladung der Elektroden 2 und 4 dauerhaft konstant (Ladungserhaltung), es erfolgt lediglich eine Ladungstrennung. Jede Feldlinie des zwischen den Elektroden 1 und 3 bestehenden Feldes, die auf den Elektroden 2 oder 4 endet, wird folglich auch wieder von dieser Elektrode ausgehen und schließlich auf Elektrode 1, 3 oder im Unendlichen enden. Die Ausdehnung der Elektroden 2 und 4 verkürzt somit die Distanz zwischen den Elektroden 1 und 3 und führt zu einer Erhöhung der Kapazität.

Das allen kapazitiven Sensoren zugrundeliegende Prinzip ist Auswertung der Variation der Messkapazität, aufgrund einer direkten oder indirekten Veränderung des Abstands, der Fläche oder des Dielektrikums durch die zu messenden Größen. Die in Abschnitt 2.1.1 abgeleitete analytische Beschreibung der Kapazität eines idealen Plattenkondensators stellt hierbei in vielen Fällen eine gute Näherung der zu erwartenden Kapazitäten und Kapazitätsänderung dar. Sie vernachlässigt aber die in realen Fällen auftretenden Störgrößen, wie

- Streufelder,
- Randeffekte (Randfelder),
- Spalte,
- Querempfindlichkeit (Übersprechen),
- Überschläge und
- Vibrationen.

Streufelder und Randeffekte

Die Bestimmung einer physikalischen Größe anhand der Messung der Kapazität oder Impedanz eines Sensors erfordert entweder die Kenntnis einer analytischen Beschreibung der zu erwartenden Kapazitätsvariation oder eine präzise Kalibrierung des Sensors. Aus dieser kann wiederum eine analytische Beschreibung gewonnen werden. Um einen annähernd linearen Zusammenhang zwischen Messgröße und Kapazitäts- oder Impedanzänderung zu gewährleisten, müssen die Streufelder und Randeffekte minimiert werden, da sie zu stark nichtlinearen Kapazitätsveränderungen (z.B. durch Querempfindlichkeiten oder Streufelder)

2.1. Theorie und Messung kapazitiver Kopplungen

bei der Variation der Messkapazität führen können. Abbildung 2.3 zeigt den Einfluss von Randeffekten und Streufeldern sowie Schirmungsmöglichkeiten zur Reduzierung dieser Störgrößen. Der in Abb. 2.3b dargestellte Feldverlauf veranschaulicht die Wirkung einer entspre-

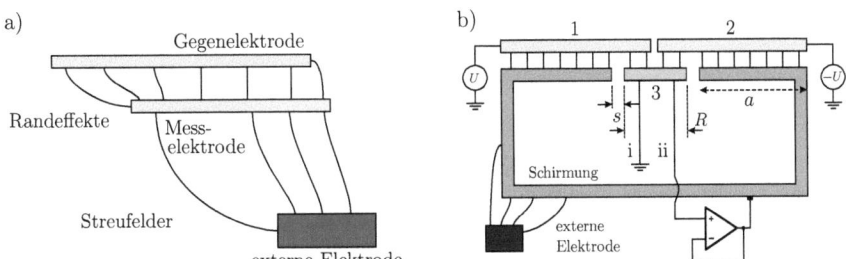

Abb. 2.3: a) **Veranschaulichung von Randeffekten und Streufeldern.** b) **Schirmungsmöglichkeiten zur Reduzierung von Randeffekten und Abschirmung von Streufeldern.**

chenden lateralen Schirmung. Sie ermöglicht in einfacher Weise die analytische Beschreibung der Messkapazität entsprechend Gl. 2.28 (Flächenvariation). Das Potential der Schirmung muss dabei nicht dem Potential der Messelektrode entsprechen. Wie oben beschrieben, kann ein konstantes Potential oder auch eine Wechselspannung angelegt werden, die Wirkung der Schirmung ändert sich hierbei nicht. Wie in Abb. 2.3b dargestellt wird, bestehen grundsätzlich zwei Möglichkeiten das Potential der Messelektrode (Elektrode 3) und ihrer Schirmung zu wählen. Im ersten Fall (i) wird das Potential dauerhaft auf einem festen Wert, im einfachsten Fall dem Massepotential, gehalten. Im zweiten Fall (ii) wird das Potential der Messelektrode nicht vorgegeben (floatend) und das Ausgangssignal auf die Schirmung rückgekoppelt. Verstärkerschaltungen, die eine entsprechende Beschaltung der Messelektroden erlauben, werden in Abschnitt 2.1.3 vorgestellt. Im ersten Fall stellt der Umladestrom

$$I_{\text{mess}} = (C_{13} - C_{23})\frac{\mathrm{d}U}{\mathrm{d}t} \tag{2.30}$$

das Messsignal dar, während im zweiten Fall die Spannung

$$U_{\text{mess}} = U\frac{C_{13} - C_{23}}{C_{13} + C_{23}} \tag{2.31}$$

das Messsignal darstellt. Können die Einzelkapazitäten analytisch nach Gl 2.28 beschrieben werden, bietet die Messung der Spannung den Vorteil, dass keine Abhängigkeit mehr von der Entfernung zwischen Messelektrode und den Elektroden 1 und 2 besteht.

Spalte

Die Spalte zwischen Messelektrode und Schirmung sowie die Ausdehnung der Elektroden (Abb. 2.3b) führen zu einer Abweichung von der analytischen Kapazitätsbeschreibung nach Gl 2.28. Unter Vernachlässigung dieses Einflusses kann die Kapazität (kreisförmige Geometrie) für lateral geschirmte Messelektroden nach folgender Gleichung berechnet werden [68]

$$C_0 = \frac{\pi \varepsilon_0 \varepsilon_r}{d} \left(R + \frac{s}{2} \right)^2 \quad s \ll d \quad \text{und} \quad d \ll R, \qquad (2.32)$$

s bezeichnet hierbei die Spaltbreite, R den Radius der Messelektrode. Der Einfluss der Spaltbreite auf Gl. 2.32 ist durch folgenden Zusammenhang gegeben [69]

$$\frac{C - C_0}{C_0} = \delta_s \quad \text{mit} \quad \delta_s = e^{\frac{-\pi d}{s}}. \qquad (2.33)$$

Entsprechend kann bereits eine relative Messabweichung von 10^{-6} erreicht werden, wenn die Spaltbreite 1/5 des Abstandes d entspricht ($s \leq \frac{1}{5}d$). Der Einfluss der endlichen Ausdehnung der Schirmung und Gegenelektroden wird in ähnlicher Weise durch folgenden Zusammenhang ausgedrückt

$$\frac{C - C_0}{C_0} = \delta_a \quad \text{mit} \quad \delta_a = e^{\frac{-\pi a}{d}}. \qquad (2.34)$$

Hierbei beschreibt a die Breite (Überlapp) der Schirmelektrode bzw. den Überlapp der Anregungselektrode. Somit gilt auch hier, dass eine relative Messabweichung von 10^{-6} erreicht wird, wenn der Überlapp dem Fünffachen des Abstandes entspricht ($a \geq 5d$).

Querempfindlichkeit, Überschläge, Vibrationen

Werden Sensorarrays eingesetzt, kann es leicht zu einem Übersprechen der einzelnen Sensorkanäle direkt am Sensorchip kommen. Zusätzlich kann ein Übersprechen in der elektronischen Beschaltung entstehen, welches sich jedoch im Vergleich zum Sensorchip meist durch das gesteigerte Raumangebot und die damit erleichterte räumliche Trennung der Signalleitungen oder die Verwendung von Koaxialkabeln vermeiden lässt. Wird die Sensorspannung als Messsignal herangezogen, können die einzelnen Sensorkanäle aufgrund kapazitiver Kopplungen sehr leicht ein Übersprechen zeigen. Wird jeder Kanal mit einer separaten Schirmung versehen und die Messsignale auf die Schirmungen rückgekoppelt, kann dieses Übersprechen nahezu vollständig unterdrückt werden [60]. Wird dagegen der Umladestrom als Messsignal verwendet, kann ein Übersprechen der Sensorkanäle automatisch vermieden werden, da jeder

Kanal dauerhaft auf einem festen Potential gehalten wird. Zudem kann in diesem Fall eine Schirmung für alle Sensorkanäle vorgesehen werden. Besteht eine große Kapazität zwischen den Sensorkanälen und der Schirmung, muss bei der Spannungsmessung darauf geachtet werden, dass das Potential der Schirmung nicht vom Potential des Sensors abweicht. Ansonsten kann es vorkommen, dass die Sensorspannung nahezu gänzlich durch das Potential der Schirmung bestimmt wird. Im Falle der Strommessung ist lediglich darauf zu achten, dass das Potential der Schirmung konstant gehalten wird bzw. nicht mit der Frequenz der Anregungsspannung schwingt (Abb. 2.3b).

Bei kleinen Abständen (Submillimeterbereich) zwischen den Elektroden eines kapazitiven Sensors kann es bereits bei relativ geringen Spannungen zum elektrischen Durchbruch des isolierenden Mediums kommen. Die Durchbruchfeldstärke folgt dem Paschen-Gesetz [70]. In Luft liegt sie im Bereich von $2\,\text{kV}/\text{mm}$ bis $3\,\text{kV}/\text{mm}$. Für Distanzen unter $10\,\mu\text{m}$ ist die mittlere freie Weglänge der aus der Ionisation der Luftmoleküle hervorgegangenen Elektronen nicht mehr ausreichend, um weitere Moleküle zu ionisieren. Für entsprechende Abstände steigt die Durchbruchspannung bei zunehmender Feldstärke stark an, bis sie hoch genug ist, um die direkte Emission von Elektronen aus den Elektroden zu ermöglichen.

Vibrationen der Sensorhalterungen oder zur Positionierung verwendeter Verfahreinheiten können zu starken Störungen des Sensorsignals führen. Dies gilt insbesondere, wenn die Distanzen zwischen den Messelektroden lediglich im Bereich weniger zehn Mikrometer liegen. Im Resonanzfall können entsprechende Vibrationen das eigentliche Messsignal vollständig überdecken. Wird die Kapazität nicht direkt gemessen sondern über die Modulation eines Trägersignals (Anregungssignal), kann in solchen Fällen die Verschiebung der Frequenz des Trägersignals Abhilfe schaffen (Abs. 2.1.3).

2.1.3 Messprinzipien kapazitiver Sensoren

Wie im vorigen Abschnitt beschrieben wurde, bestehen prinzipiell zwei Möglichkeiten zur Auswertung der kapazitiven Kopplung. Zum einen ist dies die Messung der Spannung, zum anderen die Messung des Umladestroms. Die mit beiden Möglichkeiten einhergehenden Messprinzipien sowie einige ihrer Vor- und Nachteile werden im Folgenden beschrieben.

Die einfachste Methode, Kapazitätsänderungen zu messen, ist in Abb. 2.4a dargestellt. Hierzu wird der Kondensator zunächst auf eine konstante Spannung U aufgeladen und dann die Kapazitätsänderung gemessen. Für Kapazitätsänderungen mit Frequenzen oberhalb der reziproken Zeitkonstanten $\frac{1}{RC}$ bleibt die Ladung Q annähernd konstant und die Ausgangs-

2. Physikalisch-technische Grundlagen

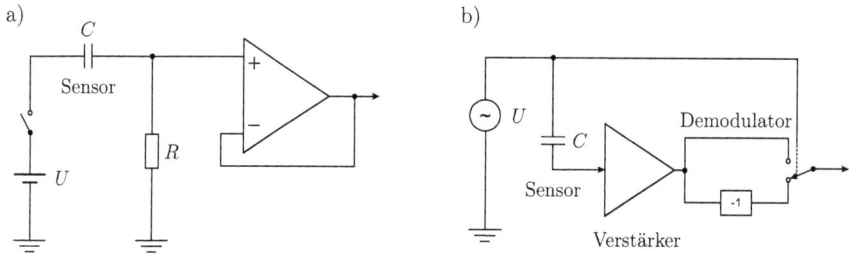

Abb. 2.4: Methoden zur Messung von Kapazitätsänderungen. a) Direkte Messung (Gleichspannungsanregung). b) Indirekte Messung über Modulation des Anregungssignals und anschließende Demodulation.

spannung U_out variiert entsprechend

$$U_\text{out} = \frac{C_\text{stat} U}{C}. \qquad (2.35)$$

C_stat beschreibt die stationäre Kapazität vor der Kapazitätsvariation. Für die Messung langsamer Kapazitätsänderungen und bei der Verwendung von Messkapazitäten unterhalb weniger Picofarad muss der Operationsverstärker eine sehr hohe Eingangsimpedanz sowie Leckströme im Bereich weniger Femtoampere aufweisen (z.B. Elektrometerverstärker). Zudem leidet die Messung stark unter Einflüssen, wie Veränderungen der Kabelkapazitäten und $1/f$-Rauschen. Deutlich vorteilhafter ist es daher, die Kapazitätsvariation durch die Modulation einer Anregungsspannung möglichst hoher Frequenz zu messen und das Messsignal im Anschluss zu demodulieren (Abb. 2.4b). Dies führt zu einer Verringerung der Impedanz des Kondensators und erlaubt somit die Verwendung von Verstärkern niedrigerer Eingangsimpedanz. Zudem vereinfacht diese Methode die Schirmung des Sensors und erlaubt die Verwendung eines auf die Anregungsfrequenz abgestimmten Bandpasses (Rauschreduzierung).

Entsprechend der grundlegenden Messprinzipien lassen sich nun zwei Verstärkerschaltungen einsetzen. Abbildung 2.5 zeigt die schematische Darstellung der sogenannten High-Z- und Low-Z-Verstärker. Für ein exakte Messung sollten die Operationsverstärker beider Schaltungen eine hohe Eingangsimpedanz und ein geringes Spannungs- und Stromrauschen im Bereich der Anregungsfrequenz aufweisen.

High-Z-Verstärker

Für die Erklärung des Prinzips des High-Z-Verstärkers (Abb. 2.5a) können die Widerstände R_1 und R_2 bzw. die damit geschaffene Verbindung zur Masse zunächst vernachlässigt werden. Einen idealen Operationsverstärker vorausgesetzt, wird die Spannung am Verstärker-

2.1. Theorie und Messung kapazitiver Kopplungen

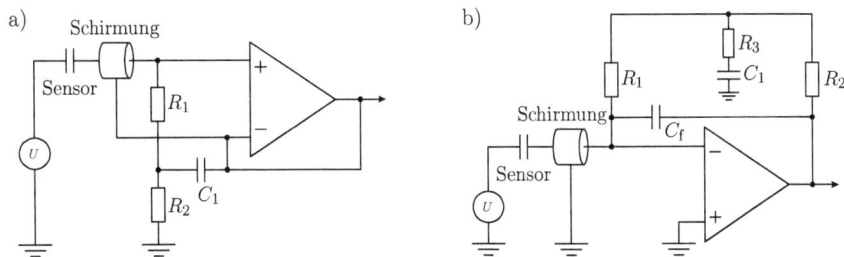

Abb. 2.5: Verstärkerschaltungen zur Umsetzung kapazitiver Messprinzipien. a) High-Z-Verstärker b) Low-Z-Verstärker

ausgang direkt der Spannung am Messkondensator folgen, da kein Strom über die Eingänge des Verstärkers fließen kann. Die Kapazitätsmessung kann in diesem Fall als Messung des elektrischen Feldes aufgefasst werden, da das Potential der mit dem Verstärker verbundenen Kondensatorplatte nur durch die kapazitive Kopplung bestimmt wird (Ladungstrennung). Die Messung wird somit in erster Näherung unabhängig von der Distanz der Platten, falls eine ausreichende Schirmung gegen Streufelder und Randeffekte vorgesehen wird (Abs. 2.1.2). Auf diese kann dann das Ausgangssignal des Verstärkers rückgekoppelt werden. Der aus R_1 und R_2 gebildete Widerstand ist jedoch nötig, um die Leckströme des (realen) Operationsverstärkers zur Masse abzuführen sowie die Eingangsspannung zu stabilisieren. Diese Leckströme würden ansonsten den Kondensator aufladen. Der Widerstand führt jedoch gleichzeitig zur Auf-/Entladung des Messkondensators. Bei zunehmendem Plattenabstand führt dies vor allem bei Kondensatoren mit Kapazitäten im Bereich weniger Picofarad zu einem starken Abfall der Ausgangsspannung. Daher sind Widerstände im Bereich von einigen Gigaohm nötig, um die Eingangsimpedanz entsprechend zu erhöhen. In diesem Fall kann die Rückkopplung über C_1 zur Erhöhung der Eingangsimpedanz verwendet werden. Somit wird die Verwendung von Widerständen (R_1) im Bereich mehrerer zehn Megaohm möglich. Für Messkapazitäten im Bereich weniger Picofarad kann sich zudem die Kapazität zwischen dem positiven Eingang des Operationsverstärkers und dem Anschluss der negativen Spannungsversorgung als problematisch erweisen. Sie liegt typischerweise im Bereich einiger Picofarad und kann zu einer deutlichen Reduzierung der Ausgangsspannung führen. Ihr Einfluss lässt sich durch die Rückkopplung zum Verstärkerausgang reduzieren. Die Kapazität zum Anschluss der positiven Spannungsversorgung kann ebenfalls zu Signalverfälschungen führen. Sie kann jedoch nicht verringert werden. Eine deutliche Verbesserung kann in solchen Fällen mit diskreten Verstärken (FETs) erreicht werden.

Low-Z-Verstärker

Das Grundprinzip dieser Verstärkerschaltung ist die Stabilisierung der mit dem Verstärker verbundenen Kondensatorplatte auf virtuellem Massepotential (Abb. 2.5b). Es wird somit nicht die Spannung der unverbundenen Platte gemessen, sondern der über den Messkondensator fließende Umladestrom. Im Rückkoppelkreis können je nach Anforderung ein einzelner Widerstand, ein Widerstand parallel zu einer Kapazität oder eine Kapazität mit parallel geschaltetem Tiefpass und Widerstand in Serie zum Einsatz kommen. Eine rein kapazitive Rückkopplung ist aufgrund der Leckströme des Operationsverstärkers nicht realisierbar, da sie die Kapazität C_f und die Messkapazität aufladen würden. Eine solche Schaltung kann nur mit einem zusätzlichen Schalter (Reset Switch) im Rückkoppelkreis ausgeführt werden und ist z.B. bei Ladungsverstärkern [71] im Einsatz. Ein einzelner Widerstand im Rückkoppelkreis entspricht der Schaltung eines Transimpedanzverstärkers [72]. Befinden sich lediglich ein Kondensator C_f und ein dazu parallel geschalteter Widerstand $R = R_1 + R_2$ im Rückkoppelkreis, ergibt sich die Ausgangsspannung (komplexe Schreibweise) zu

$$\underline{U}_\mathrm{out} = -\underline{Z}\underline{I} = -\frac{j\omega C_\mathrm{sen}}{\frac{1}{R} + j\omega C_\mathrm{f}}\underline{U} \approx \frac{C_\mathrm{sen}}{C_\mathrm{f}}\underline{U} \quad \text{für} \quad \omega \gg \frac{1}{RC_\mathrm{f}}. \quad (2.36)$$

Für Frequenzen deutlich über der reziproken Zeitkonstanten $\frac{1}{RC_\mathrm{f}}$ wird die Ausgangsspannung unabhängig von der Trägerfrequenz ω. Generell muss die Zeitkonstante des Rückkoppelkreises immer größer sein als die Frequenz des Anregungssignals, um die Entladung während einer Periode zu verhindern. Um sehr große Widerstände im Rückkoppelkreis zu vermeiden, kann ein Widerstand in T-Anordnung bzw. ein zusätzlicher Tiefpass in den Rückkoppelkreis integriert werden (Abb. 2.5b). Zusätzlich hat dies den Vorteil, dass die DC-Offsets der Ausgangsspannung neutralisiert werden. Weist die Schaltung eine hohe Verstärkung auf, spielen die störenden Eingangskapazitäten des Operationsverstärkers eine geringere Rolle als beim High-Z-Verstärker. Somit eignet sich die Schaltung deutlich besser für die Verwendung kleiner Messkapazitäten. Ein weiterer Vorteil ist die Verbindung der Schirmung zur Masse. Dies erweist sich vor allem dann als vorteilhaft, wenn Sensorarrays verwendet werden. In diesem Fall kann eine geschlossene Schirmung zur gleichzeitigen Abschirmung aller Sensorkanäle verwendet werden kann (Abs. 2.1.2).

Die erläuterten Messprinzipien lassen sich anstatt zur Messung der Kapazität auch direkt zur Messung der Spannung einsetzen, sofern die Messkapazität während des Messvorgangs konstant bleibt. Durch eine auf die Messkapazität abgestimmte Wahl der Widerstände und Kondensatoren können hierbei die Schaltungsvarianten des Low-Z-Verstärkers sehr gut zur Erzeugung einer breitbandigen konstanten Spannungsverstärkung eingesetzt werden. Für niedrige Frequenzen dominiert in diesen Fall der Widerstand R die Impedanz. Dies führt zu einem linearen Anstieg der Übertragungsfunktion, bis schließlich die Kapazität C_f die Gesamtimpedanz zu verringern beginnt, während der Umladestrom jedoch gleichzeitig weiter ansteigt (Gl. 2.36).

2.1.4 Messung zeitlich konstanter Spannungen

Die in Abschnitt 2.1.3 beschriebenen Messprinzipien eignen sich nicht zur Messung zeitlich konstanter Spannungen oder Spannungsänderungen im Bereich weniger Hertz. Dies ist im Fall des High-Z-Verstärkers auf die Auf- oder Entladung über den Widerstand $(R_1 + R_2)$ zur Kompensation der Leckströme des Operationsverstärkers zurückzuführen. Im Fall des Low-Z-Verstärkers dominiert für kleine Frequenzen der Widerstand des Rückkoppelkreises die Impedanz, so dass nur ein Stromfluss über den Widerstand die Ausgangsspannung ändert (differenzierender Charakter). Unter der Verwendung einer der beiden Verstärkerschaltungen kann die gleichzeitige Messung konstanter Spannungen und schneller Spannungsänderungen somit nur durch eine zusätzliche Beeinflussung der Messkapazität erfolgen. Im Folgenden wird ein auf der Variation des Abstandes der Messelektroden beruhendes Messprinzip vorgestellt [73]. Es beruht hierbei auf der Verwendung des Low-Z-Verstärkers. Die Umsetzung des Messprinzip wird in Abschnitt 4.2 beschrieben. Der High-Z-Verstärker ist hierfür ungeeignet, da sich keine Änderung des Messsignals bei der Variation des Plattenabstandes ergibt.

Für den Umladestrom (Low-Z-Verstärker) gilt allgemein

$$I_{\text{dis}} = C_{\text{sen}} \frac{dU}{dt} + U \frac{dC_{\text{sen}}}{dt}. \tag{2.37}$$

Für zeitlich konstante Spannungen $U = U_{\text{const}}$ ist der erste Summand in Gl. 2.37 gleich Null. Die Variation der Messkapazität wird in diesem Fall einen Umladestrom hervorrufen, der direkt proportional zur anliegenden Gleichspannung ist. Lässt sich die Messkapazität analytisch nach Gl. 2.28 beschreiben, ergibt sich für eine sinusförmige Variation (Amplitude d_1) des Abstands d, ausgehend vom Anfangsabstand d_0,

$$C(t)_{\text{sen}} = \frac{\varepsilon_0 \varepsilon_r A_{\text{sen}}}{d_0 + d_1\left(1 + \sin(\omega t)\right)}. \tag{2.38}$$

Durch Einsetzen in Gl. 2.37 und Differenzieren ergibt sich

$$I_{\text{sen}} = \frac{dC_{\text{sen}}}{dt} U_{\text{const}} = \frac{\varepsilon_0 \varepsilon_r A_{\text{sen}} d_1 \omega \cos(\omega t)}{\left[d_0 + d_1\left(1 + \sin(\omega t)\right)\right]^2} U_{\text{const}}. \tag{2.39}$$

2. Physikalisch-technische Grundlagen

Der resultierende Umladestrom ist somit direkt proportional zur Spannung U_{const}.

2.2 Planare Elektronik

Dieser Abschnitt dient der Vorstellung der in dieser Arbeit untersuchten Arten planarer Elektronik sowie der auftretenden Defekte und Funktionsstörungen. Da Dünnschicht-Transistoren (TFTs) eine zentrale Funktionseinheit vieler Arten planarer Elektronik darstellen, werden ihre Herstellung und grundlegenden Eigenschaften näher erläutert.

2.2.1 Silizium-basierte (klassische) planare Elektronik

Im Folgenden werden hauptsächlich zwei Arten Silizium-basierter planarer Elektronik, Active-Matrix Liquid Crystal Displays (AMLCDs) und Röntgenflachdetektoren vorgestellt. Die an entsprechenden Inspektionsobjekten gewonnenen Ergebnisse finden sich in Kapitel 4.

Fertigungstechniken

Zu den bekanntesten Formen Silizium-basierter planarer Elektronik zählen AMLC-Displays, 2D-Bildsensoren (Flachdetektoren), Farbdetektoren, Positionssensoren sowie Solarzellen. Die Fertigung erfolgt mittels Dünnschichttechnologie. Entsprechend weisen die Fertigungsmethoden einige Parallelen zur klassischen Silizium-Dünnschichttechnologie bzw. der davon abgeleiteten Large-Scale Integration (LSI) Technologie [5] auf. Die Bauteile planarer Elektronik werden jedoch auf transparente rechteckige Glassubstrate (Corning Glas) aufgebracht. Dies limitiert die Prozesstemperatur auf ca. 450 °C. Die Abscheidung der eingesetzten Materialien erfolgt bei Temperaturen von max. 350 °C unter Vakuumatmosphäre, mittels Plasma Enhanced Chemical Vapor Deposition (PECVD) [74] oder Sputtern. Zur Strukturierung werden Lithographie-, Oxidations-, Ätz- und Spülverfahren eingesetzt. Die Größe der prozessierten Glassubstrate kann im Bereich weniger inch bis hin zu 82 in. [75] liegen. Mit entsprechend angepassten Lithographieverfahren und Maskensätzen lassen sich Strukturgrößen im Bereich von minimal 5 µm bis 10 µm erreichen [5].

Active-Matrix Liquid Crystal Displays (AMLCD)

Abbildung 2.6a zeigt die schematische Darstellung eines Pixels eines AMLC-Displays. Der Aufbau dieser Displays gliedert sich in Backplane, Flüssigkristallschicht und Frontplane. Die einzelnen Pixel können als separat schaltbare „Lichtventile" betrachtet werden. Sie lassen sich über die Spannung zwischen der Pixelelektrode (Backplane) und einer gegenüberliegenden flächigen Elektrode (Frontplane) steuern. Hierzu wird jedes Pixel mit einem Schalter bzw. einem Dünnschichttransistor (TFT) aus amorphen Silizium versehen, der zur individuellen Ansteuerung und Entkopplung der Pixel dient. Die Idee hierzu geht auf Le Comber [76] zurück und entstand bereits 1979. Nähere Informationen zur Funktionsweise von AMLC-Displays finden sich in [5, 19]. Beide Elektroden bestehen aus einem transparenten leitfähigen Oxid, meist Indium-Zinn-Oxid (ITO), welches eine optische Transparenz von 90% und elektrische Leitfähigkeiten im Bereich von 10^{-4} Ωcm aufweist. Im Folgenden wird nur auf den Aufbau der Backplane eingegangen, da sie das eigentliche Inspektionsobjekt darstellt. Die Backplane (Abb. 2.6a) wird in mehreren Prozessschritten mittels max. 4 bis 5 Maskensätzen hergestellt und beinhaltet die zur Ansteuerung der einzelnen Pixel nötige Elektronik [77]. Sie besteht aus einem der Größe des späteren Displays entsprechendem Glassubstrat (Corning Glass), den Gate-Lines zur Ansteuerung der TFTs, den TFTs selbst, den Data-Lines zur Vorgabe der Spannung der Pixelelektroden, den Com-Lines zur Stabilisierung der Spannung der Pixelelektroden [78] und den Pixelelektroden. Mit dem ersten Maskensatz werden die Gate-Lines und Com-Lines aufgebracht. Hierbei wird nicht in jedem Fall eine separate Com-Line vorgesehen. In vielen Fällen wird die Kapazität zur Stabilisierung der Pixelspannung durch eine Verbreiterung der Gate-Lines im Bereich der Pixelelektrode realisiert [5, 19]. Im nächsten Schritt werden die Gate- (und Com-) Lines mit einer Schicht aus Siliziumnitrid versehen. Sie dient als Isolation der Gate-Lines gegenüber den im Bereich der späteren TFTs aufgebrachten a-Si:H und n^+-dotierten a-Si:H Schichten (2. Maskensatz). Die aktive Schicht der Transistoren ist hierbei die a-Si:H Schicht, die n-dotierten Schichten dienen zur Herstellung eines ohmschen Kontaktes zur späteren Metallisierung der Drain- und Source-Anschlüsse des a-Si:H-TFTs. Mit dem 3. Maskensatz wird die ITO-Schicht bzw. die Pixelelektroden strukturiert. Die Aufbringung der TFT-Anschlüsse erfolgt mit dem 4. Maskensatz. Der 5. Maskensatz dient der Entfernung der n^+-dotierten a-Si Schichten im Kanal der TFTs (Back Channel Etch). Schließlich wird die komplette elektronische Struktur mit einer Siliziumnitridschicht passiviert.

Die Adressierung der Pixel erfolgt durch sukzessives Ansteuern der Gate-Lines. Die Spannung an der jeweiligen Gate-Line wird hierbei sprunghaft erhöht, während alle anderen Gate-Lines auf Massepotential oder negativer Spannung gehalten werden. Dies hat zur Folge, dass die TFTs der angesteuerten Line in den leitenden Zustand wechseln, d.h. der Kanal zwischen den Source- und Drain-Anschlüssen wird niederohmig. Die Spannung der Data-Lines wird sukzessive mit jedem Schaltvorgang der Gate-Lines neu gesetzt. Während die TFTs im leitenden Zustand sind, lädt sich die Pixelelektrode bzw. der aus Pixelelektrode, Com-Line und Gegenelektrode gebildete Kondensator auf die Spannung der Data-Line auf. Gehen die TFTs in den nichtleitenden Zustand über, bleibt die Spannung der Pixelelektrode auch bei

2. Physikalisch-technische Grundlagen

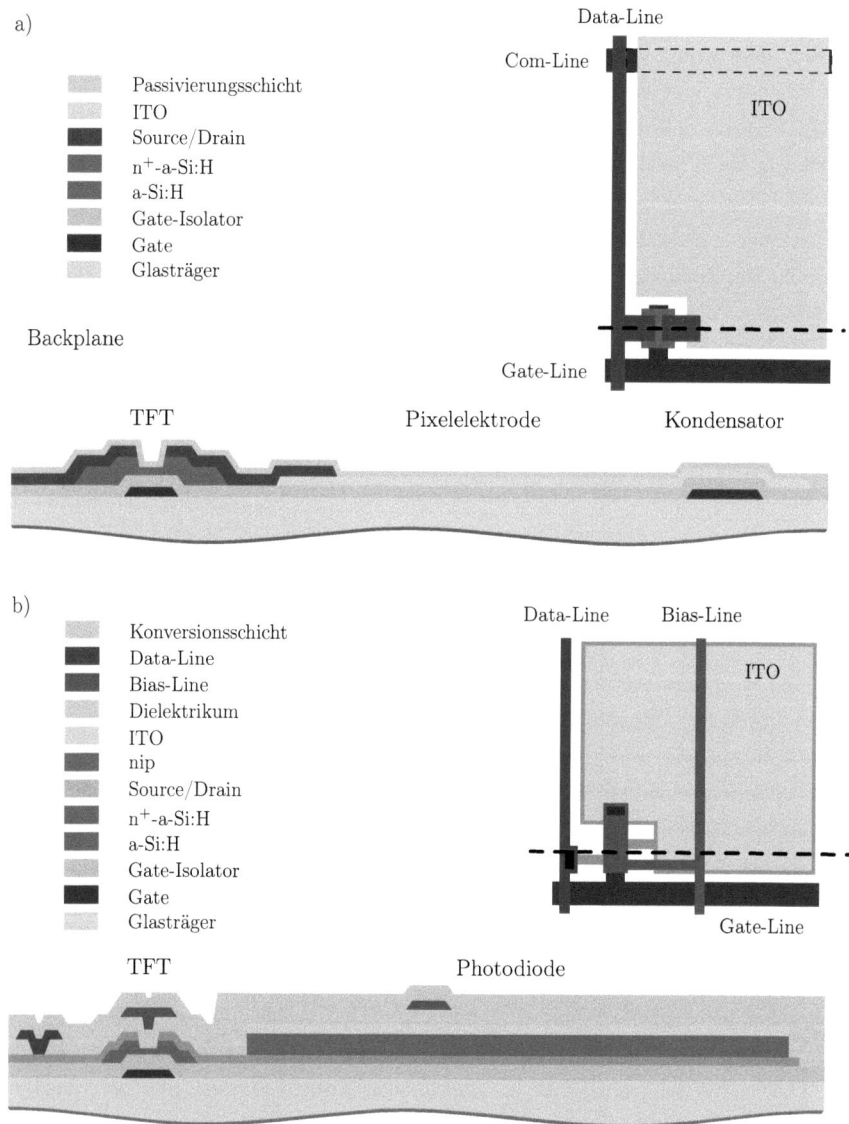

Abb. 2.6: Schematische Darstellung des Aufbaus je eines Pixels eines a) AMLC-Displays und b) Röntgenflachdetektors.

einer Variation der Data-Line-Spannung konstant. Die Ansteuerung der Lines erfolgt über eine externe Treiberschaltung, welche nach der Fertigstellung des Displays mit den Gate-, Com- und Data-Lines verbunden wird.

Röntgenflachdetektoren
Abbildung. 2.6b zeigt eine schematische Darstellung eines typischen 2D-Bildsensors bzw. Flachdetektors. Die Herstellung entsprechender Sensoren erfolgt ebenfalls in Dünnschicht-Technologie und der Nutzung der gleichen Verfahren die zur Herstellung von AMLC-Displays verwendet werden (s.o.) [5, 79, 80]. Auch die Anzahl der Prozessschritte und der Aufbau der Detektoren ähnelt dem Aufbau der Displays. Die integralen Funktionseinheiten solcher Flächensensoren sind einerseits die a-Si-TFTs, andererseits die ebenfalls aus amorphem Silizium hergestellten Photodioden [79]. Im Gegensatz zu AMLCD-Displays ist im Bereich der Source-Elektrode eine flächige pin- bzw. nip-Schichtstruktur aufgebracht, die als Photodiode fungiert. Für detaillierte Information über Aufbau und Funktion der Photodioden siehe [5]. Kathode und Anode werden durch die Source-Elektrode und die die nip-Struktur bedeckende ITO-Elektrode gebildet. Um die Diode vorzuspannen (Laden der Kapazität), ist eine Bias-Line vorgesehen. Zur Detektion von Röntgenstrahlung wird die komplette Detektorfläche mit einer Szintillationsschicht versehen, die die einfallende Strahlung in sichtbares Licht konvertiert. Die Photodioden (Bandlücke $\approx 2\,\text{eV}$), deren Sensitivität im sichtbaren Bereich des Spektrums liegt, konvertieren das einfallende Licht in eine zur Intensität proportionale Ladungsmenge. Aufgrund der Diodenkapazität wird die Ladung an der Drain-Elektrode akkumuliert (Entladung des Kondensators). Die Adressierung der einzelnen Photodioden erfolgt durch sukzessives Durchschalten der Gate-Lines. Gehen die TFTs in den leitenden Zustand über, wird die Ladung auf die Data-Lines transferiert, welche über die Verbindung mit je einem Ladungsverstärker auf virtuellem Massepotential gehalten werden. Die Ladungsverstärker befinden sich außerhalb der aktiven Detektorfläche und erzeugen ein zur Ladungsmenge proportionales Spannungssignal [81]. Die Anwendungen entsprechender 2D-Bildsensoren finden sich im Bereich der Medizintechnik (Röntgenbildgebung), zerstörungsfreien Prüfung, Kristallographie sowie Dokumenten-Scannern.

2.2.2 Organische (neuartige) planare Elektronik

Dieser Abschnitt beschäftigt sich mit der Herstellung und den Eigenschaften organischer planarer Elektronik. Im Besonderen wird hierbei auf elektrophoretische Displays eingegangen. Inspektionsergebnisse finden sich in Kapitel 4.

2. Physikalisch-technische Grundlagen

Leitfähige Polymere und Polymerelektronik

Die Entstehung der heute bekannten Formen organischer Elektronik geht auf die Entdeckung leitfähiger konjugierter Polymere (Polyacetylen) zurück [82]. In den 1990er Jahren wurde schließlich die erste organische Leuchtdiode vorgestellt und erstmals Ladungsträgerbeweglichkeiten im Bereich von $10^{-1}\,\text{cm}^2/\text{Vs}$ erreicht. Da diese Beweglichkeiten annähernd den Ladungsträgerbeweglichkeiten in amorphen Silizium entsprechen, wurde so die Entwicklung elektronischer Schaltkreise auf Basis organischer Transistoren möglich. Die elektrische Leitung in organischen Materialien und Halbleitern basiert im Vergleich zu kristallinen Halbleitern auf delokalisierten Elektronen in den p-Orbitalen (π-Bindung) der Kohlenstoffatome [31]. Werden mehrere Moleküle bzw. Molekülketten zusammengeführt, bildet sich durch die Überlagerung der Orbitale eine den kristallinen Halbleitern vergleichbare Bandstruktur aus. Die Leitfähigkeit des Molekülverbands wird jedoch maßgeblich durch den Ladungsträgertransport von Molekül zu Molekül bestimmt (Hopping-Transport). Eine strukturierte Anordnung der Molekülketten kann daher deutlich zur Verbesserung der Leitfähigkeit beitragen [83]. Die Beweglichkeiten bewegen sich, je nach Art und Herstellungsprozess, im Bereich von $10^{-4}\,\text{cm}^2/\text{Vs}$ bis $10^{-1}\,\text{cm}^2/\text{Vs}$. Die physikalischen Eigenschaften der Moleküle lassen sich durch chemische Modifikationen gezielt auf die Anforderungen an die Funktionseinheiten maßschneidern und bieten somit im Vergleich zu amorphem Silizium eine deutlich höher Flexibilität.

Fertigungstechniken

Im Vergleich zu den Fertigungstechniken der Silizium-basierten planaren Elektronik erlauben organische Materialien den Einsatz kostengünstigerer Fertigungstechniken. Zudem sind die organischen Materialien deutlich günstiger. Aufgrund ihrer Struktur lassen sie sich sehr gut in organischen Lösungsmitteln lösen. Dies ermöglicht den Einsatz von Druckverfahren, welche Photolithographie und PECVD überflüssig machen sowie Maskensätze und Prozessschritte reduzieren. Entsprechende Techniken sind Spin-Coating, Casting, Molding, Inkjet-Printing, Screen-Printing und Mikro-Kontakt-Printing [5]. Die Fertigung kann dann entweder in Flach- oder mittels Rolle-zu-Rolle-Verfahren erfolgen. Die erreichbaren Auflösungen liegen im Bereich mehrerer zehn Mikrometer [19]. Im Forschungsbereich kommt zudem die Vakuumevaporation, unter deren Verwendung bislang die vergleichsweise besten Materialeigenschaften erzielt werden, zum Einsatz. Organische Materialien erlauben den Einsatz einer Vielzahl an Trägermaterialien, da die Prozesstemperaturen im Vergleich zur Abscheidung der a-Si-Funktionseinheiten deutlich niedriger sind. Viele Materialien lassen sich bereits bei Raumtemperatur verarbeiten, was z.B. die Verwendung dünner Polymerfolien statt Glassubstraten ermöglicht. Ziel dieser Entwicklung sind organische elektronische Schaltkreise, deren Funktionseinheiten bei Raumtemperatur mittels Massenproduktionsverfahren komplett aus organischen Materialien hergestellt werden. Zu den bisher hergestellten Arten organischer planare Elektronik zählen RFID Identifier, Batterien, Sensoren, Displays und Solarzellen.

Elektrophoretische Displays und gedruckte Schaltungen

Die Fertigung komplexer, gedruckter Schaltungen auf flexiblen Trägermaterialien (elektronisches Papier) steht noch am Anfang. Es existieren jedoch bereits einzelne Produkte sowie grundlegende Funktionseinheiten elektronischer Schaltungen auf Basis organischer Materialien [84–86]. Abbildung 2.7 zeigt den Aufbau eines flexiblen elektrophoretischen Displays (E-Reader) [87]. Im Gegensatz zu AMLC-Displays werden bei elektrophoretischen Displays keine Flüssigkristalle, sondern sogenannte elektronische Tinten (E-Ink) [88] zur Bilddarstellung eingesetzt. Dadurch lassen sich monostabile Displays herstellen, d.h. elektrische Energie wird nur zur Änderung des Bildinhalts benötigt [89]. Die Komponenten der Backplanes solcher E-Reader können teils organischer, teils anorganischer Natur sein und werden meist auf flexible Polymerträger aufgebracht. So bestehen die Transistoren und die Pixelelektrode aus leitfähigen Polymeren, während die Gate-, Data-, und Com-Lines aus Goldlegierungen bestehen [19]. Die Pixelelektrode ist im Unterschied zu klassischen AMLC-Displays über eine Durchkontaktierung (Via) in vertikaler Richtung ausgelagert. Dies führt zu einer deutlichen Erhöhung des Füllfaktors (bis 98%) und einer Abschirmung der E-Ink-Schicht von den Signalen der Gate-Line. Die Pixelform und Ausdehnung ist durch eine Art Wabenstruktur definiert, welche zugleich Kurzschlüsse zwischen den Elektroden verhindert (Spin Coating). Die Auslagerung der Pixelelektrode ermöglicht zugleich eine Vergrößerung der Kapazität zur Com-Line, welche ca. die Hälfte der Pixelfläche abdeckt. Die Backplanes werden fast ausschließlich mittels Druckverfahren [90] hergestellt. Im ersten Schritt der Herstellung werden die Data-Lines, welche direkt in die einzelnen Drain-Elektroden übergehen, und die Source-Elektroden aufgedruckt. Im Anschluss wird das halbleitende organische Material aufgebracht und eine Isolationsschicht (Gate-Dielektrikum) aufgeschleudert. Zusätzlich wird die nichtleitende Wabenstruktur zur Definition der Pixelelektroden angelegt. Im nächsten Schritt werden die Gate- und Com-Lines gedruckt und mit einer weiteren Isolationsschicht bedeckt. Im letzten Schritt wird die Via zur Source-Elektrode geschaffen und die Pixelelektroden per Spin-Coating aufgebracht.

2. Physikalisch-technische Grundlagen

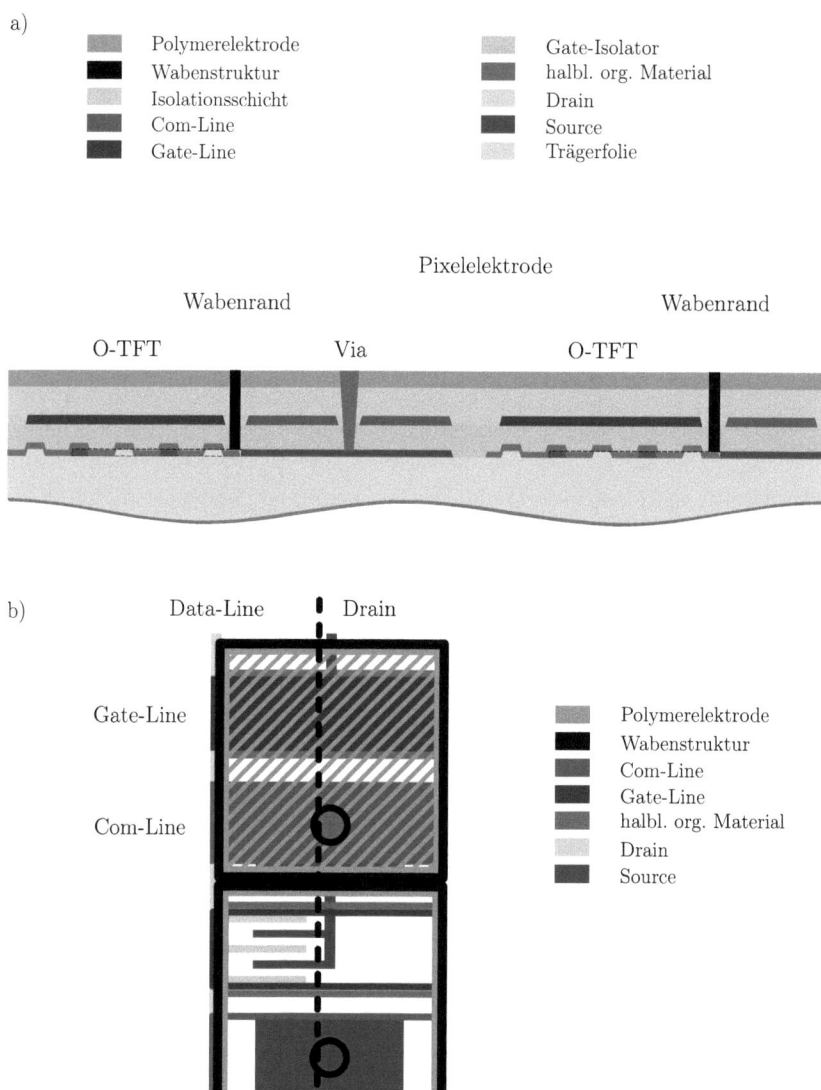

Abb. 2.7: Schematische Darstellung des Aufbau eines elektrophoretischen Displays (E-Reader) a) Schnittbild, b) Aufsicht.

2.2.3 Dünnschicht-Transistoren (TFTs)

Amorphes (a-Si:H) und polykristallines (poly-Si) Silizium

Die aktive Schicht der a-Si:H-TFTs besteht aus amorphen, hydrogeniertem Silizium, welches mittels PECVD unter Silangasatmosphäre (SiH$_4$, Si$_2$H$_6$) abgeschieden wird. Der Wasserstoff dient zur Reduzierung der ungesättigten Oberflächenbindungen (dangling bonds), erhöht die Ordnung des amorphen Siliziums und führt so zur Reduzierung der Defektdichte (Tail-States) [19]. Grundsätzlich werden die Transistoren in Bottom- (Inverse Staggered) oder Top-Gate-Konfiguration (Staggered) hergestellt (Abb. 2.8). Die Bottom-Gate-Ausführung ist dabei die gebräuchlichste.

Neben a-Si:H-TFTs werden auch TFTs mit einer aktiven Schicht aus polykristallinem Silizium (poly-Si-TFT) eingesetzt. Die Herstellung ist kompatibel zum Standard-CMOS-Prozess [91]. Der Vorteil bei der Verwendung von poly-Silizium ist die direkte Verbindung der TFTs mit integrierten Schaltungen. So können z.B. Speicherbausteine oder die Display-Ansteuerung direkt auf der Backplane (Low Temperature Poly Silicon Displays, LTPS-AMLCD) integriert werden. Details zu Eigenschaften und Herstellung von poly- und a-Si:H-TFTs finden sich in [5,19].

Die elektrischen Eigenschaften von a-Si:H und poly-Si-TFTs können in Anlehnung an die aus kristallinem Silizium gefertigten MOSFETs [92, 93] beschrieben werden. Charakteristische Unterschiede lassen sich durch die Erweiterung oder Anpassung der im MOSFET-Modell (Gradual Channel Approximation) vorkommenden Größen beschreiben.

Für Drain-Source-Spannungen V_{ds} kleiner als die um die Schwellspannung V_{th} reduzierte Gate-Source-Spannung V_{gs} ($0 < V_{ds} < V_{GS} - V_{th}$) ergibt sich der Drain-Source-Strom I_{ds} im stationären Fall (zeitlich unveränderliche Steuerspannungen) zu

$$I_{ds} = \mu_n C_g \frac{W}{L} \left[(V_{gs} - V_{th}) V_{ds} - \left(\frac{V_{ds}^2}{2} \right) \right]. \qquad (2.40)$$

Hierbei ist μ_n die Beweglichkeit der Elektronen, C_g ist die Gate-Kanal-Kapazität pro Fläche, W die Kanalbreite und L die Kanallänge. Steigt die Drain-Source-Spannung weiter an ($V_{ds} > (V_{GS} - V_{th} > 0)$), sättigt der Drain-Source-Strom (Pinch-Off-Effekt) und wird unabhängig von der Drain-Source-Spannung

$$I_{ds_{sat}} = \frac{1}{2} \mu_n C_g \frac{W}{L} (V_{gs} - V_{th})^2. \qquad (2.41)$$

Für a-Si-TFTs in Flachbildschirmen lassen sich Ströme bis hin zu mehreren Mikroampere erreichen. Die Elektronenbeweglichkeit bewegt sich im Bereich von 0,6 cm^2/Vs. Für Gate-

2. Physikalisch-technische Grundlagen

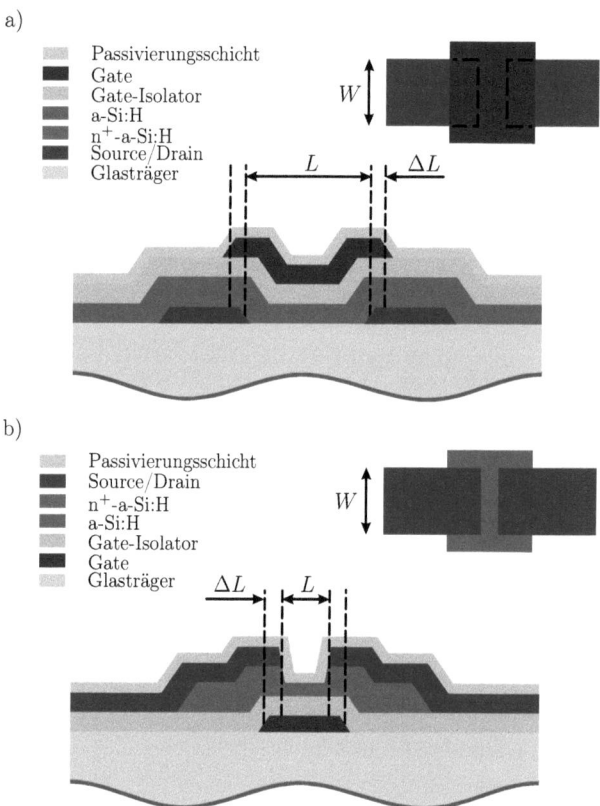

Abb. 2.8: Schematische Darstellung des Aufbaus von a-Si:H-TFTs. a) Top-Gate-Ausführung, b) Bottom-Gate-Ausführung.

Source-Spannungen kleiner als die Schwellspannung ($V_{gs} < V_{th}$) ist der Transistor im nichtleitenden bzw. hochohmigen Zustand. Der Drain-Source-Strom ist in diesem Bereich durch die Leckströme zwischen Source und Drain sowie Photoströme gegeben. Können Photoströme vernachlässigt werden, kann der Leckstrom in erster Näherung als direkt proportional zur Drain-Source-Spannung angenommen werden [19]

$$I_{ds_{off}} \approx \frac{\sigma_D d_i W V_{ds}}{L}. \tag{2.42}$$

σ_D beschreibt die Leitfähigkeit aufgrund des Dunkelstroms und d_i die Dicke der a-Si:H-Schicht. Für typische a-Si-TFTs in Displays liegen die Leckströme im Bereich von $5 \cdot 10^{-14}$ A

($V_\text{ds} < 10\,\text{V}$) [19]. Im dynamischen Betrieb können sich Abweichungen von den oben aufgeführten Gleichungen aufgrund der Kapazität zwischen den Gate- und Source/Drain-Elektroden sowie dem Kontaktwiderstand der Source- und Drain-Kontakte ergeben (siehe Abs. 5.4). Die Grenzfrequenzen im linearen Bereich und im Sättigungsbereich ergeben sich analog zum MOSFET-Modell zu [5]

$$f_{\text{max}_\text{lin}} = \frac{\mu_\text{n} V_\text{ds}}{2\pi L^2} \qquad 0 < V_\text{ds} < V_\text{GS} - V_\text{th}$$
$$f_{\text{max}_\text{sat}} = \frac{\mu_\text{n}(V_\text{gs} - V_\text{th})}{2\pi L^2} \qquad V_\text{ds} > (V_\text{GS} - V_\text{th}) > 0.$$
(2.43)

Der sogenannte Threshold Voltage Shift, eine Verschiebung der Schwellspannung in positiver/negativer Richtung für positive/negative Gate-Spannungen, führt ebenfalls zu einer Abweichung vom dargestellten Übertragungsverhalten. Der Effekt wurde intensiv untersucht und lässt sich empirisch beschreiben [5]. Es zeigt sich hierbei nur eine sehr geringe Abhängigkeit von der Source-Drain-Spannung. Zudem tritt die Verschiebung nur im Fall konstanter Gate-Source-Spannungen auf. Werden die TFTs im einem Display mit Signalen wechselnder Polarität betrieben, äußert sich der Effekt nur in sehr geringem Maße [5].

Organische Halbleiter

Werden organische Halbleiter, wie Pentacen oder Tiophene [94], als aktive Schicht von TFTs eingesetzt kommt in vielen Fällen noch eine Goldlegierung als Source- und Drain-Kontaktmetall zum Einsatz. Einzelne voll-organische Schaltungen wurden jedoch bereits hergestellt [95]. Dotierte organische Halbleiter sind überwiegend vom p-Typ. Metalle mit hoher Austrittsarbeit (Elektronen) eignen sich daher gut zur Kontaktierung von Source und Drain. Aufgrund der Löcher-Leitung sind im Gegensatz zu a-Si:H-TFTs negative Spannungen nötig, um den Transistor in den leitenden Zustand zu bringen. Da die Beweglichkeiten in organischen Halbleitern aufgrund der Leitungsmechanismen (siehe Abs. 2.2.2) deutlich niedriger sind ($10^{-4}\,\text{cm}^2/\text{Vs} \leq \mu_\text{p} \leq 10^{-1}\,\text{cm}^2/\text{Vs}$), sind z.T. Steuerspannungen im Bereich von $+50\,\text{V}$ bis $-100\,\text{V}$ nötig, um Displays oder gedruckte Schaltungen mit organischen TFTs betreiben zu können. Die Beschreibung der elektrischen Eigenschaften der Transistoren im linearen Bereich und im Sättigungsbereich orientiert sich am MOSFET-Modell. Unterhalb der Schwellspannung kann der Drain-Source-Strom in Anlehnung an das MESFET-Modell beschrieben werden [96]. Da der Ladungsträgertransport in organischen Halbleitern nicht mit dem Transport in Kristallen vergleichbar ist, ist die analytische Beschreibung noch deutlich weniger ausgereift als im Falle von a-Si:H- oder poly-Si-TFTs [97,98].

2.2.4 Defekte, Funktionsbeeinträchtigungen und systematische Funktionsstörungen

Während der Herstellung planarer Elektronik können zahlreiche unterschiedliche Defekte auftreten. Die Art der Defekte hängt dabei stark vom jeweiligen Prozessschritt und den eingesetzten Fertigungstechniken ab. Es lassen sich vier Defekttypen unterscheiden [19],

1. Unterbrechungen/Einschnitte von Funktionsbereichen,
2. Kurzschlüsse zwischen Funktionsbereichen/-einheiten,
3. Verformungen und Verschmierungen der Funktionseinheiten,
4. Fehlfunktionen und Funktionsstörungen

Die ersten drei Defekttypen können unter dem Begriff Strukturfehler subsumiert werden, während der vierte Defekttyp durch fehlerhafte Prozessparameter hervorgerufen wird. Bei Flachbildschirmen stellt z.B. die Beeinträchtigung der TFT-Funktion durch einen erhöhten Kanal- oder Kontaktwiderstand einen solchen Fehler dar. Obwohl sich die Fertigungstechniken für Silizium-basierte und organische Elektronik stark unterscheiden, weichen die Fehlertypen für beide Arten planarer Elektronik aufgrund der Übereinstimmung der Funktionseinheiten und ihrer Anordnung nicht stark voneinander ab. Das Auftreten einzelner Fehlerarten und die Häufigkeit der Fehler können sich jedoch deutlich unterscheiden. Im Gegensatz zu den bereits beschriebenen Defekttypen sind systematische Funktionsstörungen nicht als durch Prozessfehler oder Fehlanpassungen der Prozessparameter hervorgerufene Defekte zu verstehen. Sie entstehen durch Fehler im Produktdesign oder begrenzte technische Möglichkeiten. In der Flachbildschirmtechnik werden entsprechende Funktionsbeeinträchtigungen unter dem Begriff Flicker zusammengefasst. Hierunter wird jede Sollwertabweichung der Pixelspannung zwischen aufeinanderfolgenden Gate-Pulsen (Bildwiederholfrequenz) verstanden [19]. Ursache hierfür können

- Gate-Signal-Verzögerungen/Verzerrungen (RC-Delay),
- der sogenannte Voltage-Kickback,
- Leckströme,
- die Ladezeit der Pixelelektrode,
- und die parasitären Kapazitäten und Widerstände der TFTs

sein. Gate-Signal-Verzögerungen und Verzerrungen entstehen aufgrund des Widerstands und des kapazitiven Belags der Gate-Lines. Die Störung nimmt direkt mit der Gate-Line-Länge und der Anzahl der Pixel entlang der Gate-Line sowie der Anzahl der Gate-Lines zu (kürzere Pulszeit). Der Voltage-Kickback [99–102] beschreibt den Spannungsstoß an der Pixelelektrode im Moment des Abschalten des TFT. Er führt zu Gleichspannungs-Offsets, die die Bilddarstellung beeinträchtigen. Die Ladezeit des Pixelelektrode sowie die Leckströme [103] stellen Abweichungen von der konstanten Pixelspannung dar und verschlechtern so die Bildqualität. Im dynamischen Betrieb können außerdem die parasitären Kapazitäten und Widerstände zu Abweichungen von den gewünschten Pixelspannungen [102] führen. Eine weiterführende Beschreibung dieser systematischen Funktionsstörungen findet sich in den Kapiteln 4 und 5.

2.3 Finite-Elemente-Simulationen

In diesem Abschnitt werden die Grundlagen der eingesetzten Finite-Elemente-Methoden (FEM) erläutert. Im Besonderen wird hierbei auf die Theorie nicht-konformer Gitter innerhalb der Finite-Elemente-Simulation eingegangen. Die in diesem Abschnitt diskutierten Grundlagen orientieren sich an [104, 105, 105–107]

2.3.1 Finite-Elemente-Methoden zur Simulation elektrischer Felder

Als das sogenannte Grundproblem der Elektrostatik (Abs. 2.1.1) wird die Lösung der Poisson-Gleichung

$$\Delta \varphi(\mathbf{x}) = -\frac{1}{\varepsilon_0 \varepsilon_r} \rho(\mathbf{x}) \qquad (2.44)$$

verstanden. Sie stellt eine lineare, inhomogene, partielle Differenzialgleichung 2. Ordnung dar und folgt direkt aus den Gleichungen 2.2 und 2.7. Für ladungsfreie Raumbereiche reduziert sich die Poisson- auf die Laplace-Gleichung

$$\Delta \varphi(\mathbf{x}) = 0. \qquad (2.45)$$

Die Poisson-Gleichung stellt ein Randwertproblem dar. Hierbei wird zwischen Dirichlet- und Neumann-Randbedingungen unterschieden. Während Dirichlet-Randbedingungen die Vorgabe des Potentials φ auf der Oberfläche eines interessierenden Volumens bezeichnen, stellen Neumann-Randbedingungen die Vorgabe der Ableitung des Potentials in Normalenrichtung $\frac{\partial \varphi}{\partial n}$ dar. Die Randbedingungen lassen sich als Beschreibung des Einflusses von leitfähigen und nichtleitenden Materialien auf das Potential einer Ladungsverteilung verstehen. Zum einen sind Leiteroberflächen aufgrund der frei beweglichen Ladungen grundsätzlich Äquipo-

2. Physikalisch-technische Grundlagen

tentialflächen. Zum anderen ergeben sich die Flächenladungsdichten σ geladener Flächen (Isolatoren) aus der Differenz der Ableitungen des Potentials in Normalrichtung am inneren und äußeren Rand der Flächen. Die analytische Lösung der Poisson-Gleichung ist nur für Anordnungen hoher Symmetrie oder unter drastischen Vereinfachungen möglich [67–69]. Die Finite-Elemente-Methode bietet hier die Möglichkeit, durch die numerische Lösung der Differentialgleichung, Feld- und Potentialverteilungen komplizierter Anordnungen aus Leitern und Nichtleitern mit hoher Genauigkeit zu berechnen [108,109]. Im Folgenden wird der Formalismus der Methode, nämlich

- die Aufstellung der starken Formulierung,
- die Ableitung einer schwachen Formulierung,
- die Zerlegung des Simulationsgebiets in einzelne Elemente und Knoten,
- die Approximation der schwachen Formulierung mit Näherungsfunktionen sowie
- die Lösung des entstehenden Gleichungssystems für die Knoten

am Beispiel der Berechnung bzw. Simulation elektrostatischer Felder vorgestellt. Eine ausführliche Beschreibung findet sich in [104].

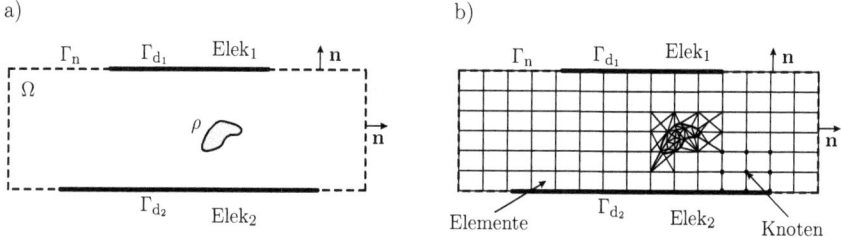

Abb. 2.9: Elektrostatisches Beispielproblem. a) Geometrie. b) Diskretisierung.

Starke Formulierung

Abbildung 2.9 illustriert ein elektrostatisches Beispielproblem. Zwischen den Platten eines Kondensators, welcher sich innerhalb der Simulationsumgebung Ω befindet, ist eine Ladungsverteilung ρ angeordnet. Gesucht wird das elektrostatische Feld in der Simulationsumgebung $\overline{\Omega}$ (Ω und Rand $\Gamma = \Gamma_{d_1} + \Gamma_{d_2} + \Gamma_n$ der Umgebung). Die starke Formulierung lautet in diesem

Fall

$$\text{Gegeben}: \rho \quad : \Omega \to \mathbb{R}$$
$$\varepsilon_0 \varepsilon_r \quad : \Omega \to \mathbb{R}.$$
$$\text{Finde}: \varphi \quad : \overline{\Omega} \to \mathbb{R}$$
$$\Delta \varphi = -\frac{1}{\varepsilon_0 \varepsilon_r} \rho. \tag{2.46}$$

Als Randbedingungen werden das Potential auf der oberen Platte gleich Null ($\varphi = 0$ auf Γ_{d_1}) und das der unteren Platte gleich φ_1 gesetzt ($\varphi = \varphi_1$ auf Γ_{d_2}). Für die restlichen Ränder Γ_n des Simulationsgebiets gilt $-\varepsilon_0 \varepsilon_r \frac{\partial \varphi}{\partial n} = 0$.

Schwache Formulierung

Um eine schwache Formulierung des Problems zu erhalten, wird Gl. 2.46 mit einer Testfunktion $\omega \in H_0^1$ multipliziert und die partielle Integration über die Umgebung Ω durchgeführt.

$$\int_\Omega \omega \left(\Delta \varphi + \frac{1}{\varepsilon_0 \varepsilon_r} \rho \right) d\Omega = 0 \tag{2.47}$$

Die Testfunktionen entstammen hierbei dem Sobolevschen Funktionsraum [104]. Der erste Summand in Gl. 2.47 lässt sich mit Hilfe des 1. Greenschen Satzes [57] umschreiben; es ergibt sich

$$\int_\Omega \varepsilon_0 \varepsilon_r (\nabla \omega)(\nabla \varphi) d\Omega - \int_\Gamma \varepsilon_0 \varepsilon_r \omega \nabla_\mathbf{n} \varphi d\Gamma - \int_\Omega \omega \rho d\Omega = 0. \tag{2.48}$$

Das Integral über Γ ist gleich null, da die Testfunktionen auf den Dirichlet-Rändern null sind und aufgrund der Randbedingungen die Ableitung des Potentials in Normalenrichtung auf den Neumann-Rändern null ist. Die schwache Formulierung, in der folglich die Neumann-Randbedingung integriert ist, lautet somit

$$\int_\Omega \varepsilon_0 \varepsilon_r (\nabla \omega)(\nabla \varphi) d\Omega - \int_\Omega \omega \rho d\Omega = 0 \tag{2.49}$$

$$\varphi = 0 \quad \text{auf} \quad \Gamma_{d_1}$$
$$\varphi = \varphi_1 \quad \text{auf} \quad \Gamma_{d_2}.$$

Approximation mit Basisfunktionen (finiten Elementen)

Zur Diskretisierung wird die Methode nach Galerkin verwendet. Hierbei wird das kontinuierliche elektrische Potential φ und die Testfunktionen ω durch ihre Werte an den einzelnen Knoten der diskretisierten Umgebung Ω (Zerlegung in quadrilaterale (2-dim.) oder hexaedrische Elemente (3-dim.)) approximiert. Somit ergeben sich die diskreten Näherungsfunktionen $\varphi \approx \varphi^h$ und $\omega \approx \omega^h$. Die Näherungsfunktion des Potentials φ^h wird zugleich in die die gesuchten Kontenwerte φ_i enthaltende und über die Dirichlet-Randbedingungen bereits bekannten Werte u_{d_i} enthaltende Näherungsfunktionen aufgeteilt.

$$\varphi^h = \sum_{a=1}^{n_K} N_a(\mathbf{x})\varphi_a \qquad (2.50)$$

$$\omega^h = \sum_{a=1}^{n_K} N_a(\mathbf{x})\omega_a \qquad (2.51)$$

$$u_d^h = \varphi_1^h = \sum_{a=1}^{n_d} N_a(\mathbf{x})u_{d_a} \qquad (2.52)$$

$N_a(\mathbf{x})$ bezeichnet die sogenannten Basis- oder Interpolationsfunktionen, n_K die Anzahl der Unbekannten bzw. Konten ohne Dirichlet-Randbedingung und n_d die Zahl der Knoten mit Dirichlet Randbedingungen. Die Basisfunktionen $N(\mathbf{x})$ weisen einen sogenannten lokalen Support auf. Sie besitzen an der Stelle des zugeordneten Knotens den Wert 1 und erreichen an den Nachbarknoten den Wert 0 (Hutfunktionen). Da die Randbedingung für Γ_{d_1} das Potential der entsprechenden Knoten null setzt, verbleibt in diesem Beispiel nur die Näherungsfunktion für die Randbedingung $\varphi = \varphi_1$ auf Γ_{d_2}. Durch Einsetzen der Näherungsfunktionen in Gl. 2.50, dem Zusammenfassen des resultierenden Gleichungssystems sowie seiner Darstellung in Matrix-Schreibweise [104] ergibt sich schließlich die diskrete Formulierung des Problems

$$\mathbf{K}\underline{\varphi} = \underline{f}. \qquad (2.53)$$

K wird hierbei als Steifigkeits-Matrix bezeichnet, $\underline{f}$ als Lastvektor:

$$\mathbf{K} = [K_{ab}]$$
$$K_{ab} = \int_{\Omega} \varepsilon_0 \varepsilon_r \nabla (N_a) \nabla (N_b) \, d\Omega \qquad (2.54)$$
$$1 \leq b \leq n_{eq}$$

$$\underline{f} = [f_a]$$
$$f_a = \int_{\Omega} N_a \rho(\mathbf{x}_a) \, d\Omega - \sum_{b=1}^{n_d} \left(\int_{\Omega} \varepsilon_0 \varepsilon_r \nabla (N_a) \nabla (N_b) \, d\Omega \right) u_{d_b} \qquad (2.55)$$
$$1 \leq a \leq n_{eq}$$
$$1 \leq b \leq n_d$$

Die Form der Steifigkeits-Matrix hängt hierbei stark von der Form der Differentialgleichung ab. Falls die entsprechende Differentialgleichung eine Zeitableitung beinhaltet oder aber nicht-konforme Gitter bei der Diskretisierung verwendet werden, tritt zusätzlich noch die sogenannte Massen-Matrix hinzu.

2.3.2 Nicht-konforme Gitter innerhalb der Finite-Elemente-Simulation

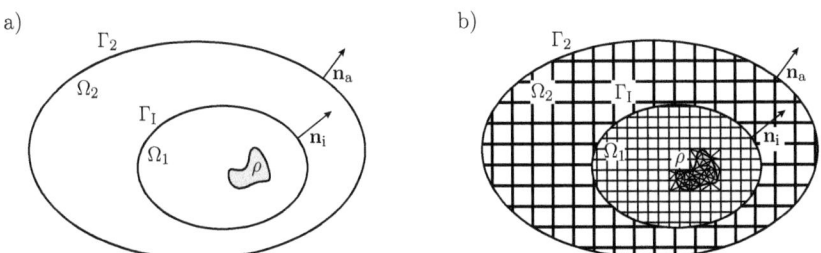

Abb. 2.10: Elektrostatisches Beispielproblem unter Verwendung nicht-konformer Gitter a) Geometrie. b) Diskretisierung.

In diesem Abschnitt wird die FE-Formulierung nicht-konformer Gitter auf Basis der

2. Physikalisch-technische Grundlagen

Mortar-Finitie-Elemente-Methodik [105, 110] illustriert. Als Beispiel dient ein elektrostatisches Problem. Entsprechende Simulationsergebnisse finden sich in Kapitel 5. Abbildung 2.10 zeigt ein in zwei Teilgebiete Ω_1 und Ω_2 aufgeteiltes Gebiet mit den Rändern Γ_I und Γ_2. Die Schnittstelle Γ_I der Gebiete sei hierbei so gewählt, dass keine Materialänderung vorliegt. Im Gebiet Ω_1 befindet sich eine Ladungsverteilung ρ, das Potential am globalen Rand Γ_2 wird der Einfachheit halber null gesetzt ($\varphi = 0$ auf Γ_2).

Starke Formulierung

In beiden Gebieten ist die Poisson-Gleichung (Gl. 2.44) zu lösen.

$$\text{Gegeben}: \quad \rho \quad : \Omega \to \mathbb{R}$$
$$\varepsilon_0 \varepsilon_r \quad : \Omega \to \mathbb{R}.$$
$$\text{Finde}: \quad \varphi_i \quad : \overline{\Omega}_i \to \mathbb{R}$$
$$\Delta \varphi_i = -\frac{1}{\varepsilon_0 \varepsilon_r} \rho, \; i = 1, 2. \tag{2.56}$$

Da sich die Materialeingenschaften an der künstlich definierten Schnittstelle nicht verändern, müssen die Potentiale und ihre Ableitungen kontinuierlich ineinander übergehen

$$\varphi_1 = \varphi_2 \quad \text{und} \quad \frac{\partial \varphi_1}{\partial \mathbf{n}} = \frac{\partial \varphi_2}{\partial \mathbf{n}} \quad \text{auf} \; \Gamma_I. \tag{2.57}$$

Durch die Einführung des Lagrange-Multiplikators wird die Stetigkeit der Ableitung durch die (starke) Bedingung

$$\lambda = -\frac{\partial \varphi_1}{\partial \mathbf{n}} = -\frac{\partial \varphi_2}{\partial \mathbf{n}} \tag{2.58}$$

sichergestellt. Die Stetigkeit des Potentials selbst wird durch die Einführung des Lagrange-Multiplikators μ abgesichert (schwache Bedingung)

$$\int_{\Gamma_I} (\varphi_1 - \varphi_2) \, \mu \, \mathrm{d}\Gamma = 0. \tag{2.59}$$

Schwache Formulierung

Analog zu Abschnitt 2.3.1 lässt sich jeweils eine schwache Formulierung des Problems für die beiden Teilgebiete gewinnen. Durch Einsetzen der Lagrange-Multiplikatoren ergibt sich

2.3. Finite-Elemente-Simulationen

somit ($\frac{\partial \varphi}{\partial \mathbf{n}} = \nabla_\mathbf{n} \varphi$)

$$\int_{\Omega_1} \varepsilon_0 \varepsilon_\mathrm{r} \left(\nabla \omega_1\right)\left(\nabla \varphi_1\right) \mathrm{d}\Omega + \int_{\Omega_2} \varepsilon_0 \varepsilon_\mathrm{r} \left(\nabla \omega_2\right)\left(\nabla \varphi_2\right) \mathrm{d}\Omega$$
$$- \int_{\Omega_1} \omega_1 \rho \mathrm{d}\Omega - \int_{\Omega_2} \omega_2 \rho \mathrm{d}\Omega + \int_{\Gamma_\mathrm{I}} \varepsilon_0 \varepsilon_\mathrm{r} \left(\omega_1 - \omega_2\right) \lambda \mathrm{d}\Gamma = 0$$

$$\int_{\Gamma_\mathrm{I}} (\varphi_1 - \varphi_2) \mu \mathrm{d}\Gamma = 0. \tag{2.60}$$

Die Bestimmung von φ_1, φ_2 und λ für alle μ und ω_i entspricht somit der Lösung eines symmetrischen Sattelpunktproblems [110].

Approximation mit Basisfunktionen

Die Potentiale φ_1 und φ_2 und die Hilfsfunktionen ω_i können nun entsprechend des in Abschnitt 2.3.1 beschrieben Näherungsverfahrens in ihren jeweiligen Gebieten diskretisiert werden. Der Funktionsraum zur Diskretisierung von λ wird im Bezug zu einem der von den Teilgebieten vorgegebenen Gittern definiert. Das entsprechende Gitter wird als Nicht-Mortar- oder Slave-Seite, das andere Gitter als Mortar- oder Master-Seite bezeichnet. Zusätzlich zu den bereits beschriebenen Hutfunktionen können hierbei auch quadratische Basisfunktionen zur Approximation herangezogen werden. Werden die Lagrange-Multiplikatoren im Bezug auf das Teilgebiet Ω_1 gewählt, ergibt sich die Approximation

$$\begin{pmatrix} \mathbf{K}_1 & 0 & \mathbf{D} \\ 0 & \mathbf{K}_2 & \mathbf{M} \\ \mathbf{D}^\mathrm{T} & \mathbf{M}^\mathrm{T} & 0 \end{pmatrix} \begin{pmatrix} \underline{\varphi}_1 \\ \underline{\varphi}_2 \\ 0 \end{pmatrix} = \begin{pmatrix} \underline{f} \\ 0 \end{pmatrix}. \tag{2.61}$$

Die Matrizen $\mathbf{K}_\mathrm{i}$ und der Lastvektor $\underline{f}$ sind entsprechend den Gleichungen 2.55 in Abschnitt 2.3.1 definiert. Für die Matrizen $\mathbf{M}$ und $\mathbf{D}$ ergibt sich

$$\mathbf{D} = [D_{\mathrm{ab}}] \quad D_{\mathrm{ab}} = \int_{\Gamma_\mathrm{I}} \varepsilon_0 \varepsilon_\mathrm{r} N_\mathrm{a}^n \phi_\mathrm{b}^n \mathrm{d}\Gamma$$
$$\mathbf{M} = [M_{\mathrm{ab}}] \quad M_{\mathrm{ab}} = \int_{\Gamma_\mathrm{I}} \varepsilon_0 \varepsilon_\mathrm{r} N_\mathrm{a}^m \phi_\mathrm{b}^n \mathrm{d}\Gamma. \tag{2.62}$$

ϕ_b^n beschreibt die Basisfunktionen der Lagrange-Multiplikatoren im Bezug auf die Nicht-Mortar-Knoten b. N_a^n und N_a^m beschreiben die Basisfunktionen der entsprechenden Teilgebiete. Die Darstellung in Matrix-Form ist hierbei nur aus Gründen der Übersichtlichkeit gewählt. Die einzelnen Gleichungen folgen aus dem Nullsetzen entsprechend Abschnitt 2.3.1 und der Addition des μ-Terms, der bereits gleich null ist. Die Einträge der letzten Zeile müssen hierbei transponiert werden, da μ und die Potentiale getauscht werden müssen, um eine einheitliche Darstellung zu erhalten. Die Kopplung zwischen den Teilgebieten drückt sich in der Matrix $\mathbf{M}$ aus.

3 Messtechnik

Einleitung

Beginnend mit dem Messprinzip, beschäftigt sich dieses Kapitel mit der zur Umsetzung des kapazitiven Inspektionsverfahrens nötigen Messtechnik. Besonderes Augenmerk liegt hierbei auf der Ausgestaltung des Sensorchips und des Sensorkopfes zur Messung konstanter Spannungen. Am Ende des Kapitels werden schließlich die messtechnischen Anforderungen bei der Struktur- und Funktionsinspektion gegenübergestellt.

3.1 Messprinzip

Das Messprinzip des in dieser Arbeit vorgestellten kapazitiven Inspektionsverfahrens beruht auf der Auswertung des Umladestroms (Abs. 2.1.3). Hierbei werden der zur Inspektion eingesetzte Sensor bzw. die Sensorelektroden während des gesamten Messvorgangs auf einem festen Potential gehalten. Die elektronischen Funktionsbereiche der Inspektionsobjekte werden dagegen mit Wechselspannungen beaufschlagt. Solange eine kapazitive Kopplung zwischen Funktionseinheit und Sensorelektrode besteht, ergibt sich folglich ein zur positionsabhängigen Kapazität proportionaler Umladestrom (Messsignal).

Abbildung 3.1 zeigt eine schematische Darstellung des Messprinzips. Der Sensorkopf besteht aus Sensorchip, flexibler Kontaktierung (Flex-Kontakt), Luftlager und Luftlagerhalterung. Die einzelnen Komponenten des Sensorkopfs werden im nächsten Abschnitt ausführlich erläutert. Die Stabilisierung des Sensorelektrodenpotentials wird durch die Verbindung der Sensorelektroden mit den auf virtueller Masse gehaltenen Eingängen der eingesetzten Operationsverstärker erreicht. Dies hat den entscheidenden Vorteil, dass die Schirmung der Sensorelektroden (Abs. 3.2) auf Massepotential gehalten werden kann. Einflüsse auf das Sensorsignal aufgrund der Kapazität zwischen Schirmung und Sensorelektrode werden somit effektiv vermieden. Zur Durchführung der Inspektion werden die elektronischen Funktionsbereiche eines Inspektionsobjekts mit Wechselspannungssignalen (z.B. U_1 und U_2) beaufschlagt und der Sensor auf eine Distanz zwischen 5 µm und 30 µm zur Oberfläche des Inspektions-

3. Messtechnik

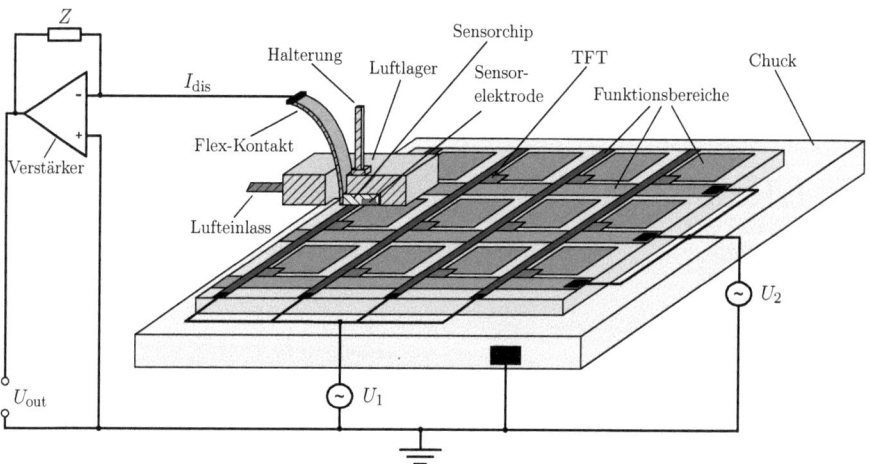

Abb. 3.1: Schematische Darstellung des Messprinzips (nicht maßstabsgetreu). Schnittbild des Sensorkopfs und Skizze eines typischen Inspektionsobjekts.

objekts herangeführt. Amplitude, Frequenz und die Anzahl der Spannungssignale werden hierbei durch die Toleranzen der Funktionseinheiten sowie die Art der Inspektionsaufgabe vorgegeben (Abs. 3.6). Die Inspektionsobjekte werden mittels eines Vakuumchucks in Position gehalten. Ist der Abstand zur Oberfläche des Objekts erreicht, wird der Sensor entlang eines vorher festgelegten Weges über das Objekt bewegt. Die Scangeschwindigkeit ist hierbei auf max. 0,5 m/s begrenzt. Während des Scans wird der Umladestrom

$$I_{\mathrm{dis}} = C_{\mathrm{sen}} \frac{\mathrm{d}U}{\mathrm{d}t} + U \frac{\mathrm{d}C_{\mathrm{sen}}}{\mathrm{d}t} \qquad (3.1)$$

gemessen. U bezeichnet hierbei die Spannung zwischen Sensorelektrode und Funktionseinheit. C_{sen} beschreibt die positionsabhängige Kapazität, deren Veränderung zu einer Modulation des Umladestroms führt. Die Kapazität ist durch die Gestaltung des Sensorchips, die Distanz zwischen Sensor und Funktionsbereich sowie die Anordnung der Funktionsbereiche bestimmt. Ihre Größe liegt im Bereich einiger Femtofarad. Sie beinhaltet die Information über alle geometrischen bzw. strukturellen Eigenschaften des Inspektionsobjekts. Das Produkt aus Kapazität und der zeitlichen Änderung der Spannung spiegelt folglich die komplette strukturelle und elektrische Information wider. Entsprechend liefert die Falschfarbendarstellung des modulierten Umladestroms ein „Bild" der geometrischen und elektrischen Eigenschaften eines Inspektionsobjekts. Während der erste Summand in Gl. 3.1 den aufgrund der Spannungsänderungen hervorgerufenen Strom beschreibt, stellt der zweite Summand den aufgrund der Kapazitätsänderung hervorgerufenen Strom dar. Der Beitrag dieses Stroms hängt stark von der Anordnung der elektronischen Funktionsbereiche ab und wächst linear mit der Scangeschwindigkeit. Meist kann er vernachlässigt werden, da die Frequenzen der Kapazitätsänderung deutlich kleiner als die Frequenzen der applizierten Spannungssignale sind.

3.2 Sensorkopf

Den aufgebauten Sensorkopf [45, 46] zeigt Abb. 3.2. Er besteht aus,

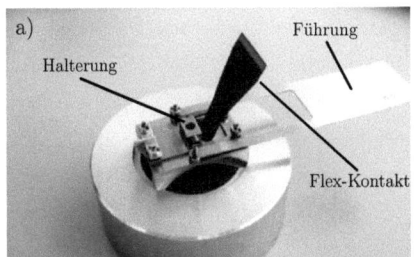 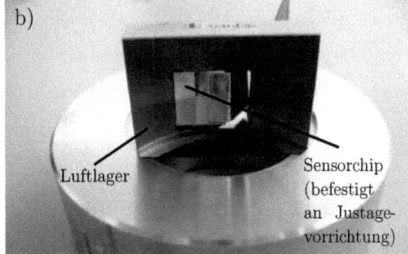

Abb. 3.2: Sensorkopf. a) Sicht auf die Oberseite, b) Sicht auf die Unterseite.

- Sensorchip samt flexibler Kontaktierung (Flex-Kontakt),
- Luftlager (Sensorchiphalterung),
- Justagevorrichtung des Sensorchips und
- Luftlagerhalterung und -führung.

Sensorchip und Flex-Kontakt

Abbildung 3.3 zeigt Ausschnitte des Sensorchips in verschiedenen Fertigungszuständen. Die Herstellung des Sensorchips erfolgt in Dünnschicht-Technologie [111]. Der Chip weist 64, in einer Linie angeordnete Sensorelektroden mit einem Durchmessser von $50\,\mu m$ auf. Die Abmessungen des Chips betragen 12 mm x 10 mm x 1,1 mm (BxTxH). Im Kontaktierbereich des Flex-Kontakts ist der Chip ca. $250\,\mu m$ dünner, um das Hinausragen (Höhe) des Flex-Kontakts aus der Fläche des Sensorelektroden zu vermeiden. Die Verbindung von Sensorchip und Flex-Kontakt erfolgt mittels ACF-Klebung (Anisotropic Conductive Film [112]). Zusätzlich zur rautenförmigen Schirmung des Flex-Kontakts erfolgt die Schirmung des Kontaktierbereichs

3. Messtechnik

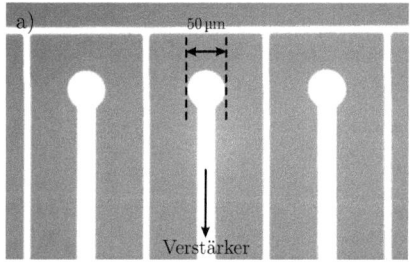 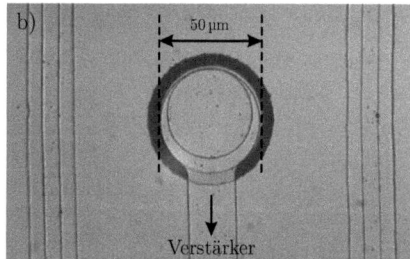

Abb. 3.3: **Fertigungsschritte des Sensorchips. a) Sensorelektroden mit vertikaler Schirmung. b) Sensorelektrode mit vertikaler und lateraler Schirmung.**

mittels Aluminiumfolie oder Silberleitlack. In Abb. 3.3a ist der Chip nach Aufbringung und Strukturierung der ersten Metallschicht (AlCu-Legierung, 250 nm) zu sehen. Die Strukturierung bringt die kreisförmigen Sensorelektrodenflächen samt ihrer Zuleitungen (Flex-Kontakt) sowie die vertikale, zwischen den einzelnen Sensorelektroden verlaufende Schirmung hervor. In weiteren Schritten erfolgt die Aufbringung einer Isolationsschicht (Nitrid, 500 nm), die Öffnung dieser Schicht im Bereich der Sensorelektroden und der vertikalen Schirmung sowie die Aufbringung einer den gesamten Chip (Kontaktierbereich ausgespart) bedeckenden Metallschicht. Diese Schicht bildet dann die laterale Schirmung des Sensorchips. Die Öffnung der Isolationsschicht im Bereich der vertikalen Schirmung ermöglicht den elektrischen Kontakt zwischen vertikaler und lateraler Schirmung. Im letzten Schritt (Abb. 3.3b) wird die laterale Schirmung durch Ätzen einer ca. 5 µm Öffnung von den Sensorelektroden getrennt. Zudem wird der Chip mit dem Flex-Kontakt verbunden. Aufgrund der unterschiedlichen Schichtdicken ergibt sich ein Versatz (Höhe) von ca. 250 nm zwischen lateraler Schirmung und Sensorelektrodenfläche.

Luftlager, Justagevorrichtung und Luftlagerhalterung

Das Luftlager [46] dient zur Halterung des Sensorchips und zur Aufrechterhaltung des Abstandes zwischen Sensorchip der Oberfläche der Inspektionsobjekte. Die Abmessungen des Lagers betragen 27 mm x 37 mm x 8 mm (BxTxH). Es wird über einen Lufteinlass mit gefilterter Luft versorgt (Abb. 3.1), welche durch zahlreiche Löcher (Durchmesser ca. 50 µm) an der Unterseite des Lagers austritt. In Verbindung mit dem Inspektionsobjekt bildet sich so ein Luftkissen aus. Zur Regulierung des Luftlagerabstands wird über die Luftlagerhalterung eine definierte Vorspannkraft (Pneumatikregelung) auf das Luftlager ausgeübt. Neben der Regulierung des Abstands sorgt dies für die Unterdrückung von Schwingungen des Lagers während eines Scans. Die Luftlagerhalterung ist dabei so konstruiert, dass das Luftlager beweglich bleibt und sich parallel zur Oberfläche der Inspektionsobjekte ausrichten bzw. leichten Höhenvariationen anpassen kann. Zur Vermeidung unerwünschter lateraler Bewegungen während eines Scans ist das Luftlager über eine Führung mit der Verfahreinheit (x-, y-Richtung) verbunden (Abs. 3.5). Der Justage der Sensorchipposition innerhalb des Luftlagers dient eine mit dem Chip verklebte und mit dem Luftlager verschraubte Halterung, die über drei Auflagepunkte (Schrauben) die laterale und vertikale Ausrichtung des Chips erlaubt (Abb. 3.2b). Ist die Ausrichtung des Chips erfolgt, kann die Chiphalterung über eine Bohrung mit dem Luftlager verklebt werden.

3.3 Sensorkopf zur Messung zeitlich konstanter Spannungen

Dieser Abschnitt beschreibt den Aufbau und die Charakterisierung des Sensorkopfes zur zusätzlichen Messung zeitlich konstanter Spannungen (an den Funktionseinheiten) [73]. Diese Messung stellt hierbei eine grundlegende Erweiterung des in Abschnitt 3.1 beschriebenen Messprinzips dar [73]. Die erzielten Messergebnisse werden in Abschnitt 4.2 diskutiert.

3.3.1 Aufbau des Sensorprototyps

Die Umsetzung des Messprinzips beruht auf der Integration eines Piezoelements in das Luftlager. Abbildung 3.4a zeigt den ersten Schritt des Sensoraufbaus einschließlich des verwendeten Piezoelements. Als Piezoelement kommt ein modifizierter Stapelaktor aus Soft-PZT

Abb. 3.4: a) **Aufbau des Sensorkopfs zur Messung konstanter Spannungen (1. Schritt).** b) **Sensorchip samt Flex-Kontakt mit Schirmung.**

(Blei-Zirkonat-Titanat [113]) zum Einsatz. Die hohen Anforderungen an das Piezoelement

3. Messtechnik

(Tab. 3.1) legen die Wahl eines Stapelaktors nahe. Um diesen Anforderungen gerecht zu

Tabelle 3.1: **Anforderungen an Piezoelement (Messung konstanter Spannungen)**

Abmessungen	max. 12 mm x 8,5 mm x 5 mm (BxTxH)
Frequenzband	100 Hz < f < 500 kHz
Auslenkung	bis zu 5 µm
Anregungsspannungen	< 500 V

werden, wurden vorhandene Stapelaktoren mit einer Grundfläche von 5 mm x 5 mm längs der Schichten gespalten (Länge nach Spaltung ≈ 5 mm) und anschließend kontaktiert [114]. Die so erhaltenen Aktoren weisen ca. 60 Einzel-Schichten mit einer Dicke von 80 µm auf. Um eine Auslenkung (einseitig eingespannter Aktors) von ca. 5 µm zu erreichen, ist eine Spannung von ca. 150 V notwendig. Im Dauerbetrieb sind Schwingungsfrequenzen bis zu 5 kHz erreichbar. Bei höheren Frequenzen kann es aufgrund der durch den steigenden Stromfluss verursachten Erwärmung zu einer Ablösung der Kontakte kommen. Die Resonanzfrequenzen (einseitig eingespannt) der Aktoren liegen deutlich über 100 kHz, die Kapazität liegt im Bereich von 350 nF [115].

Zur Integration des Piezoelements in den Sensorkopf wurde zunächst das Luftlager im Bereich der Sensorchipauflage bis auf eine Dicke von ca. 1,5 mm verjüngt. Anschließend wurde das Piezoelement mittels eines Zwei-Komponenten-Klebers eingeklebt (Abb. 3.4a). Um eine planares Abschließen von Sensorchipfläche und Luftlagerunterseite zu gewährleisten und gleichzeitig die benötigte Menge an Kleber gering zu halten, wurden Objektträgerplättchen (Mikroskop) in der Größe angepasst und zur Auffüllung verwendet. Vor dem Einkleben des Sensorchips wurden Chip und Flex-Kontakt an ihrer Oberseite mit einer Schirmung aus Aluminiumfolie versehen (Abb. 3.4b). Als letzter Schritt wurden Luftlager und Sensorchip mit einem der Größe des Lagers entsprechenden Glasplättchen bedeckt. Hiernach wurde das Glasplättchen mittels einer zur Aufnahme des Luftlagers konstruierten Halterung bis zur Aushärtung des Klebers fest gegen die Unterseite des Lagers gepresst. Den fertiggestellten Sensorkopf zeigt Abb. 4.27b (Kapitel 4).

3.3.2 Charakterisierung

Impedanz

Der Frequenzgang der komplexen Eingangsimpedanz des in den Sensorkopf integrierten Stapelaktors und zweier weiterer, nicht verbauter, Stapelaktoren wurde mit einem HP4194A Impedanzanalysator im Bereich zwischen 100 Hz und 10 kHz für sinusförmige Spannungen mit 1 V Amplitude gemessen (Abb. 3.5). Anhand des Phasengangs ist ersichtlich, dass in

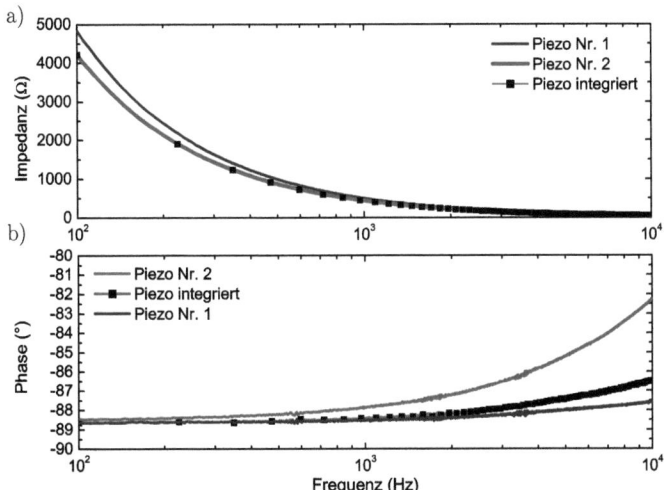

Abb. 3.5: Impedanzgang der hergestellten Stapelaktoren. a) Betrag, b) Phase.

diesem Frequenzbereich die Impedanz durch die Kapazität der Aktoren dominiert wird. Entsprechend lässt sich die Kapazität der einzelnen Aktoren durch die Anpassung einer Funktion der Form $|Z| = \frac{1}{\omega C}$ an den Betrag der Impedanz ermitteln. Für die drei Aktoren ergeben sich die in Tab. 3.2 aufgelisteten Kapazitäten. In Übereinstimmung mit dem theoretisch zu erwartenden Verhalten [71] zeigt der Phasengang, dass die Resonanzfrequenz des dickeren der beiden nicht verbauten Aktoren bei vergleichsweise niedrigeren Frequenzen liegt.

Auslenkung

Ein PSV 300 Polytec-Scanning-Vibrometer [116] wurde zur Messung der Auslenkung des in den Sensorkopf integrierten und der beiden nicht verbauten Aktoren benutzt. Die beiden nicht verbauten Aktoren wurden für die Messung mittels eines natürlichen Waches auf

3. Messtechnik

Tabelle 3.2: Durch Anpassung an Impedanzbetrag (Fit) ermittelte Kapazität der Aktoren

Aktor	Höhe (mm)	Kapazität (nF)
integriert	-	374,25
nicht verbaut Nr. 1	4,92	326,57
nicht verbaut Nr. 2	4,55	372,70

einer massiven Aluminiumplatte befestigt. Alle Messungen wurden auf einem schwingungsgedämpften Tisch ausgeführt. Abbildung 3.6 zeigt die im Bereich des Sensorchips und die über der Fläche eines nicht verbauten Aktors gemessene Auslenkung. Die Spannung betrug hierbei 120 V (pp), die Frequenz 1000 Hz. Während der nicht verbaute Aktor bis auf die Be-

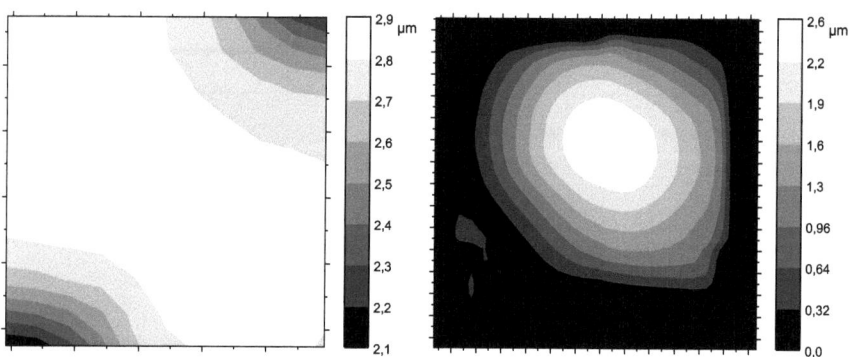

Abb. 3.6: Auslenkungsmessungen, Anregungsspannung 120 V (pp), Frequenz 1000 Hz. a) Oberseite eines nicht verbauten Aktors. b) Sensorchip (integrierter Aktor).

reiche der Anschlusskontaktierung eine gleichmäßige Auslenkung aufweist (Abb. 3.6a), bildet sich im Bereich des Sensorchips eine gaußförmige Schwingungsmode aus (Abb. 3.6b). Dies ist damit zu erklären, dass die Aktorfläche deutlich kleiner als die Fläche des Sensorchips ist und so die Entstehung entsprechender Schwingungsmoden begünstigt. Die maximale Auslenkung des Sensorchips und der Fläche des nicht verbauten Aktors weichen jedoch nur geringfügig voneinander ab. Die Ausprägung der Schwingungsmode und die Amplitude der Auslenkungen bleiben in einem Frequenzbereich von 100 Hz bis 5000 Hz nahezu unverändert. In Abb. 3.7a ist die Auslenkung der Aktoren und des Sensorchips in Abhängigkeit der Anregungsspannung (100 Hz) aufgetragen. Die gewünschten Auslenkungen von 2 µm bis 3 µm ergeben sich somit für Anregungsspannungen im Bereich von 90 V bis 120 V.

3.3. Sensorkopf zur Messung zeitlich konstanter Spannungen

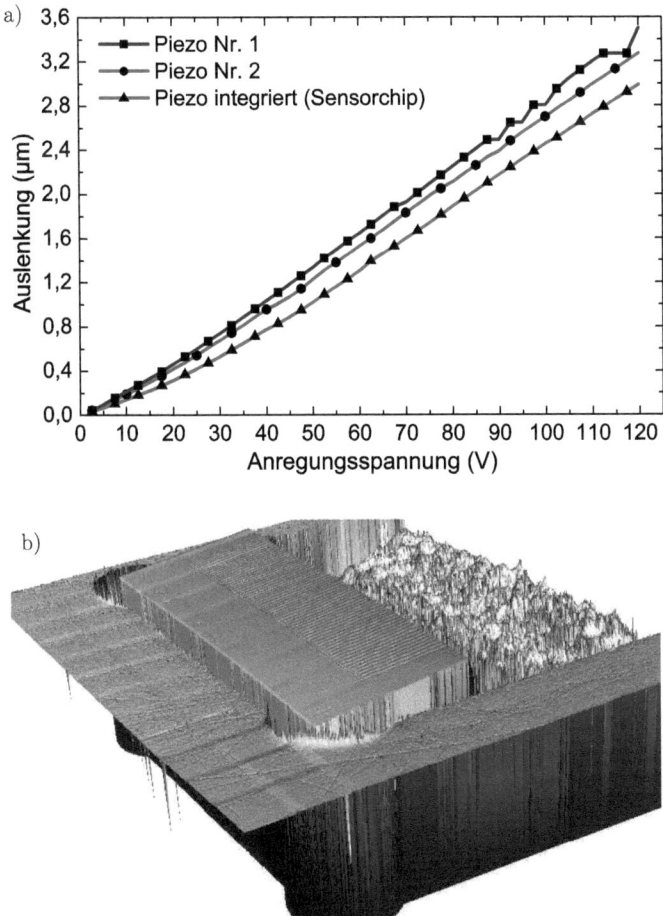

Abb. 3.7: a) Auslenkung über Anregungsspannung (pp), Anregungsfrequenz 100 Hz. b) Bestimmung der Sensorchipausrichtung relativ zum Luftlager (Konfokalmikroskop)

Sensorchipausrichtung

Da der Aufbau des Sensorkopfes keine Justage der Sensorchipposition relativ zum Luftlager erlaubt, wurde die Ausrichtung des Chips mit einem µ-surf explorer Konfokalmikroskop (Nanofocus) [117] überprüft. Abbildung 3.7b zeigt eine Aufnahme der Sensorchip- und Luftlageroberfläche. Es zeigt sich, dass der Sensorchip nicht bündig mit der Oberfläche des Luftlagers abschließt, sondern im Maximum ca. 13 µm über die Oberfläche (Unterseite) hinausragt. Diese Abweichung ist der Methode zur Integration des Stapelaktors zuzuschreiben (s.o.) und ist beim Aufbau weiterer Prototypen unbedingt zu vermeiden.

3.4 Elektronik

Die simultane Erfassung der Messsignale jeder einzelnen der 64 Sensorelektroden erfordert eine separate, aber äquivalente Signalaufnahme und Vorverarbeitung. Im Folgenden wird exemplarisch die Erfassung des Signals einer Sensorelektrode beschrieben. Abbildung 3.8a zeigt eine schematische Darstellung der Aufnahmeelektronik (Version 1). Der Flex-Kontakt verbindet die Sensorelektrode direkt mit dem Eingang eines von Umgebungssignalen abgeschirmten Vorverstärkers. Da der Umladestrom aufgrund der geringen Kapazität der Sensorelektrode im Femtoampere-Bereich liegen kann, kommt eine Schaltung nach der Art des Transimpedanzverstärkers (Abs. 2.1.3) zum Einsatz. Durch die Verbindung der Sensorelektrode mit dem invertierenden Eingang des Vorverstärkers liegt diese dauerhaft auf virtuellem Massepotential. Im Gegensatz zu einer reinen Transimpedanzverstärkerschaltung befindet sich im Rückkoppelkreis eine parallel zum Widerstand geschaltete Kapazität von 1 pF. Der Beitrag der Kapazität zur Gesamtimpedanz kann jedoch für Frequenzen bis 10 kHz vernachlässigt werden. Wie in Abschnitt 2.1.3 erläutert wird, kann die Kapazität zur Einstellung einer über einen großen Frequenzbereich annähernd konstanten Spannungsübertragungsfunktion verwendet werden (siehe auch Funktionsinspektion). Die Ausgangsspannung des Vorverstärkers wird über einen auf der selben Platine angeordneten Spannungsverstärker verstärkt (Faktor 100) und somit dem Eingangsspannungsbereich der A/D-Umsetzer angepasst. Vor Demodulation und Wandlung wird das Signal mittels eines Bandpasses gefiltert. Die Zuleitung zu dem auf eine Mittenfrequenz von 10 kHz und eine Bandbreite von 2 kHz eingestellten Bandpass erfolgt über ein Koaxialflachbandkabel. Im Anschluss wird das Signal mit Hilfe eines Peakdetektors demoduliert (Amplitudenmodulation) und digitalisiert (10 bit). Der Detektor arbeitet hierbei mit einer effektiven Frequenz von 8 kHz. Dies garantiert, dass mindestens zwei Extrema pro Abtastintervall aufgenommen werden. Das resultierende Signal wird zu einer mit einem Messrechner verbundenen Framegrabber-Karte geleitet und

3.4. Elektronik

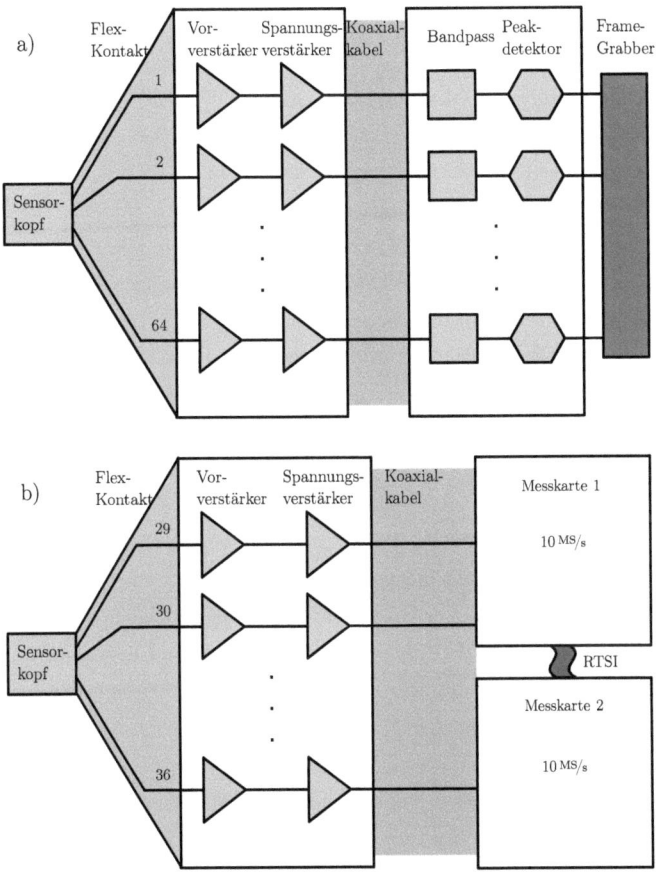

Abb. 3.8: Schematische Darstellung der Signalaufnahme. a) Version 1. b) Version 2.

per Software wird eine Falschfarbendarstellung über der lateralen Sensorposition generiert. Die Software bietet auch die Möglichkeit zur Steuerung der Verfahreinheit (s.u.) sowie zur Kalibrierung der einzelnen Sensorsignale. Ohne die Kalibrierung variieren die Signale aufgrund der Charakteristik der individuellen elektronischen Funktionseinheiten und rufen so ein uneinheitliches Messergebnis hervor.

Aufnahmeelektronik Version 2

Für die Funktionsprüfung von einzelnen Funktionseinheiten und die Umsetzung der Methode zur Messung konstanter Spannungen ist die oben beschriebene Art der Signalaufnahme nicht geeignet. Einerseits sollte der Vorverstärker hierzu eine möglichst konstante Spannungsübertragungsfunktion in einem breiten Frequenzbereich aufweisen. Anderseits sollte die Signalverarbeitung mittels Software erfolgen, um einen einfachen Wechsel von Struktur- zu Funktionsinspektion sowie die Messung konstanter Spannungen zu gewährleisten. Aus diesem Grund werden zwei, mit jeweils vier simultan abgetasteten Eingangskanälen ausgestattete Messkarten (S-Serie) von National Instruments (NI) sowie ein leistungsstarker Messrechner eingesetzt. Die Messkarten besitzen eine Abtastrate von $10\,\text{MS}/\text{s}$. Die Verbindung der Karten über ein sogenanntes RTSI-Kabel ermöglicht die simultane Aufnahme von acht Sensorsignalen. Eine annähernd konstante Spannungsübertragungsfunktion wird durch einen Vorverstärker, welcher anstelle einer parallel zum Widerstand geschalteten Kapazität einen Tiefpass aufweist, sichergestellt [118]. Dem Vorverstärker folgt ein Spannungsverstärker zur Anpassung der Signalspannung an die A/D-Umsetzer der Messkarten-Karten. Zur Signalaufnahme und -verarbeitung sowie zur Erzeugung der Anregungssignale und Ansteuerung der Verfahreinheit wird das LabVIEW Softwarepaket von National Instruments benutzt. Um die tatsächlichen Amplituden der Spannungen an den Funktionseinheiten zu bestimmen, ist eine Kalibrierung des Sensorsignals erforderlich. Zusätzlich muss die Abweichung der realen Spannungsübertragungsfunktion des Vorverstärkers von der idealen, d.h. konstanten Übertragungsfunktion kompensiert werden, um eine unterschiedliche Gewichtung der verschiedenen Frequenzanteile der Spannungen an den Funktionseinheiten zu vermeiden [118].

3.5 Messaufbau

Abbildung 3.9 zeigt ein Bild des Messaufbaus. Er besteht im Kern aus:

- x-y-Verfahreinheit (Gantry) mit Steuerung
- Pneumatikregelung

3.5. Messaufbau

- Kamera zur Kontrolle der Ausrichtung der Inspektionsobjekte
- Fixiertisch (Vakuum-Chuck) für Inspektionsobjekte
- Hardware zur Signalaufnahme und -generierung
- Messrechner mit Signalaufnahme und -verarbeitungssoftware.

Die Positionierung und Bewegung des Sensorkopfes erfolgt mittels einer x-y-Verfahreinheit

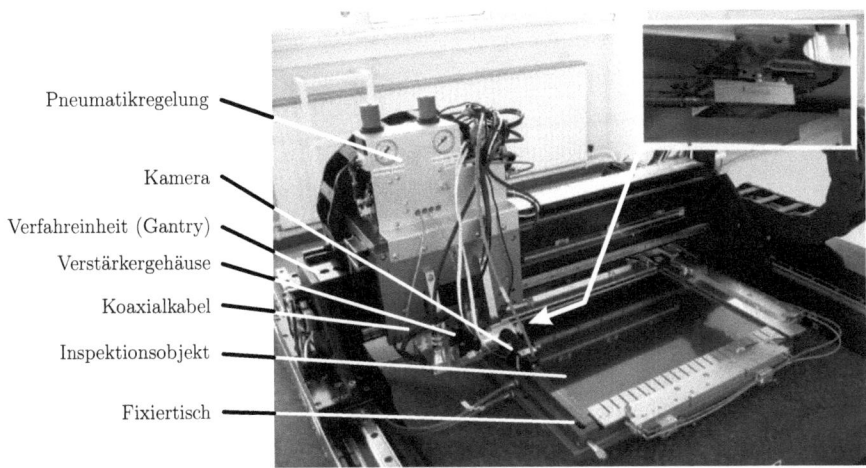

Abb. 3.9: Prinzipieller Messaufbau

(Gantry). Die maximal erreichbare Verfahrgeschwindigkeit beträgt 0,5 m/s, die Positioniergenauigkeit 1 µm. Als planare Auflagefläche sowie zur Fixierung der Inspektionsobjekte wird ein Vakuum-Chuck verwendet. Die parallele Ausrichtung zwischen der x-Achse der Verfahreinheit und dem Inspektionsobjekt kann über eine fest mit der Verfahreinheit verbundene Kamera kontrolliert und mittels des Chucks justiert werden. Die Pneumatikregelung dient zum einen der Versorgung des Luftlagers (Aufbau des Luftkissens), zum anderen der Kontrolle des auf das Lager ausgeübten Vorspanndrucks. Die Kolbenstange des Druckkolbens ist hierzu fest mit der Halterung des Luftlagers (Abs. 3.2) verbunden. Durch die Einstellung des Vorspanndrucks lässt sich der Abstand zwischen der Luftlagerunterseite bzw. den Sensorelektroden und dem Inspektionsobjekt bis zu einem maximalem Abstand von etwa 40 µm frei variieren. Zugleich stabilisiert die Vorspannkraft den Sensorkopf während des Scans gegenüber mechanischen Schwingungen. Die Vor- und Spannungsverstärker enthaltende Platine befindet sich in einem komplett geschirmten Gehäuse in unmittelbarer Nähe zum Sensorkopf. Die Hardware zur Signalaufnahme und -generierung, wie Verstärker, Messkarten und Messrechner, gruppieren sich um die Verfahreinheit. Um Beschädigungen des Sensorkopfes oder der Inspektionsobjekte aufgrund von Verschmutzungen zu vermeiden, befindet sich der komplette Aufbau in einem Reinraum der ISO-Stufe 6.

3.6 Funktions- vs. Strukturinspektion

Abschließend werden in diesem Abschnitt noch einmal die unterschiedlichen Anforderungen bei der Nutzung des kapazitiven Inspektionsverfahrens zur Struktur- und Funktionsinspektion gegenübergestellt. Der in Abschnitt 3.2 vorgestellte Sensorkopf lässt sich hierbei für beide Aufgaben einsetzen.

Da die Strukturinspektion nicht unter Betriebsbedingungen erfolgen muss, ist für die Detektion der in Abschnitt 2.2.4 beschriebenen strukturellen Defekte bereits eine Vorverstärkerschaltung nach Art des Transimpedanzverstärkers (Abs. 2.1.3) ausreichend. Typischerweise wird die Frequenz des Anregungssignals im Bereich einiger Kilohertz gewählt. Dies gewährleistet ein geringes $\frac{1}{f}$-Rauschen und verhindert das Überschreiten der Grenzfrequenzen der elektronischen Funktionseinheiten (Abs. 2.2.3). Die Verstärkung eines entsprechenden Vorverstärkers ist eine lineare Funktion der Anregungsfrequenz ω und des Widerstands im Rückkoppelkreis. Für Frequenzen im Bereich einiger Kilohertz bieten somit Widerstände von einigen Megaohm bereits eine ausreichende Verstärkung. Bei fester Anregungsfrequenz kann direkt ein auf diese Frequenz abgestimmter, schmalbandiger Bandpass eingesetzt werden, um das Rauschen weiter zu minimieren. Die Demodulation des Messsignals kann in Hard- oder Software erfolgen, entsprechend der gewünschten Inspektionsgeschwindigkeit oder dem erforderlichen Grad an Flexibilität.

Zur Inspektion der Funktion elektronischer Funktionsbereiche bzw. der Messung der in Abschnitt 2.2.4 beschriebenen systematischen Funktionsstörungen und zur Umsetzung der Methode zur Messung konstanter Spannungen ist eine Transimpedanzverstärkerschaltung nicht mehr ausreichend. Zur Aufnahme des Verlaufs der Spannung an den Funktionseinheiten, z.B. den TFTs eines Displays, muss ein Verstärker eingesetzt werden, der eine breitbandige, konstante Spannungsübertragungsfunktion gewährleistet. Dies kann über die Verwendung eines Kondensators mit parallel geschaltetem Widerstands oder Tiefpasses im Rückkoppelkreis erreicht werden (Abs. 2.1.3). Durch die Wahl von auf die Messkapazität abgestimmten Kapazitäten und Widerständen kann mit beiden Verstärkervarianten eine über einen Frequenzbereich von einigen zehn Hertz bis hin zu einigen Megahertz annähernd konstante

Verstärkung erzielt werden. Da sich das Messprinzip unter Verwendung eines entsprechenden Verstärkers nicht grundsätzlich ändert, kann ein entsprechender Messaufbau ebenfalls zur Strukturinspektion eingesetzt werden. In diesem Fall kann Software-seitig eine Bandpassfilterung erfolgen, um die Signalqualität zu erhöhen.

3. Messtechnik

4 Defekt- (Struktur-) und Funktionsinspektion

Einleitung

Dieses Kapitel widmet sich der Verifizierung des berührungslosen kapazitiven Inspektionsverfahrens im Hinblick auf die Prozessüberwachung/-steuerung und Verkürzung der Produktentwicklungszeiten bzw. dem Nachweis der Defektlokalisierungs- und klassifizierungsfähigkeit des Verfahrens sowie den Möglichkeiten zur Extraktion elektrischer Kenngrößen.

Zunächst wird die Eignung der Inspektionsmethode zur Fehlerdetektion (strukturelle Defekte) für unterschiedliche Arten planarer Elektronik (Kap. 2) untersucht. Die Inspektion elektrisch isolierter elektronischer Funktionseinbereiche, wie z.b. TFTs, Pixelelektroden oder Leiterbahnen, stellt hierbei eine besondere Herausforderung dar. Gleichzeitig ist die Untersuchung entsprechender Funktionseinheiten jedoch zur Gewährleistung der lückenlosen Inspektion während des gesamten Produktionsprozesses zwingend erforderlich. Daher werden die Rahmenbedingungen zur Anwendbarkeit der kapazitiven Inspektionsmethode anhand von Inspektionsergebnissen abgeleitet sowie Lösungsansätze unter Beibehaltung der messtechnischen Gegebenheiten erarbeitet. Zur Interpretation der gewonnenen Inspektionsergebnisse und der darauf aufbauenden Evaluierung der Leistungsfähigkeit werden Mikroskopbilder der Inspektionsobjekte bzw. ihrer Defekte herangezogen.

Im Anschluss erfolgt die Charakterisierung der kapazitiven Inspektionstechnik hinsichtlich der Funktionsinspektion elektronischer Funktionsbereiche (z.B. TFTs). Hierzu werden die gewonnenen Ergebnisse auf Basis der geometrischen und funktionellen Eigenschaften der Inspektionsobjekte und mit Hilfe von Referenzmessungen evaluiert. Das im vorigen Kapitel beschriebene Verfahren zur Messung konstanter Funktionsbereichsspannungen bzw. die Umsetzung in Form des entwickelten Sensorkopfes steigern die Leistungsfähigkeit und Einsatzmöglichkeiten des Verfahrens erheblich. Die Evaluierung des in Kap. 3 vorgestellten Sensorkopfes zur Messung zeitlich konstanter Spannungen bildet daher den zweiten Schwerpunkt des Kapitels. Hierbei werden die Integration des Sensors in den bestehenden Messaufbau

4. Defekt- (Struktur-) und Funktionsinspektion

und die gewonnenen Messergebnisse diskutiert und es wird auf die Herausforderungen bei der simultanen Messung von Gleich- und Wechselspannungsanteilen eingegangen.

4.1 Flat Panel Displays und 2D-Bilddetektoren

Im folgenden Abschnitt werden die an Active-Matrix Liquid Crystal Display (AMLCD) Backplanes, an Backplanes elektrophoretischer Displays sowie an Röntgenflachdetektoren und gedruckten elektronischen Schaltungen erzielten Inspektionsergebnisse vorgestellt und diskutiert. Der Abschnitt ist hierbei in die Teile Defektinspektion, Inspektion elektrisch isolierter elektronischer Funktionseinheiten und Funktionsinspektion unterteilt. Eine Darstellung von Aufbau und Funktionsweise der untersuchten Arten planarer Elektronik findet sich in Abschnitt 2.2. Die Beschreibung der verwendeten Messtechnik sowie der unterschiedlichen Anforderungen hinsichtlich der Defekt- und Funktionsinspektion ist Gegenstand von Kapitel 3.

4.1.1 Defektinspektion

Anhand ausgewählter Inspektionsergebnisse und deren Interpretation auf der Grundlage des Aufbaus der untersuchten Backplanes und Detektoren erfolgt in diesem Abschnitt die Evaluierung des Verfahrens bzgl. der Defektinspektion. Die Ergebnisse stellen unter Beweis, dass die kapazitive Inspektionsmethode die Detektion nahezu aller typischen Defekte (Abs. 2.2.4) und darüber hinaus eine subpixelgenaue Lokalisierung und exakte Klassifizierung der Defekte ohne die Zuhilfenahme zusätzlicher optischer Informationen erlaubt.

Methodik

Die zur Verifizierung und Bewertung der Defektdetektionsfähigkeit des Verfahrens entwickelte Methodik ist in Abb. 4.1 dargestellt.

AMLCD-Backplane

Abbildung 4.2a zeigt ein Mikroskopbild der untersuchten AMLCD-Backplane (Prime View International Company, Ltd.). Die Fertigung der Backplane wurde nach der Aufbringung der Com-Lines und einer Passivierungsschicht aus Siliziumnitrid gestoppt. Im nächsten Fertigungsschritt würde die Aufbringung der Flüssigkristalle erfolgen. Die Ansteuerung der einzelnen Pixel erfolgt über a-Si:H-TFTs (Abs. 2.2.3). Die Pixelelektrode (ITO) nimmt eine Fläche von $93,5\,\mu m \times 145,5\,\mu m$ ein. In Abb. 4.3 ist das Ersatzschaltbild eines Pixels und des zugehörigen TFT, einschließlich der parasitären Kapazitäten zwischen der

4.1. Flat Panel Displays und 2D-Bilddetektoren

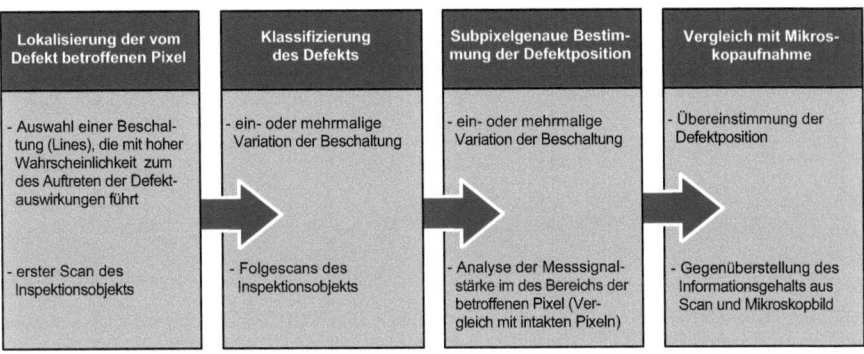

Abb. 4.1: Illustration der zur Verifizierung und Evaluierung der Defektdetektionsfähigkeit des kapazitiven Inspektionsverfahrens eingesetzten Methodik.

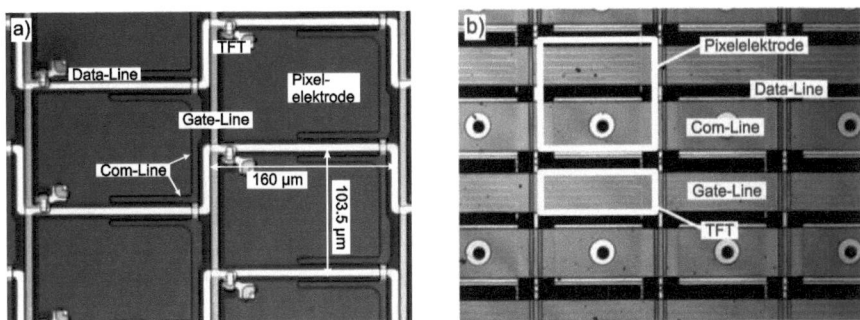

Abb. 4.2: Mikroskopbilder der untersuchten FPD-Backplanes. a) AMLCD-Backplane. b) EPD-Backplane (TFT und Pixelelektrode versetzt angeordnet).

Pixelelektrode, den Lines und dem TFT, dargestellt. Die Pixelelektrode wird hier und im Folgenden mit dem Source-Anschluss des TFT und die Data-Line mit dem Drain-Anschluss assoziiert (symmetrisches Bauteil). Die Data-, Gate- und Com-Line-Spannungen werden mit V_d, V_g und V_{com}, die Spannung der Pixelelektrode mit U_{pix} bezeichnet. C_{gs} und C_{gd} bezeichnen die parasitären Kapazitäten zwischen dem Gate des TFT und den Drain- und Source-Anschlüssen. Sie können näherungsweise in die Überlappkapazitäten $C_{gd_{ov}}$ und $C_{gs_{ov}}$, welche geometrischer Natur sind, und in die intrinsischen, spannungsabhängigen TFT-Kanalkapazitäten $C_{gd_{int}}$ und $C_{gs_{int}}$ aufgeteilt werden [19, 99, 100]. Die zwischen Pixelelektrode und Com-Line bestehende (Speicher-)Kapazität wird mit C_{st}, die zwischen Pixelelektrode und Sensorchip bestehende Kapazität mit C_{chip} bezeichnet. Letztere setzt sich wiederum aus der Kapazität zur Sensorelektrode C_{sen} und der Kapazität zur Schirmung der Elektrode

4. Defekt- (Struktur-) und Funktionsinspektion

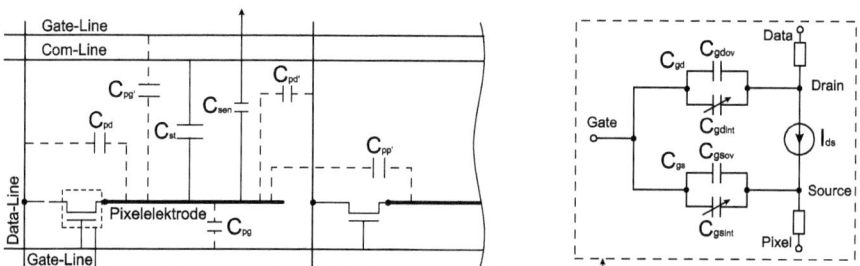

Abb. 4.3: Ersatzschaltbild eines Pixels der AMLCD- und EPD-Backplanes einschließlich des dem Pixel zugeordneten TFT (parasitäre Kapazitäten mit gestrichelten Linien dargestellt).

C_{shield} zusammen ($C_{\text{chip}} = C_{\text{sen}} + C_{\text{shield}}$).

Im Folgenden werden die mittels der kapazitiven Inspektionsmethode gewonnenen Ergebnisse der Untersuchung dreier typischer Defekte diskutiert. Es handelt sich um

- einen Kurzschluss zwischen Pixelelektrode und Data-Line,
- einen Kurzschluss zwischen einer Gate- und einer Com-Line und
- eine Verformung der Com-Line.

Die Diskussionen zu den einzelnen Defekttypen erfolgen hierbei nahezu unabhängig voneinander bzw. bauen nicht aufeinander auf. Für die Messungen wurde eine (Abtast-)Auflösung von 2.75 µm (Schrittweite) gewählt. Über die Abtastrate von 8 kHz (Abs. 3.4) ergibt sich somit eine Scangeschwindigkeit von 22 mm/s (x-Richtung). Um die gleiche Auflösung in y-Richtung zu erreichen, wurde ein Achsenvorschub von 2.75 µm gewählt. Der Abstand zwischen der Sensorelektrode und der Oberfläche der Backplane betrug ca. 12 µm.

Kurzschluss zwischen Pixelelektrode und Data-Line

Abbildung 4.4 zeigt die Falschfarbendarstellung des Messsignals für den Kurzschluss zwischen Pixelelektrode und Data-Line. Die Farbcodierung folgt der Farbpalette „hot", beginnend mit schwarz für das schwächste Signal, über rot und gelb zu weiß für das stärkste Messsignal. Zusätzlich zu den Messergebnissen zeigt Abb. 4.4 auch ein Mikroskopbild des Defekts. Werden nur die Com-Lines angeregt (Abb. 4.4a), sind die einzelnen Pixel und ihre Anordnung im Bereich rund um den Defekt deutlich zu erkennen. Solange sich die TFTs im nichtleitenden Zustand befinden, sind die Pixelelektroden von der Data-Line Spannung isoliert und lediglich kapazitiv an die Lines gekoppelt. Da die Com-Lines aufgrund des Pixelaufbaus (Fig 4.2) die

4.1. Flat Panel Displays und 2D-Bilddetektoren

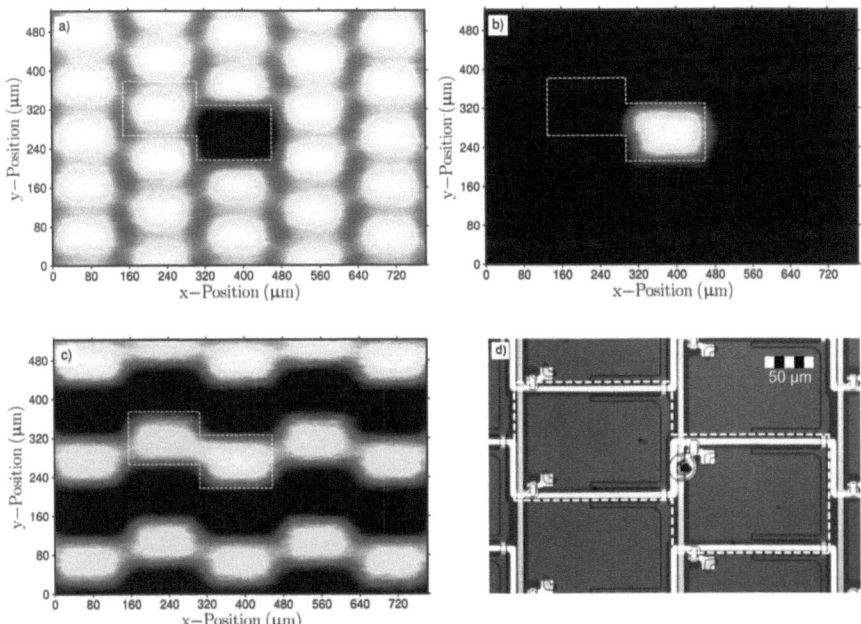

Abb. 4.4: Inspektionsergebnisse für einen Kurzschluss zwischen Pixelelektrode und Data-Line. a) Anregung der Com-Lines, Data- und Gate-Lines auf Massepotential. b) Anregung der Data-Lines, Gate- und Com-Lines auf Massepotential. c) TFTs im leitenden Zustand, Anregung jeder zweiten Data-Line, Com-Lines auf Massepotential. d) Mikroskopbild des Defekts.

größte Kapazität zur Pixelelektrode aufweisen, weicht die Amplitude der Pixelelektrodenspannung nur leicht von der Amplitude der Com-Line-Spannung ab. Analog zum kapazitiven Spannungsteiler gilt

$$dU_{\text{pix}_{\text{fl}}} = dV_{\text{com}} \frac{C_{\text{pix, com}}}{C_{\text{pix}_{\text{tot}}}}. \tag{4.1}$$

$C_{\text{pix, com}}$ bezeichnet hierbei die Kapazität zwischen Pixelelektrode und Com-Line ($C_{\text{pix, com}} = C_{\text{st}}$), $C_{\text{pix}_{\text{tot}}}$ die Gesamtpixelkapazität. Abbildung 4.4b zeigt, dass ein Kurzschluss zwischen der Pixelelektrode und der Data-Line vorliegt. In Abb. 4.4c ist darüber hinaus zu sehen, dass die Gate-Line nicht durch den Defekt in Mitleidenschaft gezogen wird. Werden die TFTs in den leitenden Zustand versetzt, zeigt sich keine Beeinflussung der Pixelelektrodenspannung entlang der entsprechenden Gate-Line. Zudem kann aus dieser Messung die Position des Defekts subpixelgenau bestimmt werden, da eine höhere Signalstärke zwischen dem betroffenen und dem benachbarten Pixel zu erkennen ist (Abb. 4.4c). Bemerkenswert hierbei ist, dass die Defektgröße (Abb. 4.4d) mit 25 µm bis 30 µm deutlich unter der Größe der Sensorelektrode

(50 µm) liegt.

Kurzschluss zwischen Gate- und Com-Line

Die Inspektionsergebnisse für einen Kurzschluss zwischen einer Gate- und einer Com-Line sind in Abb. 4.5 zu sehen. Wenn die Com-Lines angeregt werden (Abb. 4.5a), kommt es

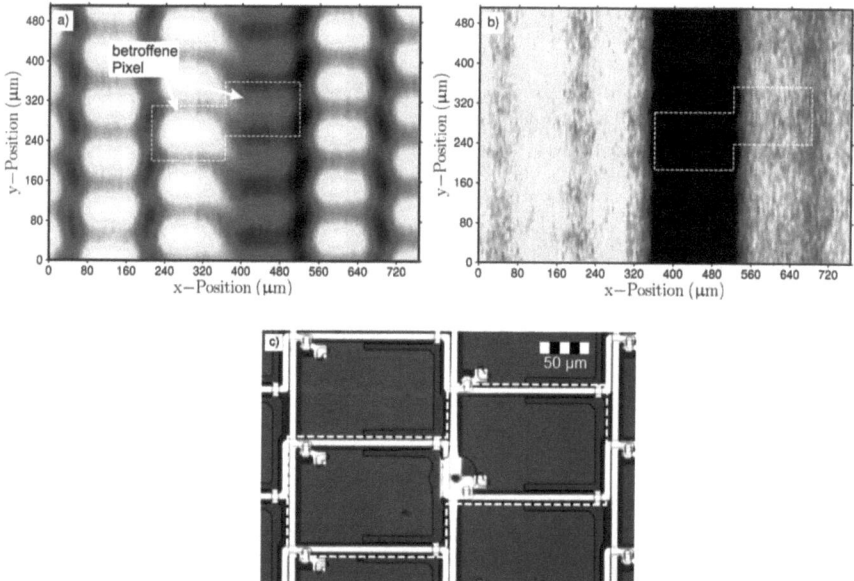

Abb. 4.5: Inspektionsergebnisse für einen Kurschluss zwischen Gate- und Com-Lines. a) Anregung der Com-Lines, Data- und Gate-Lines auf Massepotential. b) TFTs im leitenden Zustand, Anregung der Data-Lines, Com-Lines auf Massepotential. c) Mikroskopbild des Defekts.

aufgrund des Kurzschlusses auch zu einer Anregung der kurzgeschlossenen Gate-Line. Die TFTs entlang der Gate-Line werden somit entsprechend der Frequenz des Anregungssignals ($\approx$10 kHz) zwischen An- und Aus-Zustand geschaltet. Im Mittel halbiert sich so die Spitze-Spitze-Spannung an der Pixelelektrode (0 V/floatend), was zu einer deutlich geringeren Signalstärke führt. Werden die TFTs dauerhaft in den leitenden Zustand gebracht, zeigt sich, dass die Data-Line nicht durch den Kurzschluss in Mitleidenschaft gezogen wird (Abb. 4.5b).

4.1. Flat Panel Displays und 2D-Bilddetektoren

Die Position des Kurzschlusses kann anhand von Abb. 4.5a ermittelt werden. Die räumliche Ausdehnung des Kurzschlussgebiets führt hierbei zu einer leichten Erhöhung der Signalstärke im Bereich der angrenzenden Pixelelektroden.

Verformung der Com-Line

Abbildung 4.6 zeigt die Auswirkungen einer Com-Line-Verformung. Wie in Abb. 4.6a zu se-

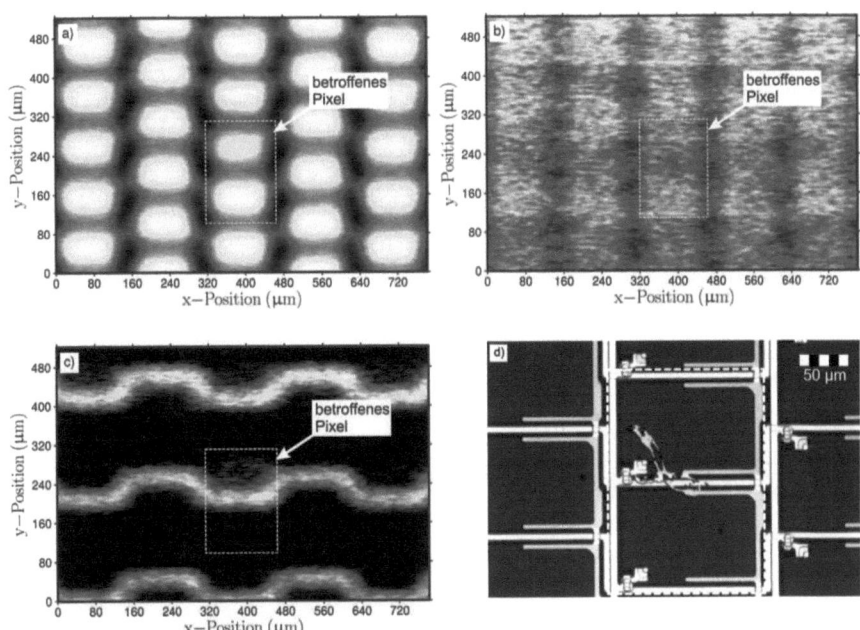

Abb. 4.6: Inspektionsergebnisse für eine Verformung der Com-Line. a) Anregung der Com-Lines, Data- und Gate-Lines auf Massepotential. b) TFTs im leitenden Zustand, Anregung der Data-Lines, Com-Lines auf Massepotential. c) TFTs im nichtleitenden Zustand, Anregung der Data-Lines, Com-Lines nicht verbunden (floatend). d) Mikroskopbild des Defekts.

hen ist, führt die Verformung zu einer Reduzierung der Signalstärke an der entsprechenden Pixelelektrode. Eine Verschmierung der Com-Line kann ausgeschlossen werden, da die Vergrößerung der Kapazität zur Pixelelektrode zu einer Erhöhung der Signalstärke führen würde (Gl. 4.1). Aufgrund des Überlapps zwischen dem verschmierten Teilbereich der Com-Line und der Data-Line kann eine starke kapazitive Kopplung oder ein Kurzschluss zwischen ihnen

4. Defekt- (Struktur-) und Funktionsinspektion

angenommen werden. In diesem Fall ist keine Veränderung der Pixelelektrodenspannung zu erwarten, solange die TFTs im leitenden Zustand sind. Konform hierzu zeigt Abb. 4.6b keine Veränderung des Messsignals im Bereich der entsprechenden Pixelelektrode. Ein Einfluss auf die Pixelelektrodenspannung ist jedoch zu erwarten, wenn sich die TFTs im nichtleitenden Zustand befinden und die Com-Line unverbunden bleibt. Wie Abb. 4.6c zeigt, kann in diesem Fall ein schwaches Signal im Bereich der entsprechenden Pixelelektrode detektiert werden. Die Ergebnisse weisen somit auf einen Kurzschluss zwischen der Com-Line-Verschmierung und der Data-Line hin.

EPD-Backplane

Ein Mikroskopbild einer Backplane der untersuchten elektrophoretischen Displays (Plastic Logic, Ltd.) ist in Abb. 4.2b zu sehen. Bei dieser Backplane wurde die Fertigung nach der Aufbringung der Pixelelektroden gestoppt. Im Unterschied zu klassischen AMLC-Displays liegen TFT und Pixelelektrode nicht in einer Ebene [87]. Durch diese vertikale Anordnung kann die Kapazität zur Com-Line (C_{st}) deutlich gesteigert werden. Zudem wird das bildgebende Medium (z.B. E-Ink [88]) von den Signalen der Gate- und Data-Line abgeschirmt. Die Verbindung der aus einem transparenten leitfähigen Polymer bestehenden Pixelelektrode zum Source-Kontakt des TFT wird durch eine Durchkontaktierung (Via) erreicht. Um die kapazitive Kopplung zwischen der Pixelelektrode und der Gate-Line zu reduzieren, sind die Pixelelektroden und Gate-Lines bzw. die den Pixeln zugehörigen TFTs lateral versetzt (Verschiebung um eine Reihe) angeordnet (Abb. 4.2b). Als Steuerelemente kommen organische TFTs (p-Typ) zum Einsatz (Abs. 2.2.3). Außer, dass die Kopplung zur benachbarten Gate-Line aufgrund des direkten Überlapps deutlich stärker ausgeprägt ist als bei einem Pixel der AMLCD-Backplane, unterscheidet sich das Ersatzschaltbild eines Pixel der EPD-Backplane nicht von dem der AMLCD-Backplane (Abb. 4.3).

Im Weiteren werden die an zwei unterschiedlichen Defekten gewonnen Ergebnisse erläutert. Dies sind

- ein Kurzschluss zwischen den Drain- und Source-Anschlüssen eines TFT und des benachbarten Source-Anschlusses und
- ein Kurzschluss einer Pixelelektrode zur Gate-Line.

Die Scanparamter entsprechen hierbei denen der Untersuchung der AMLCD-Backplanes, lediglich der Abstand zwischen dem Sensor und der Oberfläche der Backplanes wurde aufgrund einer größeren Oberflächenrauigkeit auf ca. 17 µm erhöht.

4.1. Flat Panel Displays und 2D-Bilddetektoren

Kurzschluss zwischen Drain- und Source-Anschlüssen (+ Source-Anschluss)

Abbildung 4.7 zeigt das Inspektionsergebnis für den Kurzschluss zwischen den Drain- und Source-Anschlüssen eines TFT und des benachbarten Source-Anschlusses. Werden TFTs in

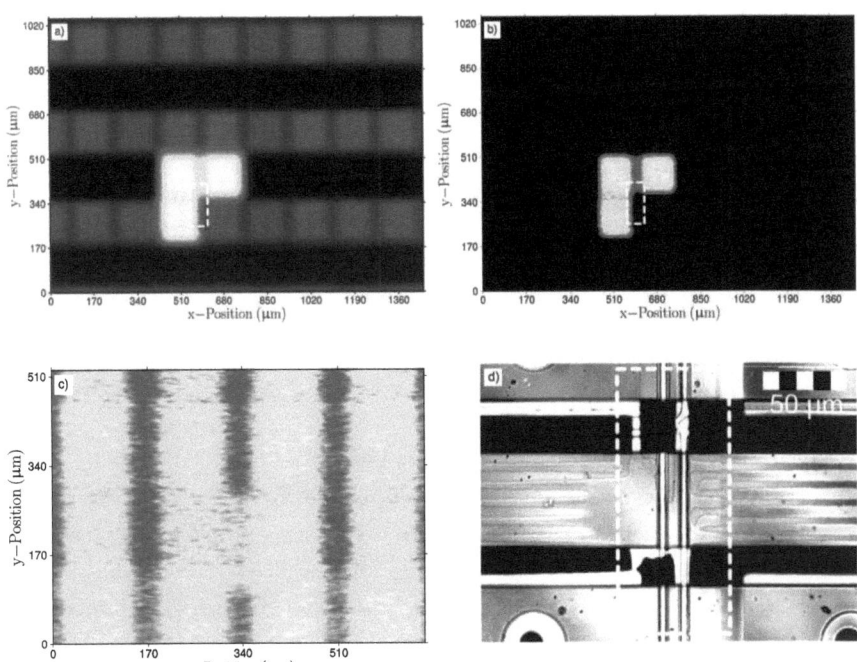

Abb. 4.7: Inspektionsergebnisse für einen Kurzschluss zwischen den Drain- (Data-Line-) und Source-Anschlüssen (a, b, d) sowie einem Kurzschluss zwischen einer Pixelelektrode und dem Pixelelektrodenmaterial im Zwischenraum der Wabenstruktur (c). a) TFTs im leitenden Zustand (jede 2. Gate-Line), Anregung der Data-Lines, Com-Lines auf Massepotential. b) Anregung der Data-Lines, Gate- und Com-Lines auf Massepotential. c) TFTs im leitenden Zustand, Anregung der Data-Lines, Com-Lines auf Massepotential. d) Mikroskopbild des Defekts.

den leitenden Zustand versetzt (hier nur jede zweite Reihe) und die Data-Lines angeregt, laden sich die Pixelelektroden auf die Data-Line-Spannung auf. Ist jedoch die Frequenz des Data-Line-Signals höher als die (reziproke) Zeitkonstante der Pixelaufladung ($\equiv$ Kondensatoraufladung), so kann sich die Pixelelektrode nicht vollständig auf die Data-Line-Spannung aufladen bzw. ihrer Amplitude folgen. Sind dagegen die Drain- und Source-Anschlüsse des TFTs kurzgeschlossen, liegt die Data-Line-Spannung direkt an der Pixelelektrode an. Die

Auswertung des Sensorsignals (Amplitudendemodulation, Abschnitt 3.1) liefert folglich eine deutlich höhere Signalstärke im Bereich der kurzgeschlossenen Pixel (Abb. 4.7a). Unter Berücksichtigung des Aufbaus der Backplane lässt sich aus Abb. 4.7a zusätzlich entnehmen, dass der Kurzschluss zwischen den Source- und Drain (Data-Line)-Anschlüssen und nicht direkt zwischen den drei benachbarten Pixelelektroden besteht. Da die Pixelelektroden über eine Art Wabenstruktur separiert werden (Abb. 4.2b), deren Zwischenraum ebenfalls mit dem leitfähigen Polymer der Pixelelektrode gefüllt ist, führt ein direkter Kurzschluss zwischen den Pixelelektroden oder einer Pixelelektrode und dem Material im Zwischenraum zum Verschwinden des Pixelrasters im Inspektionsergebnis (Abb. 4.7c). Somit kann ein direkter Kurzschluss der Pixelelektroden in Abb. 4.7a und Abb. 4.7b ausgeschlossen werden, da in Abb. 4.7b die Unterteilung in einzelne Pixel noch deutlich zu erkennen ist. Da Pixel benachbarter Data-Lines betroffen sind, muss folglich die zwischen den Pixel verlaufende Data-Line einen Kurzschluss zu den Source-Kontakten der Pixel und zusätzlich einen Kurzschluss zu einem benachbarten Source-Anschluss aufweisen. Wie Abb. 4.7d zeigt, bestätigt das Mikroskopbild des Defekts die rein aus den Inspektionsergebnissen abgeleiteten Schlussfolgerungen in vollem Umfang.

Kurschluss zwischen Pixelelektrode und Gate-Line

Das Inspektionsergebnis eines Kurschlusses zwischen einer Pixelelektrode und der darunter verlaufenden Gate-Line ist in Abb. 4.8 zu sehen. Abbildung 4.8a zeigt das Inspektionsergebnis unter Anregung der Data-Lines bei durchgeschalteten TFTs. Da die Signalstärke im Bereich der Pixelelektrode nahezu verschwindet, lässt sich anhand des Inspektionsergebnisses ein Kurzschluss zur Gate- oder Com-Line vermuten. Werden wahlweise die Com- oder Gate-Lines anregt (Abb. 4.8b und Abb. 4.8c), zeigt sich eine deutliche Zweiteilung der Signalstärke im Bereich der Pixelelektrode. Während bei der Anregung der Com-Lines kein Signal im (Überlapp-)Bereich zur Gate-Line gemessen wird, zeigt sich bei der Anregung der Gate-Line ein schwaches Signal im (Überlapp-)Bereich zur Com-Line. Dieses Signal kann auf die kapazitive Kopplung der Gate-Line des zugehörigen TFT und der Source-Elektrode (Pixelelektrode) zurückgeführt und somit ein Kurzschluss der Pixelelektrode zur Com-Line ausgeschlossen werden. Folglich liegt lediglich ein Kurzschluss zur Gate-Line vor. Die Teilung der Signalstärke im Bereich der Pixelelektrode kann entsprechend nur durch einen Kurzschluss zwischen den Überlappbereichen zu beiden Lines erklärt werden, der die durch die kapazitive Kopplung der Pixelelektrode und den Lines hervorgerufenen Umladeströme direkt zur Gate-Line abführt. Abbildung 4.8d zeigt ein Mikroskopbild des Defektes. Wie sich erkennen lässt, befindet er sich in direkter Nähe zur Gate-Line. Augenscheinlich führt

4.1. Flat Panel Displays und 2D-Bilddetektoren

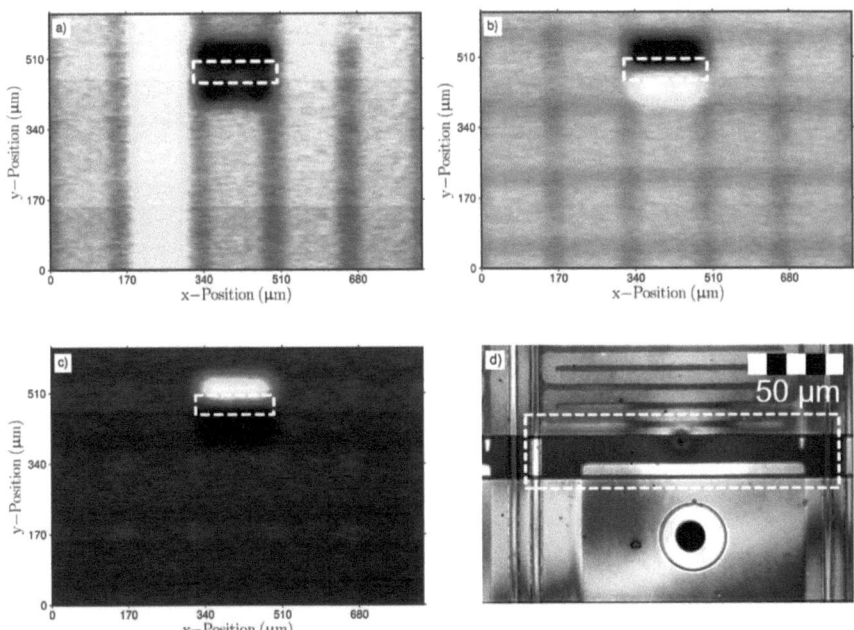

Abb. 4.8: Inspektionsergebnisse für einen Kurzschluss zwischen einer Pixelelektrode und der darunter verlaufenden Gate-Line a) TFTs im leitenden Zustand, Anregung der Data-Lines, Com-Lines auf Massepotential. b) Anregung der Com-Lines, Gate- und Data-Lines auf Massepotential. c) Anregung der Gate-Lines, Com- und Data-Lines auf Massepotential. d) Mikroskopbild des Defekts.

der über den Kurzschluss fließende Strom zu einer Veränderung des umgebenden Materials (Ringmuster).

Flachdetektoren (2D-Bildsensoren)

Abbildung 4.9a zeigt ein Mikroskopbild des untersuchten Röntgenflachdetektors (dpix, LLC) nach der Fertigstellung. Jedes Pixel des Detektors stellt eine nip-Photodiode [80, 81] dar, deren Elektroden (Kathode und Anode) durch eine flächige transparente ITO-Elektrode und eine flächengleiche Source-Elektrode (verdeckt) des verwendeten a-Si:H-TFTs gebildet werden. Um die Dioden vorzuspannen, sind alle ITO-Elektroden über eine Bias-Line miteinander verbunden. Die Größe der ITO-Elektrode beträgt ca. 150 µm × 150 µm. Abbildung 4.9b zeigt das Ersatzschaltbild eines Pixels des Detektors. Im Hinblick auf die Inspektion der Dioden mittels kapazitiver Kopplung sind die Source-Elektrode und die aktive Diodenschicht nicht zugänglich, da die Bedeckung durch die ITO-Elektrode (Schichtaufbau)

4. Defekt- (Struktur-) und Funktionsinspektion

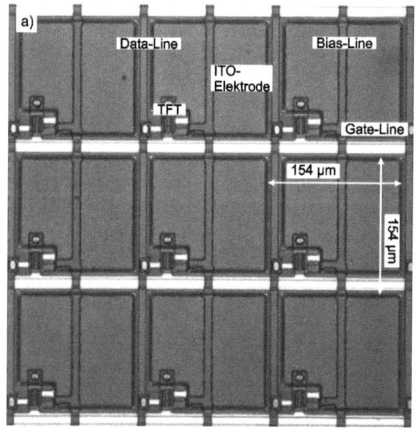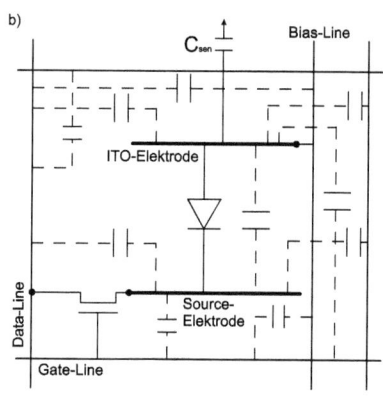

Abb. 4.9: a) Mikroskopbild des untersuchten Röntgenflachdetektors. b) Ersatzschaltbild eines Pixels des Detektors (parasitäre Kapazitäten gestrichelt dargestellt).

die kapazitive Kopplung zur Sensorelektrode unterbindet. Entsprechend können in diesem Fertigungszustand, im Unterschied zu den AMLCD- und EPD-Backplanes, keine Aussagen über die Funktion der einzelnen TFTs getroffen werden. Abgesehen davon ist das generelle Layout der Detektoren dem Layout der AMLCD-Backplanes sehr ähnlich. Somit lassen sich die gewonnen Inspektionsergebnisse zum Großteil auf AMLCD-Backplanes übertragen.

Im Folgenden werden die Ergebnisse der Untersuchung zweier unterschiedlicher Defekttypen diskutiert. Dies sind

- eine Gate-Line-Unterbrechung sowie
- eine Überlagerung mehrerer Defekte im Bereich eines Pixels.

Die Scanparameter entsprechen denen der Untersuchung der AMLCD- und EPD-Backplanes. Während der Messung betrug der Abstand zwischen dem Sensor und der Oberfläche der Detektoren ca. 12 µm.

Gate-Line-Unterbrechung

Die Inspektionsergebnisse im Bereich der Gate-Line-Unterbrechung sind in Abb. 4.10 zu sehen. Im Unterschied zum Inspektionsergebnis für die AMLCD-Backplanes lässt sich die Position der TFTs an der Verringerung der Signalstärke am linken unteren Rand des den ITO-Elektroden bzw. Detektorpixeln entsprechenden Bereichs erkennen (Abb. 4.10a). Wer-

4.1. Flat Panel Displays und 2D-Bilddetektoren

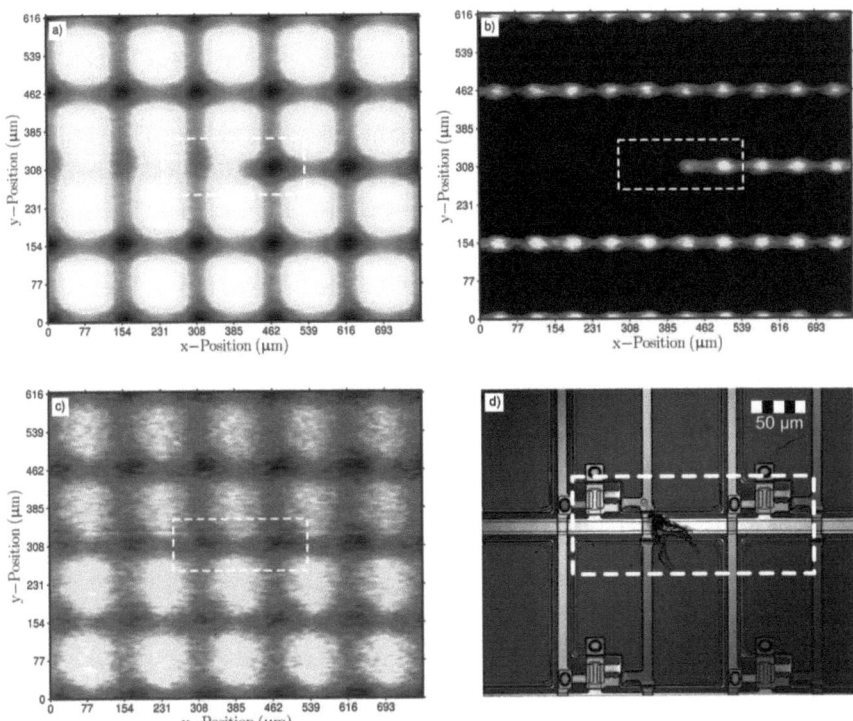

Abb. 4.10: Inspektionsergebnisse für eine Gate-Line-Unterbrechung. a) Anregung der Bias-Lines, Data- und Gate-Lines auf Massepotential. b) Anregung der Gate-Lines, Bias- und Data-Lines auf Massepotential. c) Alle Lines unverbunden (floatend), Anregung der Auflagefläche (Chuck) des Flachdetektors. d) Mikroskopbild des Defekts.

den die Bias- oder Gate-Lines angeregt, ist die Unterbrechung der Gate-Line an der Abweichung vom regelmäßigen Pixelmuster deutlich zu erkennen. Durch die Unterbrechung besitzt das in Abb. 4.10b linke Stück der unterbrochenen Gate-Line keine Verbindung mehr zur Spannungsquelle und floatet somit. Anlog zu den FPD-Backplanes erhält dieses Gate-Line-Stück aufgrund der kapazitiven Kopplungen zu den umliegenden Elektroden und Lines einen Teil des Anregungssignals. (Gl. 4.1). Wird die kapazitive Kopplung der Gate-Line zur Source-Elektrode des TFT vernachlässigt, lässt sich die Spannungsänderung $dU_{g_{fl}}$ an dem floatenden Stück der Gate-Line wie folgt beschreiben

$$dU_{g_{fl}} = dV_{ITO} \frac{C_{g_{fl}, ITO}}{C_{g_{fl_{tot}}}}. \tag{4.2}$$

Dabei bezeichnet dV_{ITO} die Spannungsänderung an den ITO-Elektroden und den mit ihnen verbundenen Bias-Lines, $C_{g_{fl},ITO}$ die Kapazität zwischen dem floatenden Stück der Gate-Line und den ITO-Elektroden samt Bias-Lines und $C_{g_{fl_{tot}}}$ die Kapazität des Gate-Line-Teils zu allen umliegenden Elektroden und Lines, einschließlich der ITO-Elektroden. Wie in Abb. 4.10a zu sehen ist, ist die Signalstärke des floatenden Stücks der Gate-Line vergleichbar mit der Signalstärke im Bereich der ITO-Elektroden. Aus Abb. 4.10b kann entnommen werden, dass im Gegensatz dazu die Kapazität zwischen den Gate-Line-Stücken deutlich kleiner sein muss als die Kapazität zur ITO-Elektrode, da das floatende Stück nicht angeregt wird. Dass die Sensorelektrode und ihre Schirmung (C_{chip}) keinen signifikanten Beitrag zur Kapazität $C_{g_{fl_{tot}}}$ liefern, zeigt Abb. 4.10c. Wie zu sehen ist, kann die Unterbrechung nicht detektiert werden, wenn die Auflagefläche (Chuck) angeregt wird.

Defektüberlagerung

Abbildung 4.11 zeigt das Inspektionsergebnis für einen Bereich, in dem sich zwei Data-Line-Unterbrechungen und eine von der Bias-Line abgetrennte ITO-Elektrode befinden. Die Data-Line-Unterbrechungen rufen analog zur Gate-Line-Unterbrechung (s.o.) zwei floatende Data-Line-Stücke hervor. Da die beiden Stücke durch die kapazitive Kopplung zu den ITO-Elektroden und den Gate-Lines ebenfalls angeregt werden, tragen sie zu einer Erhöhung der Signalstärke im Bereich der angrenzenden Elektroden bei (Abb. 4.11a und Abb. 4.11b). Die unterschiedlichen Positionen der Bruchstellen sind deutlich in Abb. 4.11a zu erkennen.

Die Verformung der Bias-Line führt zur Unterbrechung des elektrischen Kontakts zwischen der Bias-Line und der ITO-Elektrode des entsprechenden Pixels. Hierbei ruft die Unterbrechung keine weiteren Defekte hervor, da die Bias-Lines gleichzeitig vom oberen und unteren Rand des Detektors kontaktiert werden. Die Position der Bruchstelle der Bias-Line kann Abb. 4.11b entnommen werden. Während ein fehlendes oder floatendes Stück der Bias-Line zu einer konstanten Signalstärke entlang des unteren Randes der floatenden ITO-Elektrode führt, ist am oberen Rand der Einfluss der auf Massepotential gehaltenen Bias-Line deutlich an der Variation der Signalstärke zu erkennen. Analog zu den floatenden Teilen der Data-Lines bezieht die floatende ITO-Elektrode einen Teil des Signals über die kapazitive Kopplung zu den Bias-und Gate-Lines. Der Einfluß der Kapazität der Sensorelektrode und der umgebenden Schirmung C_{chip} zeigt sich in Abb. 4.11c. Wenn die Auflagefläche angeregt wird und die Lines des Detektors unverbunden bleiben (floatend), wird die Signalstärke im Bereich der ITO-Elektrode durch die Kopplung zum Sensorchip reduziert und kann so, im Unterschied zu den floatenden Data-Lines, aufgelöst werden.

4.1. Flat Panel Displays und 2D-Bilddetektoren

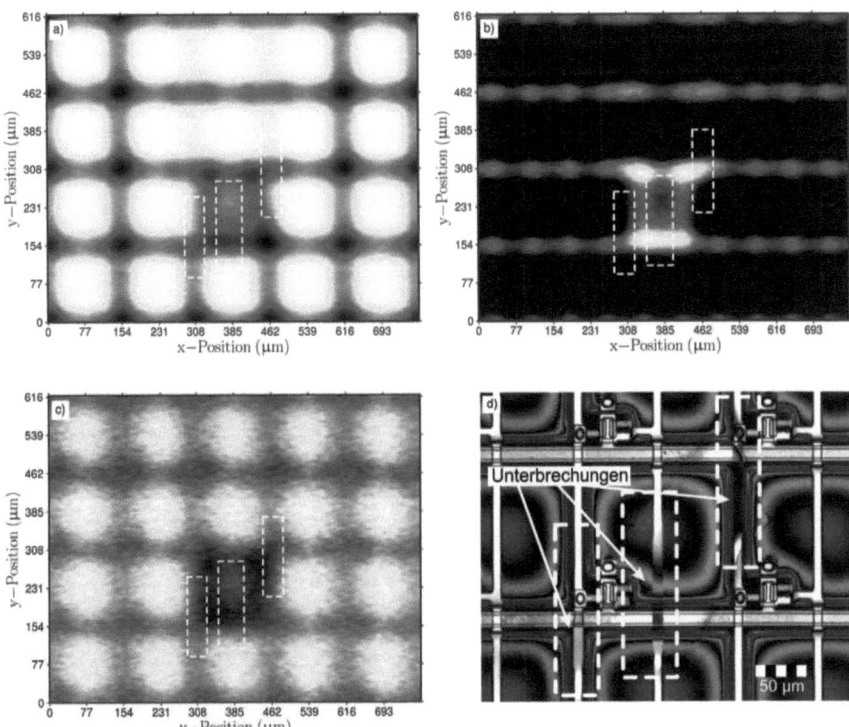

Abb. 4.11: Inspektionsergebnisse für ein Bereich mit mehreren überlagerten Einzeldefekten. a) Anregung der Bias-Lines, Data- und Gate-Lines auf Massepotential. b) Anregung der Gate-Lines, Bias- und Data-Lines auf Massepotential. c) Alle Lines unverbunden (floatend), Anregung der Auflagefläche (Chuck) des Flachdetektors. d) Mikroskopbild des Defekts.

Anhand von Tab. 4.1 wird noch einmal deutlich, dass das kapazitive Inspektionsverfahren in der Lage ist, nahezu alle bei der Prozessierung unterschiedlichster Arten planarer Elektronik auftretenden Defekte [19] zu detektieren und exakt zu klassifizieren. Eine exakte Klassifizierung ist für die sich an die Prüfung anschließenden Reparaturmaßnahmen unabdingbar und bietet gerade im Hinblick auf neue Formen planarer Elektronik die Möglichkeit, die Ursache neu auftretender Defekte präzise zu ermitteln. Zudem ist eine subpixelgenaue Lokalisation bzw. räumliche Auflösung der Defekte und in vielen Fällen sogar die Angabe der Ausdehnung des Defektbereichs gewährleistet, ohne auf optische Aufnahmen zurückgreifen zu müssen.

Tabelle 4.1: Einordnung der detektierten Defekte

Inspektionsobjekt		Defekt		
		Kurzschluss	Unterbrechung	Verformung
AMLCD-Backplane	Pixeldefekt	Data-Line zu Pixelelektrode		Com-Line-Verschmierung
	Line-Defekt	Com-Line zu Gate-Line		
EPD-Backplane	Pixeldefekt	Data-Line zu TFT-Source		
		Gate-Line zu Pixelelektrode		
Flach-detektor	Pixeldefekt		unverbundene ITO-Elektrode	
	Line-Defekt		Gate-Line- und Data-Line-Abriss	

4.1.2 Inspektion elektrisch isolierter Funktionsbereiche

Wie bereits im vorhergehenden Abschnitt anhand der Inspektionsergebnisse für die untersuchten Flachdetektoren kurz angesprochen wurde (Anregung der Auflagefläche), stellt die Inspektion elektrisch isolierter Funktionsbereiche besondere Anforderungen im Bezug auf die Anwendbarkeit des kapazitiven Inspektionsverfahrens. So kann die Anregung der Funktionseinheiten in diesem Fall nur durch die kapazitive Einkopplung des Anregungssignals erfolgen. Zudem entscheiden die Auswahl der Einkoppelelektroden und das Sensordesign darüber, ob eine Detektion und somit auch Inspektion der Funktionseinheiten möglich wird. Da in frühen Fertigungszuständen oft keine direkte elektrische Verbindung (z.B. Leiterbahnen) zu den Funktionseinheiten existiert, werden im Folgenden die Problemstellungen bei der Inspektion elektrisch isolierter Funktionsbereiche erarbeitet, Lösungsvorschläge [119] vorgestellt und die Ergebnisse diskutiert.

Prinzipiell müssen bei der Verwendung des in Kapitel 3 vorgestellten Sensorkopfes zwei Fälle unterschieden werden. Unter dem ersten Fall können alle Inspektionsaufgaben subsumiert werden, bei denen die zu inspizierenden

- Funktionsbereiche deutlich größer als die aus Sensorchip und Luftlager gebildete Fläche (Gesamtsensorfläche) sind.

Den zweiten Fall bilden folglich

- Funktionsbereiche, die kleiner als die Fläche des Sensors sind oder im Bereich der

4.1. Flat Panel Displays und 2D-Bilddetektoren

Sensorgröße liegen.

In diesem Fall ergeben sich besondere Schwierigkeiten, da der Einfluss der Sensorform einen wesentlichen Einfluss auf die Detektion hat und die Einkopplungsmöglichkeiten deutlich eingeschränkt sind. In beiden Fällen wird die Inspektion nur durch den Einsatz von auf die Geometrie der Funktionsbereiche angepassten Einkoppelelektroden möglich.

Ausdehnung der Funktionsbreiche größer als Sensorfläche

An dieser Stelle wird zunächst die Inspektion von elektronischen Funktionsbereichen mit deutlich größeren lateralen Abmessungen als die Gesamtsensorfläche am Beispiel unvollständig prozessierter Flachdetektoren diskutiert. In Abb. 4.12a ist ein Mikroskopbild des Detektors zu sehen. In dieser Fertigungsstufe weist der Detektor bereits Gate-Lines, TFTs, Source-

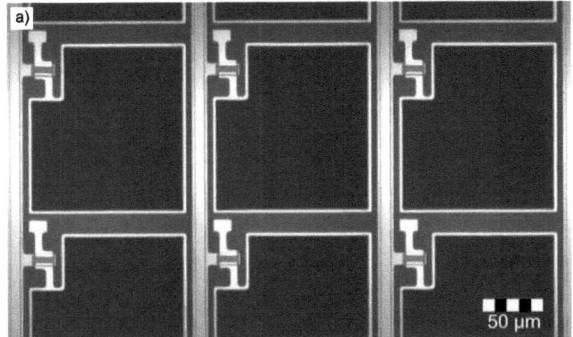 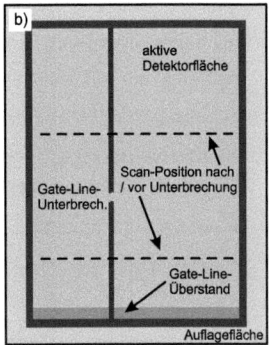

Abb. 4.12: a) Mikroskopbild des teilweise prozessierten Flachdetektors. b) Schematische Darstellung der Position der Koppelelektroden bei der Detektion von Gate-Line-Unterbrechungen. Nur eine Gate-Line dargestellt.

Elektroden, die aktiven (nip-) Schichten und die ITO-Elektroden auf. Es fehlen die Bias- und Data-Lines. Die möglichen Defekte beschränken sich somit auf Gate-Line-Unterbrechungen, fehlende Source- und ITO-Elektroden, Kurzschlüsse der Elektroden zu den Gate-Lines und fehlende nip-Schichten. Die Inspektion der TFT-Funktion (Abs. 4.1.3) wäre in diesem Fall nur sehr eingeschränkt möglich, da keine Data-Lines vorhanden und die Gate-Lines nicht direkt zugänglich sind. Typischerweise sind in diesem Fertigungszustand noch keine Kontaktierungsmöglichkeiten für die Gate-Lines vorgesehen. Für Referenzmessungen wurde hier jedoch die Möglichkeit zur Kontaktierung einzelner Gate-Lines mittels eines mechanischen

4. Defekt- (Struktur-) und Funktionsinspektion

Nadelprobers geschaffen. Wie Abb. 4.10c entnommen werden kann, wäre die Detektion von Gate-Line-Unterbrechungen bei einer flächigen Einkopplung des Anregungssignals über die Auflagefläche (Chuck) des Detektors nicht möglich [120]. Ebenso würden Kurzschlüsse zwischen den Lines nicht detektiert werden, da die Kapazität zur Auflagefläche deutlich größer als die Kapazität zur Sensorfläche ist. Lediglich Kurzschlüsse zwischen den Source- oder ITO-Elektroden und den Gate-Lines könnten auf diesem Wege detektiert werden. Um die Detektion der Gate-Line-Defekte zu ermöglichen, muss folglich eine Anordnung aus *mindestens zwei* Einkoppelelektroden verwendet werden, wobei nicht notwendigerweise alle Elektroden mit einem Anregungssignal beaufschlagt werden müssen.

Im Folgenden wird eine Kombination aus zwei Elektroden vorgestellt, mit der zunächst die Detektionsmöglichkeiten von Gate-Line-Unterbrechungen untersucht werden. Die Auflagefläche des Detektors wird hierbei als passive Koppelelektrode eingesetzt. Die berührungslose (selektive) kapazitive Einkopplung des Anregungssignals in die Gate-Lines erfolgt über eine zweite Elektrode, die den Überstand der Gate-Lines über die aktive Detektorfläche (ca. 2 cm) hinaus überdeckt (Abb. 4.12b). Da die Kapazität der Lines zur Auflagefläche bei dieser Anordnung um ein Vielfaches größer als die Kapazität zur Einkoppelelektrode ist, ist eine Spannung von 200 V (Spitze-Spitze) nötig, um ein für die Auswertung ausreichendes Signal-Rauschverhältnis zu erreichen. Abbildung 4.13 zeigt den Vergleich der Inspektionsergebnisse einer Gate-Line-Unterbrechung im Falle einer direkten Kontaktierung der Gate-Lines und rein kapazitiver Einkopplung des Anregungssignals. In beiden Fällen führt die Unterbrechung

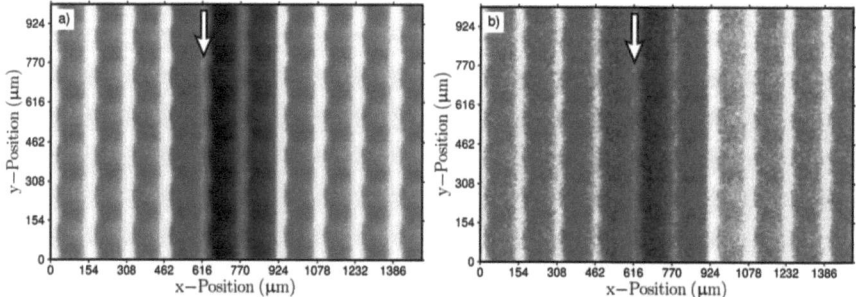

Abb. 4.13: Inspektionsergebnisse für eine Gate-Line-Unterbrechung des teilweise prozessierten Flachdetektors. Der Pfeil markiert die durchtrennte Gate-Line. Scan-Position nach Unterbrechung (Abb. 4.12). a) Direkte Kontaktierung der Gate-Lines. b) Berührungslose kapazitive Einkopplung in die Gate-Lines, Auflagefläche auf Massepotential.

der Gate-Line zu einer deutlichen Abweichung der Signalstärke vom regelmäßigen Muster der vertikal verlaufenden Gate-Lines. Obwohl nur die markierte (Pfeil) Gate-Line durchtrennt ist, führt die Durchtrennung auch zur Reduktion der Signalstärke im Bereich der benachbarten Gate-Line (rechts der Markierung). Die Zuordnung des Ergebnisses zur defekten Gate-Line wird durch die Analyse des Inspektionsergebnisses für eine kontaktierte, intakte Line möglich (Abb. 4.14a). Die kapazitive Kopplung der kontaktierten Line zu den Nachbar-Lines und den

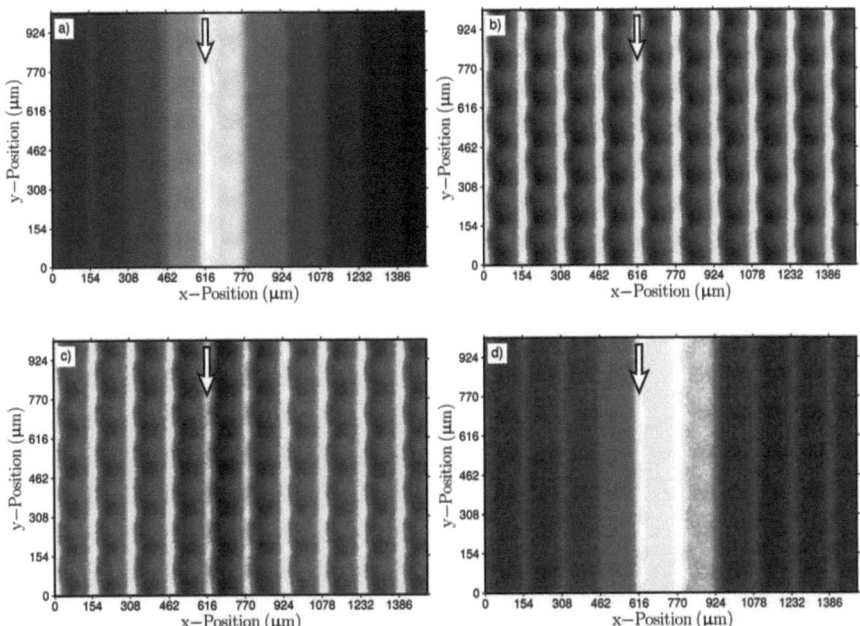

Abb. 4.14: a) Inspektionsergebnis für eine Gate-Line (ohne Unterbrechung) des teilweise prozessierten Flachdetektors. Direkte Kontaktierung, alle anderen Lines floatend. b) Inspektionsergebnis für eine Gate-Line-Unterbrechung (Scan-Position nach Unterbrechung) des teilweise prozessierten Flachdetektors bei Anregung der Auflagefläche. c) Inspektionsergebnis für die Gate-Line-Unterbrechung (Scan-Position nach Unterbrechung) aus b) bei kapazitiver Einkopplung in die Gate-Lines und floatender Auflagefläche. d) Inspektionsergebnis für die Gate-Line-Unterbrechung aus b) für eine Scan-Position vor der Unterbrechung (Abb. 4.12). Der Pfeil markiert jeweils die kontaktierte oder durchtrennte Gate-Line.

Source-Elektroden der TFTs führt zu einer nahezu konstanten Signalstärke im Bereich der kontaktierten und benachbarten Gate-Lines. Entsprechend zeigt sich bei der Durchtrennung einer Gate-Line auch eine drastische Reduzierung der Signalstärke im Bereich der benachbarten Line, was die Ergebnisse in Abb. 4.13 erklärt. Abbildung 4.14b verdeutlicht noch einmal, dass die Anregung der Auflagefläche die Detektion der Unterbrechung nicht zulässt. Ähnliches gilt, wenn die Auflagefläche während der kapazitiven Anregung der Gate-Lines nicht auf Massepotential gehalten wird (Abb. 4.14c). Wie das Inspektionsergebnis zeigt, wird die Unterbrechung in diesem Fall nur noch äußerst schwach sichtbar.

Bislang wurde das Inspektionsergebnis für Scan-Positionen oberhalb (y-Richtung) der Gate-Line-Unterbrechung betrachtet. Abbildung 4.14d illustriert das Ergebnis für Scan-Positionen unterhalb der Unterbrechung (Abb. 4.12). In diesem Fall ist die Unterbrechung an der Erhöhung der Signalstärke im Bereich der unterbrochenen Line und ihrer Nachbar-Line zu erkennen. Dies ist darauf zurückzuführen, dass die kapazitive Kopplung des Gate-Line-Teils aufgrund der durch die Durchtrennung reduzierten Länge deutlich kleiner als für die intakten Gate-Lines und folglich der eingekoppelte Signalanteil größer ist. Somit kann mit Hilfe der kapazitiven Einkopplung nicht nur die unterbrochene Gate-Line selbst, sondern auch die Position der Unterbrechung exakt bestimmt werden (Lokalisierung).

Bisher wurden die Ergebnisse bei gleichzeitiger Einkopplung in alle Gate-Lines betrachtet. Insofern eine separate bzw. selektive berührungslose Signaleinkopplung in die einzelnen Gate-Lines möglich ist, z.B. durch Anfertigung von Fingerelektroden, deren Abstand auf den Gate-Line-Pitch abgestimmt wird, lässt sich der Kontrast für eine Durchtrennung leicht durch die Anpassung der Phasenlage der Anregungssignale erhöhen. Im einfachsten Fall können zwei Anregungssignale verwendet und durch zwei Fingerelektroden alternierend in die Gate-Lines einkoppelt werden. Wie in Abb. 4.13a und Abb. 4.15a zu sehen ist, führt die kapazitive Kopplung der Nachbar-Lines der durchtrennten Gate-Line zu einer Erhöhung der Signalstärke und so zu einer Reduzierung des Kontrastes. Dieses kapazitive Übersprechen lässt sich jedoch auch zur Steigerung des Kontrastes nutzen, wenn die Phase der Gate-Line-Signale paarweise alternierend um ca. 180° verschoben wird. In diesem Fall kommt es im Bereich der durchtrennten Gate-Line zu einer fast vollständigen Auslöschung der gleichzeitig einkoppelnden Signale und einer deutlichen Steigerung des Kontrastes (Abb. 4.15b). Wie Abb. 4.13a verdeutlicht, sind die Ergebnisse direkt auf den Fall einer rein kapazitiven Einkopplung zu übertragen. Grundlage dieser Kontraststeigerung ist hierbei die Unempfindlichkeit des Inspektionssystems (Elektronik) gegenüber der Phase der Anregungssignale. Die Umgestaltung der Signalverarbeitung hinsichtlich einer phasen- oder frequenzsensitiven Detektion kann hierbei ähnliche Vorteile bringen, wurde jedoch im Rahmen dieser Arbeit nicht weiter verfolgt.

Neben der Detektion der Gate-Line-Defekte können auch Kurzschlüsse zwischen den Lines und den Source- oder ITO-Elektroden sowie fehlende ITO-Elektroden und nip-Schichten

4.1. Flat Panel Displays und 2D-Bilddetektoren

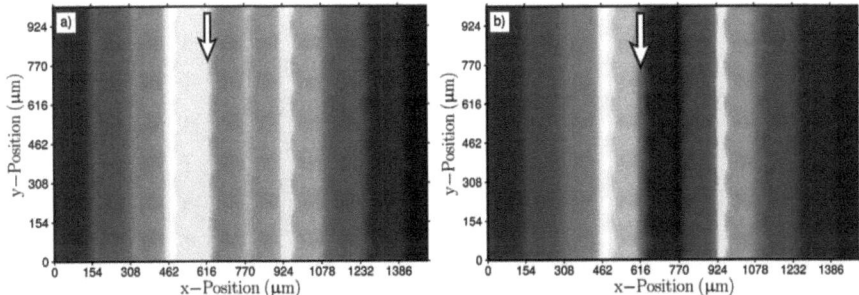

Abb. 4.15: Inspektionsergebnisse für eine Gate-Line-Unterbrechung des teilweise prozessierten Flachdetektors. Nur die linken und rechten Nachbar-Lines der durchtrennten Line wurden direkt kontaktiert. a) Gleichphasige Signale, b) Phasenlage um 180° verschoben. Der Pfeil markiert die durchtrennte Line. Scanposition nach der Unterbrechung (Abb. 4.12).

gleichzeitig, unter rein kapazitiver Einkopplung des Anregungssignals in die Gate-Lines, detektiert werden. Abbildung 4.16 zeigt das Mikroskopbild eines entsprechenden Defekts zusammen mit dem Inspektionsergebnis. Die Beschädigung der Detektorfläche führt in diesem

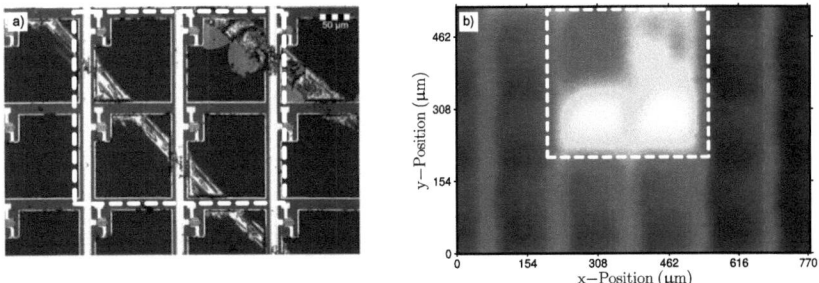

Abb. 4.16: a) Mikroskopbild eines Bereichs mehrerer Kurschlüsse und Schichtfehler. b) Inspektionsergebnisse für den in a) dargestellten Bereich bei rein kapazitiver Einkopplung in die Gate-Lines.

Fall zu einer Art Verschmieren der ITO-Elektroden, wodurch sich Kurzschlüsse zwischen den Gate-Lines und den ansonsten isolierten Detektorpixeln (Source-/ITO-Elektroden) ausbilden, welche die Signalstärke im Bereich der Pixel deutlich steigern. Ist die ITO-Schicht nur oberflächlich beschädigt, so zeigt sich im Bereich der Gate-Line und der ITO-Elektrode eine identische Signalstärke (unten im markierten Bildausschnitt). Sind jedoch Schichtablösungen vorhanden, spiegeln sich diese in einer Verringerung der Signalstärke wider (oben rechts im markierten Bildausschnitt).

Ausdehnung der Funktionsbreiche kleiner als Sensorfläche

Die Inspektion von Funktionsbereichen mit deutlich kleineren lateralen Abmessungen als die Sensorfläche wird im Folgenden am Beispiel unvollständig prozessierter, auf Polymerfolie gedruckter TFTs diskutiert. Abbildung 4.17 zeigt ein Mikroskopbild der gedruckten Drain- und Source-Elektroden sowie der Gate-Anschlüsse der teilprozessierten TFTs. Im Gegen-

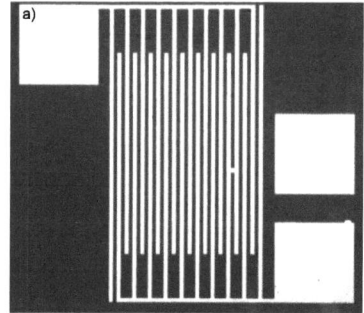 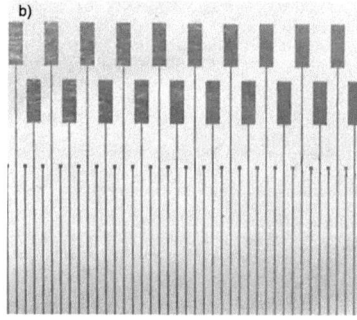

Abb. 4.17: a) Mikroskopbild eines der auf Polymerfolie gedruckten (Matrixanordnung), teilprozessierten TFT's. b) Kamerabild der zur Detektion eingesetzten strukturierten Einkoppelelektrode (Ausschnitt).

satz zum Fall der Gate-Lines der Flachdetektoren (s.o.) können die TFTs nicht vom Rand des Trägermaterials mit einem Anregungssignal beaufschlagt werden. In Anbetracht der messtechnischen Gegebenheiten ist somit nur die Anregung über die Auflagefläche möglich. Unter Verwendung einer unstrukturierten Auflagefläche ist die Detektion der TFTs jedoch nicht möglich (Abb. 4.18a). Dies kann darauf zurückgeführt werden, dass die Anordnung aus Sensorchipfläche (Abs. 3.2) und Auflagefläche (Einkoppelelektrode) der eines Plattenkondensators entspricht. Entsprechend herrscht im Bereich der Strukturen eine nahezu homogene Feldstärke (Äquipotentialfläche). Analog zu einem idealen Plattenkondensator wirkt sich somit nur die Dicke der TFTs auf die kapazitive Kopplung zwischen den Sensorelektroden und den TFTs aus. Da die Schichtdicke im Bereich weniger 100 nm liegt, ist die Variation der Kapazität äußerst gering und die Signaturen der TFTs verschwinden fast vollständig im Rauschen. Die in Abb. 4.18a sichtbaren Teile der TFTs resultieren aus einer Verkippung der

4.1. Flat Panel Displays und 2D-Bilddetektoren

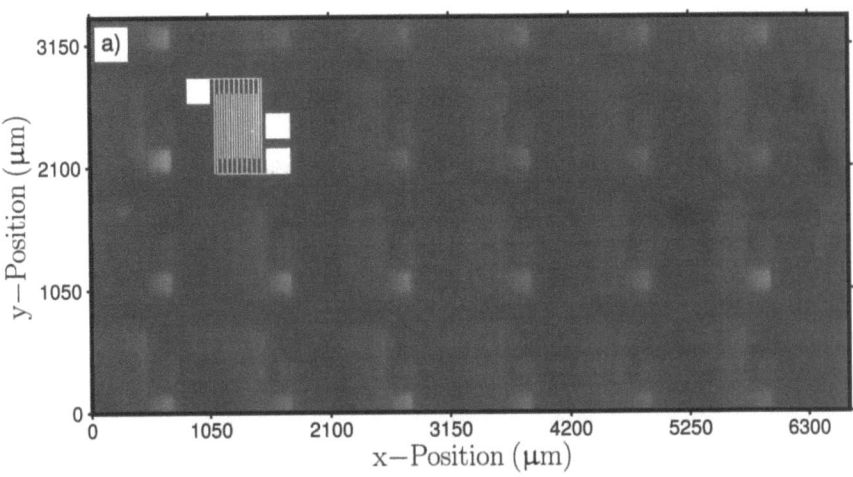

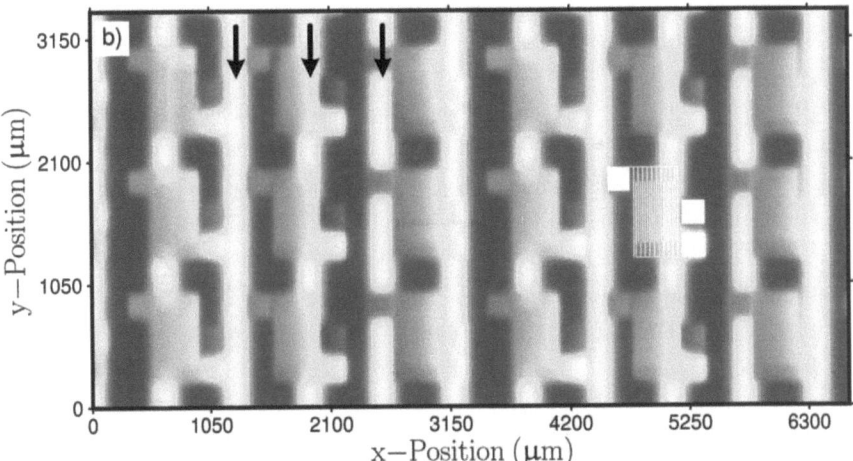

Abb. 4.18: Inspektionsergebnisse für die teilprozessierten TFTs. a) Anregung der Auflagefläche. TFTs verschwinden nahe vollständig im Rauschen b) Anregung mit strukturierter Einkoppelelektrode. Die schwarzen Pfeile markieren drei der Leiterbahnen der Einkoppelelektrode. In beiden Bildern wurde jeweils ein TFT mit einer schematischen Darstellung der TFT-Geometrie überlagert.

Sensorchipfläche relativ zur Auflagefläche. Eine detaillierte Analyse der Kopplungseffekte findet sich in Abschnitt 5.3.

4. Defekt- (Struktur-) und Funktionsinspektion

Der im Folgenden diskutierte Lösungsansatz beruht auf der Verwendung einer strukturierten Einkoppelelektrode. In Abb. 4.17b ist ein Bild (Ausschnitt) der verwendeten Einkoppelelektrode zu sehen. Es handelt sich um eine Anordnung von Leiterbahnen mit einem Abstand von 500 µm und einer Breite von ca. 50 µm, welche auf einem Trägerglas aufgebracht wurden. Das Inspektionsergebnis unter Verwendung dieser Einkoppelelektrode als Auflagefläche zeigt Abb. 4.18b. Die Struktur der Einkoppelelektrode ist anhand der regelmäßigen Signalvariation („Hintergrund") deutlich zu erkennen. Zusätzlich zeichnen sich die Umrisse der TFT-Elektroden einschließlich der Gate-Anschlüsse vor diesem Hintergrundsignal ab. Dies ist darauf zurückzuführen, dass die Elektroden entsprechend ihrer lateralen Ausdehnung eine Äquipotentialfläche schaffen, die gleichzeitig zur Sensorchipfläche und den Leiterbahnen der Einkoppelelektrode koppelt. Demnach ist die Amplitude des eingekoppelten Signals über das Verhältnis der Abstände zur Sensorchipfläche und der Oberfläche bestimmt. Je näher (relativ) sich die TFTs an der Sensorchipfläche befinden, umso schwächer ist auch die Amplitude des eingekoppelten Signals und folglich das detektierte Signal. Da die Sensorchipfläche bzw. ihre unmittelbare Umgebung (wenige Mikrometer) bereits eine zu den TFT-Elektroden parallele Äquipotentialfläche darstellt, ist die Detektion nicht auf eine Störung des Feldverlaufs durch die TFT-Elektroden selbst zurückzuführen. Die kapazitive Kopplung zwischen dem Sensorchip und den TFT-Elektroden ändert sich während des Scans eines TFT nicht. Jedoch koppelt die Sensorelektrode für Positionen im Bereich der TFTs maßgeblich zu diesen. Somit führt der Unterschied der Signalamplituden zwischen den Bereichen der TFTs und der Einkoppelelektrode zur Detektion der TFT-Elektroden. In diesem Zusammenhang wäre die Anfertigung und Verwendung einer Art nadelkissenförmigen Einkoppelelektrode interessant, da durch ein entsprechendes Design die Detektion des Signals der Einkoppelelektrode nahezu vollständig vermieden werden könnte. Tabelle 4.2 fasst noch einmal die bei der Inspektion elektrisch isolierter Funktionsbereiche auftretenden Anforderungen und die zugrundeliegenden Prinzipien zusammen. Unter Beibehaltung des derzeitigen Sensordesigns (Abs. 3.2) ist es also möglich, eine lückenlose Inspektion während des gesamten Produktionsprozesses zu gewährleisten. Im Gegensatz dazu kann auch die Anpassung des Sensordesigns die Inspektion elektrisch isolierter Funktionsbereiche ermöglichen. Entsprechende Sensordesigns werden in Abschnitt 5.3 diskutiert

4.1.3 Funktionsinspektion

Während in den vorangegangenen Abschnitten die Defektinspektion (Strukturinspektion) von kontaktierbaren und isolierten elektronischen Funktionsbereichen planarer Elektronik

4.1. Flat Panel Displays und 2D-Bilddetektoren

Tabelle 4.2: Anforderungen und Prinzipien bei der Inspektion elektrisch isolierter Funktionsbereiche

	Funktionsbereiche größer als Sensorfläche	Funktionsbereiche kleiner als Sensorfläche
Inspektionsobjekt	teilprozessierter Flachdetektor	teilprozessierte TFTs
Problemstellung (rein kapazitive Einkopplung)	Detektion von Unterbrechungen nicht möglich Detektion von Kurzschlüssen stark eingeschränkt	Detektion der Funktionsbereiche nicht möglich
Ursache (flächige Einkopplung)	Defekte bewirken keine Potentialveränderung	Funktionsbereiche fallen in Äquipotentialfläche
Detektionsmöglichkeit	selektive Einkopplung (mind. 2 Elektroden)	gezielte Anpassung der Elektrode(n) an Funktionsbereichsgeometrie (mind. 1 Elektrode)
Kontraststeigerung	Addition phasenverschobener Anregungssignale (kapazitive Kopplung der Funktionsbereiche)	
Einbußen	hohe Anregungsspannungen	Signal der Einkoppelelektrode überlagert mit Ergebnis

im Vordergrund stand, beschäftigt sich dieser Abschnitt mit der Verifizierung und Charakterisierung der kapazitiven Inspektionsmethode hinsichtlich der Inspektion ihrer Funktion. Gleichzeitig werden Methoden zur Extraktion der elektrischen Parameter der Funktionseinheiten erarbeitet. Hierbei wird die zeitliche Variation der Spannung an den Funktionseinheiten für unterschiedliche Anregungssignale gemessen. Die Auswertung stützt sich maßgeblich auf Ergebnisse für AMLCD- und EPD-Backplanes. Aufgrund der Güte der gewonnenen Ergebnisse wird darüber hinaus deutlich, dass sich die Methode hervorragend zur berührungslosen Analyse (gedruckter) elektronischer Schaltungen, wie Sensoren, RFIDs oder Speicherbausteine [3,121] sowie ihrer Funktionseinheiten eignet. Im Gegensatz zur Defektinspektion, bei der die Variation der Kapazität zwischen dem Sensor und den Funktionsbereichen maßgeblich zur Detektion von Defekten beiträgt, steht diese bei der Funktionsinspektion im Hintergrund. Kapazitätsvariationen würden in diesem Zusammenhang zu einer Verfälschung der Spannungsmessung und damit des Inspektionsergebnisses führen.

Referenzmessungen

Um die eindeutige Interpretation der Inspektionsergebnisse zu ermöglichen und gleichzeitig eine Einschätzung der Eigenschaften der kapazitiven Inspektionsmethode hinsichtlich der Funktionsinspektion zu erhalten, wurden Referenzmessungen mit einem aktiven Spannungstastkopf durchgeführt. Hierbei wird die Spitze des Tastkopfs auf die zu untersuchenden elektronischen Funktionseinheiten aufgesetzt und so ein elektrischer Kontakt hergestellt. Der Tastkopf (Picoprobe 19C, GGB Industries) basiert auf einem speziell entwickelten Feldeffekt-Transistor, dessen Gate über die Prüfspitze mit den spannungsführenden elektronischen Funktionsbereichen verbunden wird. Die Spannung am Gate steuert den Stromfluss zwischen den Drain- und Source-Anschlüssen des Transistors. Aus der Variation des Stroms kann dann auf die herrschende Spannung zurückgeschlossen werden. Der Tastkopf weist einen äußerst geringen Leckstrom von 10 fA, eine Bandbreite von 350 MHz und eine sehr geringe Eingangskapazität von lediglich 20 fF auf. Damit ist die Eingangskapazität ca. fünf mal größer als die Kapazität der Sensorelektrode samt Schirmung, wenn ein Sensorabstand von 20 µm und eine Pixelfläche von 100 µm × 100 µm zugrunde gelegt wird. Unter der Verwendung der High-Voltage-Prüfspitze beträgt der Messbereich -8 V bis 8 V.

Rahmenbedingungen

Für die im Folgenden präsentierten Messungen wurden nur die Data- und Gate-Line des jeweils untersuchten Pixels angesteuert. Alle nicht beteiligten Lines der Backplanes sowie die Com-Lines wurden auf Massepotential gehalten. Dies dient zum einen der Vermeidung großer kapazitiver Lasten, welche zu einer starken Verzerrung der Anregungssignale und damit zu Fehlinterpretationen der Inspektionsergebnisse führen können. Zum anderen müssen vor allem die Lines und Pixel in direkter Nachbarschaft zu den jeweils untersuchten Pixeln auf einem festen Potential gehalten werden, um eine Anregung über kapazitive Kopplungen und somit einen möglichen Einfluss auf die untersuchten Pixel zu unterbinden. Nur so erlauben die gemessenen Signalverläufe den direkten Rückschluss auf die Funktion der untersuchten Pixel und TFTs. Wie im vorigen Abschnitt werden auch hier die Pixelelektrode mit dem Source-Anschluss des TFT und die Data-Line mit dem Drain-Anschluss assoziiert.

Methodik

Die zur Bewertung der Pixel-und TFT-Funktion entwickelte Methodik zur Extraktion der elektrischen Parameter aus dem Sensorsignal ist in Abb. 4.19 dargestellt.

Pixelkapazität und Voltage-Kickback

Die kapazitive Kopplung der Pixelelektrode zu den umliegenden Lines (Abb. 4.3) sowie dem Sensorchip steht im Zentrum der folgenden Untersuchungen. Die Extraktion der Pixelkapazität aus dem gemessenen Spannungsverlauf bildet den Startpunkt für

4.1. Flat Panel Displays und 2D-Bilddetektoren

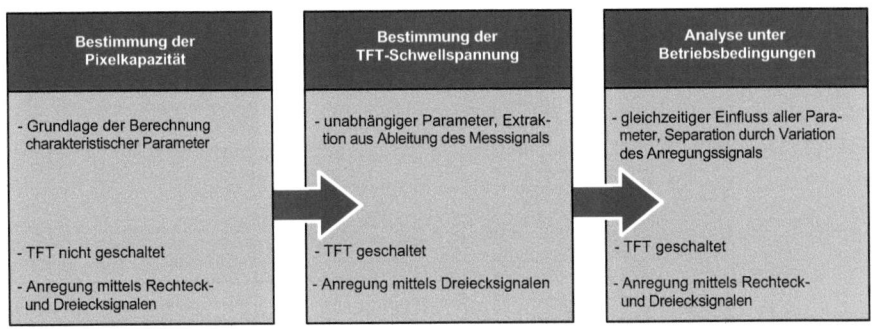

Abb. 4.19: Illustration der Methodik zur Bewertung der Pixel-und TFT-Funktion mittels Parameterextraktion.

- die Bestimmung der Größe des (geometrischen) Voltage-Kickbacks und
- die Berechnung des Stroms zwischen Data-Line und Pixelelektrode (z.B. TFT-Leckstrom).

Der Voltage-Kickback (s.a. Abs.2.2.4) lässt sich auf die kapazitive Kopplung zwischen der Pixelelektrode und der Gate-Line bzw. dem Gate-Kontakt des TFT sowie auf die intrinsische Kanalkapazität des TFT zurückführen [99–102]. Wird der TFT in den nichtleitenden Zustand geschaltet, kommt es aufgrund der kapazitiven Kopplung und der Verschiebung der Ladung im TFT-Kanal zu einem Spannungsstoß an der Pixelelektrode, welcher zu Abweichungen von der Pixel-Sollspannung führt. Werden die TFTs im nichtleitenden Zustand gehalten, so wirkt sich allein die kapazitive Kopplung, welche ausschließlich durch die Anordnung der Lines und Pixelelektroden bestimmt wird [67], auf die Pixelelektrodenspannung aus. Die Anordnung aus Pixelelektrode, Lines und Sensorchip kann folglich als kapazitiver Spannungsteiler aufgefasst werden [52]. Bei einer Variation der Gate-Line-Spannung V_g, die keinen Schaltvorgang auslöst, ergibt sich somit die Änderung der Pixelelektrodenspannung $dU_{pix_{fl}}$ zu

$$dU_{pix_{fl}} = dV_g \frac{C_{pix,\,g}}{C_{pix_{tot}}}. \tag{4.3}$$

$C_{pix,\,g}$ beschreibt die Kapazität zwischen der Gate-Line und der Pixelelektrode, $C_{pix_{tot}}$ die Kapazität der Pixelelektrode zu allen drei Lines und dem Sensorchip. Im Weiteren werden auf diesem Weg hervorgerufene Spannungsänderungen der Pixelelektrode als geometrischer Voltage-Kickback bezeichnet. Für Spannungsänderungen der Com- oder Data-Line ergeben

4. Defekt- (Struktur-) und Funktionsinspektion

sich die Spannungsänderungen analog zu Gl. 4.3 durch Ersetzen der entsprechenden Spannung dV_i sowie Koppelkapazitäten $C_{pix,i}$ (i = g, d, com). Abbildung 4.20 zeigt den Verlauf der Pixelspannung, wenn ein Rechtecksignal zwischen -10 V und -5 V (Peak-Peak) zur Anregung der Lines benutzt wird, während alle anderen Lines auf Massepotential gehalten werden. Um sicherzustellen, dass die TFTs während der Messung dauerhaft im nichtleitenden Zustand

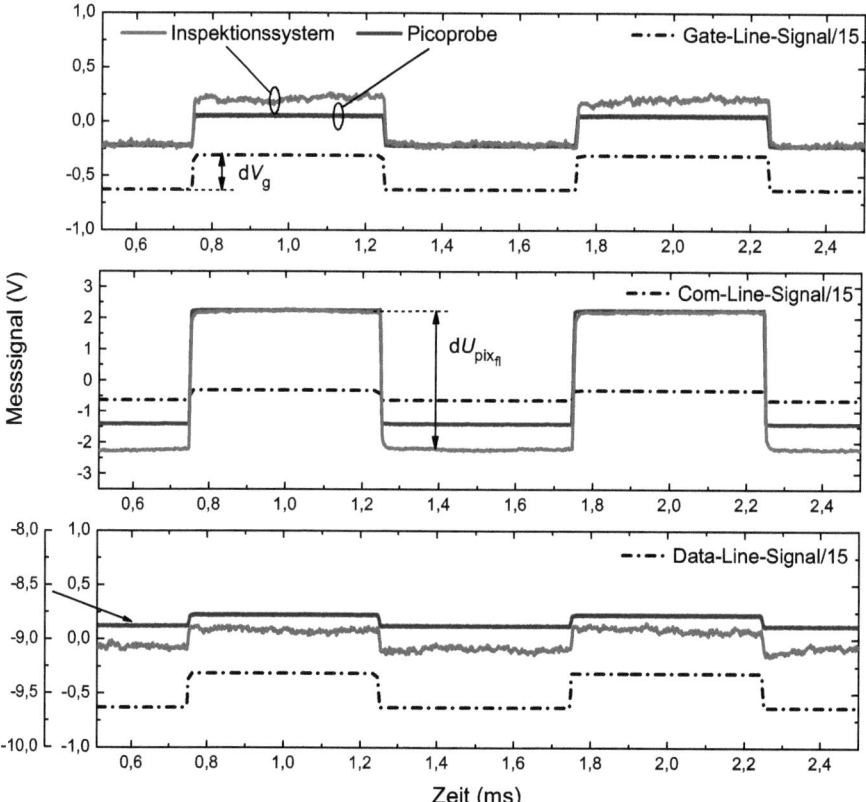

Abb. 4.20: Geometrischer Kickback für ein Pixel der AMLCD-Backplane, gemessen mit Inspektionssystem und Tastkopf (Picoprobe). Rechtecksignale zwischen -10 V und -5 V dienen zur Anregung der Gate-Line (oben), der Com-Line (Mitte) und der Data-Line (unten). Die Gate-Line-Spannung wird auf -10 V gehalten, wenn die Com- und Data-Lines angeregt werden.

bleiben, wird die Gate-Line-Spannung auf -10 V gehalten, wenn die Com- und Data-Lines

4.1. Flat Panel Displays und 2D-Bilddetektoren

angeregt werden. Der Vergleich der mit Inspektionssystem und Tastkopf erzielten Messergebnisse zeigt, dass die Eingangskapazität des Tastkopfes, welche ca. fünf mal größer als die Sensorkapazität ist, zu einer deutlichen Verringerung der gemessenen Amplituden führt. Eine entsprechende Verringerung zeigt sich auch bei Messungen an den EPD-Backplanes. Zudem führt die Steigerung der Kapazität zur Erhöhung der Ladezeit der Pixelelektrode (s.u.). Ein großer Vorteil des Tastkopfes ist die Messung der absoluten Pixelspannung. Da die Inspektionsmethode die Messung konstanter Spannung nur unter der Verwendung des in Abschnitt 3.3 vorgestellten, neu entwickelten Sensors erlaubt (Abs. 4.2), kann die absolute Pixelelektrodenspannung hier nur mit Hilfe des Tastkopfes bestimmt werden. So zeigt sich beispielsweise, dass sich die Pixelelektrode aufgrund des TFT-Leckstroms auf eine negative Spannung auflädt, wenn die Data-Line angeregt wird (Abb. 4.20 unten). Entsprechend Gl. 4.3 folgt der zeitliche Verlauf der Pixelelektrodenspannung (Abb. 4.20) direkt dem Verlauf des Anregungssignals. Aufgrund des Aufbaus der Backplane bildet die Kapazität zwischen der Com-Line und der Pixelelektrode den größten Beitrag zur Pixelkapazität. Wie Abb. 4.20 entnommen werden kann, wird dies durch die Messergebnisse klar bestätigt. Darüber hinaus zeigt sich, dass die Kapazität zwischen Gate-Line und Pixelelektrode größer als die Kapazität zwischen Data-Line und Pixelelektrode ist. Auch dieses Ergebnis spiegelt den Aufbau der Backplane wider, da die Gate-Line im Gegensatz zur Data-Line einen Überlapp mit der Pixelelektrode im Bereich des Gates des TFT aufweist. Weiterhin addieren sich die Amplituden der einzelnen Messsignale zu ca. 4,9 V, was in sehr guter Übereinstimmung mit der tatsächlichen (Messung mit Oszilloskop) Amplitude des Anregungssignals von -4.87 V ist. Wie auch die Ergebnisse in [55, 56] zeigen, verdeutlicht dies, dass die kapazitive Kopplung der Sensorelektrode für Positionen im Bereich des Zentrums der Pixelelektrode auf die Pixelelektrode selbst beschränkt ist (Abs. 5.2).

Abbildung 4.21 illustriert die Messungen des geometrischen Kickbacks für die Pixel der EPD-Backplane. Da die Pixelelektroden und die sie schaltenden TFTs in aufeinanderfolgenden Zeilen der Backplane liegen (Abb. 4.2), lassen sich an zwei Pixelelektroden Voltage-Kickbacks messen. Dies ist zum einen das geschaltete Pixel (ii), bei dem der Kickback durch den Überlapp der Gate-Line und der mit der Pixelelektrode verbundenen Source-Elektrode verursacht wird. Zum anderen ist dies das nichtgeschaltete Pixel (i), bei dem der Kickback durch den Überlapp der Gate-Line mit der Pixelelektrode selbst hervorgerufen wird. Aufgrund des größeren Überlapps zwischen der Gate-Line und der Source-Elektrode fällt der Voltage-Kickback, unter Berücksichtigung der unterschiedlichen Amplituden der Anregungssignale, deutlich größer als bei der AMLCD-Backplane aus. Obwohl die Schwellspannung der TFTs ($V_{th} \approx$ -7 V bis -8 V) nicht überschritten wird, zeigen die Messungen einen Leckstrom

4. Defekt- (Struktur-) und Funktionsinspektion

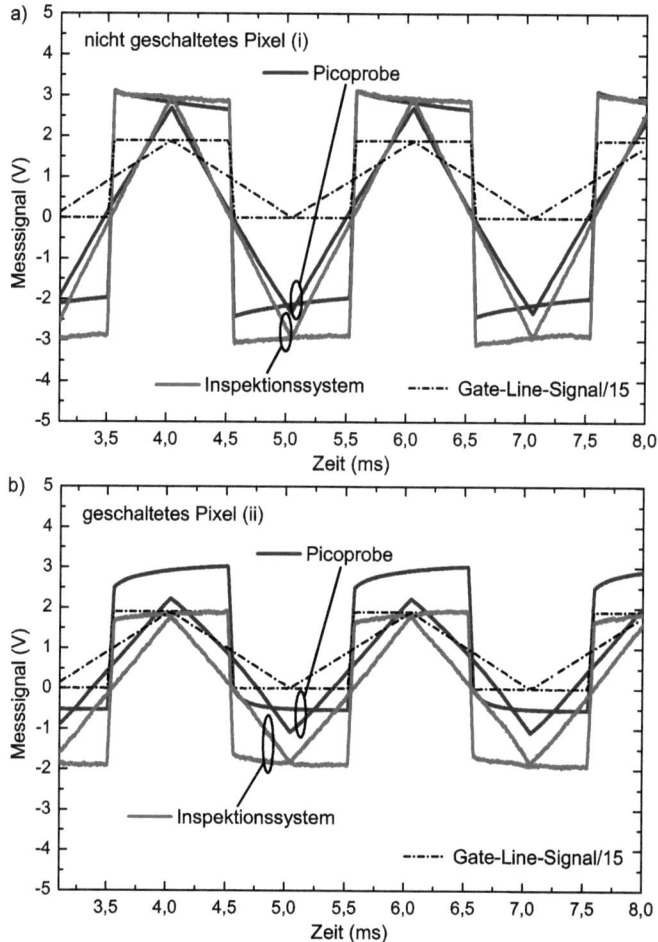

Abb. 4.21: Geometrischer Kickback für die Pixel der EPD-Backplane, gemessen mit Inspektionssystem und Tastkopf (Picoprobe). Recht- und Dreiecksignale zwischen 0 V und 30 V dienen zur Anregung der Gate-Line. Alle anderen Lines werden auf Massepotential gehalten. a) Pixel nicht geschaltet (i). b) Pixel geschaltet (ii).

(i und ii), der zu einer Veränderung der Pixelspannung in den Zeiten konstanter Anregungsspannung führt. Die Stromstärke des Leckstroms $I_{\text{pix}_{\text{leck}}}$ kann auf einfache Weise mit Hilfe der ersten Ableitung der Pixelelektrodenspannung im entsprechenden Zeitbereich $dU_{\text{pix}_{\text{leck}}}$ berechnet werden, wenn die Pixelkapazität $C_{\text{pix}_{\text{tot}}}$ bekannt ist:

$$I_{\text{pix}_{\text{leck}}} = \frac{dU_{\text{pix}_{\text{leck}}}}{dt} C_{\text{pix}_{\text{tot}}}. \tag{4.4}$$

4.1. Flat Panel Displays und 2D-Bilddetektoren

Die Pixelkapazität selbst lässt sich aus der Messung der geometrischen Kickbacks der einzelnen Lines über Gl. 4.3 berechnen (Abb. 4.20). Außer Rechtecksignalen können auch Dreiecksignale zur Anregung benutzt werden. In diesem Fall entspricht das Kapazitätsverhältnis (Gl. 4.3) der Steigung (linearer Teil) der gemessen Pixelelektrodenspannung (Abb.4.21).

Grundsätzlich muss auch der Einfluss der Sensorkapazität berücksichtigt werden, vor allem dann, wenn die Koppelkapazitäten in der Größenordnung der Sensorkapazität liegen. Der Einfluss der Sensorkapazität zeigt sich unter der Anregung aller Lines mit dem selben Anregungssignal. In diesem Fall sollte die Amplitude der gemessenen Pixelspannung der Amplitude des Anregungssignals entsprechen. Ist eine Abweichung vorhanden, muss die Sensorkapazität in die Bestimmungsgleichungen (Gl. 4.3, Nenner) der Line-Kapazitäten aufgenommen und mit Hilfe des Messergebnisses berechnet werden.

Abschließend lässt sich somit festhalten, dass für die Extraktion der Pixelkapazität $C_{\text{pix}_{\text{tot}}}$ aus der Amplitude oder Steigung der gemessenen Pixelspannung $U_{\text{pix}_{\text{fl}}}$ die

- TFTs im nichtleitenden Zustand gehalten werden müssen und
- die Bestimmung der Pixelkapazität eine unabhängige Messung für jede Einzelkapazität erfordert.

TFT-Schwellspannung

Neben dem TFT-Leckstrom und dem geometrischen Voltage-Kickback lässt sich auch die TFT-Schwellspannung aus der Messung der Pixelelektrodenspannung gewinnen. Die Schwellspannung besitzt hierbei einen besonderen Stellenwert, da sie sich bereits ohne die Kenntnis der Pixelkapazität $C_{\text{pix}_{\text{tot}}}$ oder eines bestimmten TFT-Modells bestimmen lässt. Die hier vorgestellte Bestimmungsmethode liefert daher

- einen von der Kenntnis der Pixelkapazität unabhängigen Parameter
- und reduziert die Zahl indirekt bestimmter Parameter in TFT-Modellen,

die z.B. bei der Berechnung von weiteren Größen, wie der Ladungsträgerbeweglichkeit herangezogen werden können. Im Gegensatz zu TFTs, die nicht bereits in eine Backplane integriert wurden [5,19], sind hierbei jedoch die Gate-Source- und die Drain-Source-Spannungen V_{gs} und V_{ds} grundsätzlich zeitabhängige Größen, selbst dann wenn die Spannungen an den Gate- und Data-Lines V_{g} und V_{d} konstant sind (Abs. 5.4).

Den zeitlichen Verlauf der Pixelspannung für sich wiederholende TFT-Schaltzyklen zeigt Abb. 4.22. Bei den Messungen an der EPD-Backplane ruft die Variation der Gate-Line-

4. Defekt- (Struktur-) und Funktionsinspektion

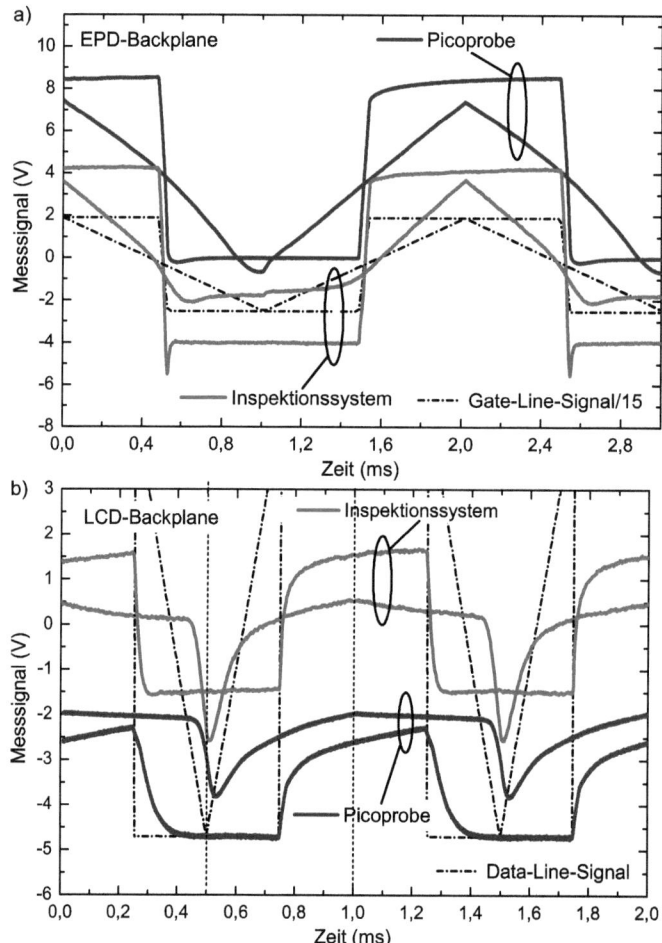

Abb. 4.22: a) Pixelelektrodenspannung (geschaltetes Pixel) während sich wiederholenden TFT-Schaltzyklen (EPD-Backplane). Recht- und Dreiecksignale zwischen -40 V und 30 V dienen zur Anregung der Gate-Line. Alle anderen Lines werden auf Massepotential gehalten. b) Pixelelektrodenspannung während sich wiederholenden TFT-Schaltzyklen (AMLCD-Backplane). Rechtecksignale zwischen -5 V und 15 V dienen zur Anregung der Data-Line. Alle anderen Lines werden auf Massepotential gehalten.

Spannung den Schaltvorgang hervor, während im Falle der AMLCD-Backplane die Variation der Data-Line-Spannung den Schaltvorgang der TFTs auslöst. Bezüglich der EPD-Backplane (Abb. 4.22a) wird anhand der mit Hilfe des Tastkopfs gewonnenen Messung (Rechtecksignal) klar, dass sich die Pixelelektrode auf die Spannung der Data-Line auflädt, sobald die Schwellspannung V_{th} überschritten wird. Wie bereits erwähnt wurde, zeigt sich hier deutlich, dass sich die Aufladezeit aufgrund der durch den Tastkopf vergrößerten Pixelkapazität im Vergleich zu den mit Hilfe des Inspektionssystems erlangten Messungen verlängert. Solange sich der TFT im nichtleitenden Zustand befindet, wird die Pixelspannung analog zu Abb. 4.21b allein durch die kapazitive Kopplung zur Gate-Line bestimmt. Nach der Aufladung der Pixelelektrode auf die Data-Line-Spannung bleibt die Pixelspannung nahezu unverändert, solange die Schwellspannung nicht erreicht wird. Dies zeigt sich besonders deutlich bei Anregung der Gate-Lines mit einem Dreiecksignal (Abb. 4.22a). Die Abweichungen von der konstanten Pixelspannung werden im nächsten Teilabschnitt thematisiert. Im Vergleich zu Abb. 4.21b führt die Entladung während des Schaltvorgangs zu einer Reduktion des Voltage-Kickbacks von ca. 12% (Rechtecksignal).

Wird zur Anregung der Gate-Line ein Dreiecksignal verwendet, kann die TFT-Schwellspannung aus der Messung der Pixelelektrodenspannung gewonnen werden. Zusätzlich lässt sich der maximal zu erwartende Voltage-Kickback aus einer entsprechenden Messung extrahieren, da die Steigung der Pixelspannung dem Kapazitätsverhältnis entspricht (Gl. 4.3), solange sich der TFT im nichtleitenden Zustand befindet. Da die Pixelelektrodenspannung in diesem Fall höher als die Data-Line-Spannung ist (Abb. 4.22a), ergibt sich ein Stromfluss von der Pixelelektrode zur Data-Line. Somit bestimmt sich die Schwellspannung über die Gate-Drain-Spannung $V_{th_{EPD}} = V_g - V_d$. Abbildung 4.23a zeigt die gemessene Pixelelektrodenspannung (Abb. 4.22), zusammen mit der ersten Ableitung der Spannung und dem Anregungssignal der Gate-Line. Das Durchlaufen der verschiedenen Operationszustände des TFTs (s.o) ist deutlich anhand der Ableitung der Pixelelektrodenspannung zu erkennen. Die Schwellspannung fällt dabei in die nichtlinearen Bereiche der Pixelelektrodenspannung. Zur Bestimmung eines repräsentativen Wertes wurde eine Definition der Schwellspannung festgelegt. Hiernach wird die Schwellspannung über die Gate-Spannung an der Position des negativen Maximums der ersten Ableitung der Pixelelektrodenspannung bestimmt (Abb. 4.23a). Diese, zunächst willkürliche Definition der Schwellspannung ist durch folgenden Zusammenhang motiviert: Bei Erreichen der Schwellspannung wird die Differenz der Spannungen zwischen den Drain- und Source-Anschlüssen V_d und V_s zu einem starken Stromfluss I_{ds} führen. Nach dem Überschreiten der Schwellspannung wird dieser Strom aufgrund der abnehmenden Drain-Source-Spannung V_{ds} bereits stark reduziert und so auch der Anstieg durch die fallende Gate-Drain-Spannung V_{gd} gemindert. Die Auswertung der Messung für drei Schaltzyklen und Anregungsfrequenzen von 500 Hz und 1000 Hz liefert einen Wert von $V_{th_{EPD}}$ -6.7±0.7 V. Dieser Wert stimmt gut mit den vom Hersteller erhaltenen Angaben, welche zwischen -7 V to -8 V liegen,

4. Defekt- (Struktur-) und Funktionsinspektion

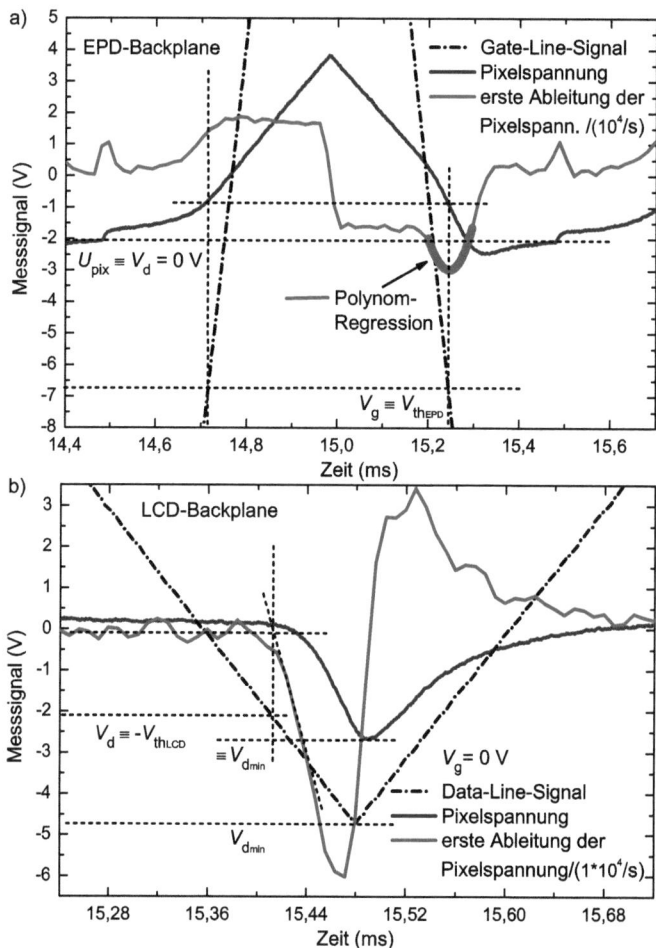

Abb. 4.23: a) Bestimmung der Schwellspannung bei Anregung der Gate-Line (EPD-Backplane). Die maximale negative Steigung der ersten Ableitung der Pixelspannung definiert die Schwellspannung. b) Bestimmung der Schwellspannung bei Anregung der Data-Line (LCD-Backplane). Die Schwellspannung wird über die Änderung der Steigung der ersten Ableitung der Pixelspannung bestimmt.

überein. Für eine möglichst exakte Bestimmung der Schwellspannung sollte der Strom I_{ds} bei Erreichen der Schwellspannung möglichst hoch sein, um eine deutliche Variation der Pixelelektrodenspannung hervorzurufen. Somit ist die oben beschriebene Methode besonders für große Gate-Source (Pixelelektroden)-Kapazitäten geeignet. Zusätzlich sollte die Frequenz des Anregungssignals so gewählt werden, dass die vollständige Aufladung der

Pixelelektrode auf die Data-Line-Spannung möglich ist. Eine deutlich exaktere Angabe der Schwellspannung wird zudem durch eine automatisierte Auswertung der Messereignisse möglich. Auf der Grundlage einer entsprechenden Auswertung kann dann der Vergleich der für die einzelnen Pixel bzw. TFTs bestimmten Schwellspannungen und damit die Analyse systematischer Abweichungen erfolgen.

Eine weitere Möglichkeit zur Bestimmung der Schwellspannung, welche sich vor allem bei kleinen Gate-Source-Kapazitäten eignet, kann aus Abb. 4.22b abgeleitet werden. Bei der Messung werden die TFTs durch das Data-Line-Signal geschaltet, während die Gate-Lines auf Massepotential gehalten werden. Da die Gate-Source-Spannungen zeitweilig über der Schwellspannung liegen, lädt sich die Pixelelektrode auf die Data-Line-Spannung $V_{d_{low}}$ auf ($V_{d_{low}} \approx -4.71$ V), siehe Abb. 4.22b. Sobald die Data-Line-Spannung ansteigt, folgt ihr die Pixelelektrodenspannung, so dass die Steigung der beiden Signale nahezu gleich groß ist. Da die Data-Line-Spannung während der Aufladung der Pixelelektrode gleich groß oder größer als die Spannung der Pixelelektrode ist, ist die Schwellspannung definiert durch $V_{th_{LCD}} = V_g - V_s$ (Aufladung). Somit stoppt die rasche Aufladung der Pixelelektrode, sobald sie auf die Schwellspannung aufgeladen ist. Nach dem Erreichen der Schwellspannung ist lediglich eine langsame Aufladung zu beobachten, da die Pixelelektrodenspannung die Schwellspannung nur leicht überschreitet. Die erreichte Spannung bildet folglich bereits einen ersten Näherungswert für die Schwellspannung des TFT. Gleichzeitig folgt die Steigung der Spannung dem Kapazitätsverhältnis (Gl. 4.3), da die Pixelelektrode nur noch kapazitiv gekoppelt ist. Verringert sich die Data-Line-Spannung nach dem Überschreiten des Maximums, folgt die Steigung der Pixelelektrodenspannung wiederum dem Kapazitätsverhältnis, bis die Data-Line-Spannung die Schwellspannung erreicht. Da der Strom von der Pixelelektrode zur Data-Line fließt, ist die Schwellspannung nun definiert über $V_{th_{LCD}} = V_g - V_d$. Wird ein Rechtecksignal zur Anregung verwendet, so scheint die Pixelelektrodenspannung direkt der Data-Line-Spannung zu folgen, da dieser Vorgang zeitlich nicht mehr aufgelöst wird. Anders als im Fall der Variation der Gate-Spannung (EPD-Backplane, s.o.) sorgt hier die Data-Line-Spannung für die gleichzeitige Änderung der Gate-Drain und Drain-Source-Spannung. Zudem ist die Spannung der Pixelelektrode im Moment des Erreichens der Schwellspannung mit dieser nahezu identisch. Abbildung 4.23b illustriert die Bestimmung der Schwellspannung im Fall der Variation der Data-Line-Spannung. Für die exakte Bestimmung ist das Zeitintervall der abnehmenden Data-Line-Spannung besser geeignet, da die Änderung der Steigung der Pixelspannung ausgeprägter ist als im Intervall steigender Data-Line-Spannung. Die Schwellspannung wird hier direkt über die Änderung

4. Defekt- (Struktur-) und Funktionsinspektion

der Steigung der Pixelelektrodenspannung mit Hilfe der ersten Ableitung definiert. Die Auswertung von drei Schaltzyklen für Anregungsfrequenzen von 500 Hz und 1000 Hz liefert eine Schwellspannung $V_{th_{LCD}}$ von 2.1±0.3 V. Wie im Fall der EPD-Backplanes basiert auch hier die Definition rein auf der Interpretation der TFT-Charakteristik (Abs.5.4). Der Vergleich mit Literaturwerten [5, 99, 122] zeigt jedoch auch in diesem Fall, dass die ermittelte Spannung mit diesen im Bereich von ±1 V übereinstimmt. Somit wurden zwei Methoden zur Extraktion der TFT-Schwellspannung vorgestellt, die jeweils auf der

- Verwendung dreieckförmiger Anregungssignale (Data- oder Gate-Line) und
- der Auswertung der zeitlichen Ableitung der gemessenen Pixelelektrodenspannung

beruhen (Defintion der Schwellspannung).

Analyse der Pixelspannung unter Betriebsbedingungen

In diesem Abschnitt wird die Messung und Analyse der Pixelelektrodenspannung unter Betriebsbedingungen (Abs. 5.4) diskutiert. Die Messung unter Betriebsbedingungen erlaubt zum einen die Analyse des Einflusses (Flicker) der oben beschriebenen Größen, wie

- Voltage-Kickback,
- TFT-Schwellspannung und
- Leckstrom.

Zum Anderen wird die Bestimmung

- der Ladezeiten (Pixelkondensator),
- der intrinsischen Kanalkapazität und
- der Ladungsträgerbeweglichkeit

möglich.

Im Gegensatz zu den oben vorgestellten Messungen wurden die im Folgenden präsentierten Messungen unter der gleichzeitigen Anregung der Gate- und Data-Lines gewonnen. Die Ergebnisse sind in Abb. 4.24 dargestellt. Die Spannung der Data-Line wird, wie auch im Betrieb des Displays nach jedem Schaltvorgang, invertiert (frame inversion [19]), die Amplituden wurden mit Rücksicht auf den Messbereich des Tastkopfes gewählt. Während des Betriebs eines AMLC-Displays werden die TFTs für Intervalle von ca. 20 μs und bei elektro-

4.1. Flat Panel Displays und 2D-Bilddetektoren

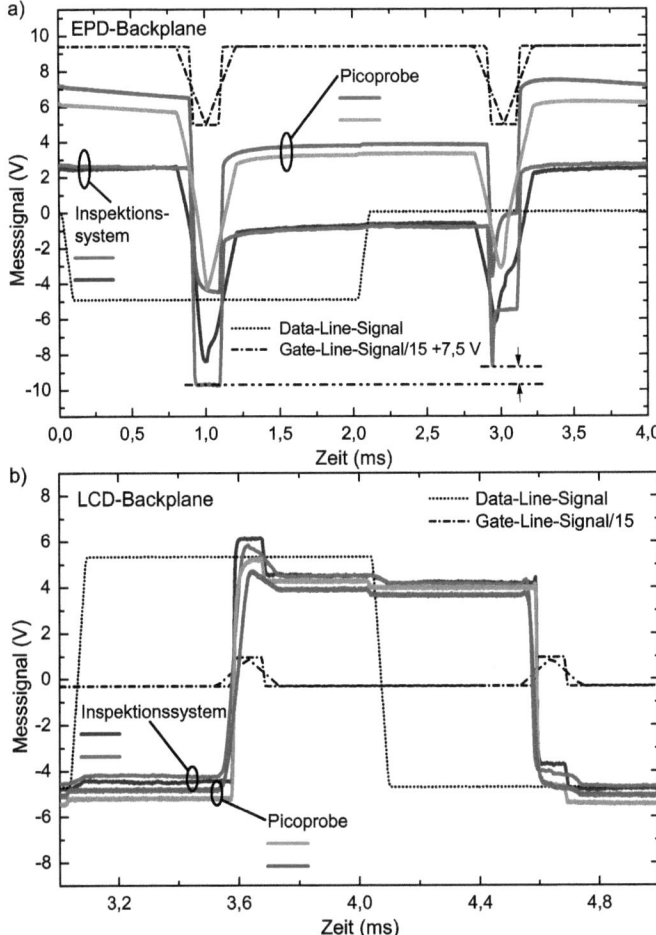

Abb. 4.24: a) Pixelelektrodenspannung (geschaltetes Pixel) während sich wiederholender TFT-Schaltzyklen (EPD-Backplane). Recht- und Dreiecksignale zwischen -40 V und 30 V dienen zur Anregung der Gate-Line. Zur Anregung der Data-Line wird ein Rechtecksignal zwischen -5 V und 0 V verwendet. b) Pixelelektrodenspannung während sich wiederholender TFT-Schaltzyklen (AMLCD-Backplane). Recht- und Dreiecksignale zwischen -5 V und 15 V dienen zur Anregung der Gate-Line. Zur Anregung der Data-Line wird ein Rechtecksignal zwischen -5 V und 5 V verwendet.

phoretischen Displays für Intervalle von ca. 50 µs in den leitenden Zustand versetzt [5, 19]. Bei den im Weiteren illustrierten Messungen wurden Schaltzeiten von 200 µs (500 Hz) und 100 µs (1000 Hz) vorgegeben, um Interpretation und Parameterbestimmung zu erleichtern. Die Inspektionsmethode selbst grenzt dabei die Verwendung kürzerer Duty-Cycle bzw. höherer Frequenzen nicht ein. Wie in den Abbildungen zu sehen ist, führt der Voltage-Kickback zu einer deutlichen Abweichung von den über die Data-Line vorgegebenen Pixelelektrodenspannung. Während die TFTs im nichtleitenden Zustand sind, ruft zusätzlich auch die kapazitive Kopplung zwischen der Data-Line und der Pixelelektrode eine Veränderung der Pixelelektrodenspannung hervor. Diese Abweichung trägt erstens zum Flicker bei und kann zweitens nicht durch die Anpassung der Spannung der Gegenelektrode (vollständiges Display) kompensiert werden, da sie von der Amplitude der Data-Line-Spannung abhängt. Obwohl das Zeitintervall für die Inversion der Data-Line-Spannung hier kürzer als unter realen Betriebsbedingungen (10 ms) ist, lässt sich im Falle der EPD-Backplane ein schwacher Leckstrom erkennen. Wie bereits am Ende im ersten Teilabschnitt erläutert wurde, kann der Betrag des Leckstroms nach der Subtraktion des Data-Line-Kickbacks über Gl. 4.4 berechnet werden, sofern die Pixelkapazität bekannt ist.

Wird ein Rechtecksignal zur Anregung der Gate-Line benutzt, kann der über den TFT fließende Ladestrom bestimmt werden. Wie in Abb. 4.24a zu sehen ist, kann bei einer genügend kurzen Übergangszeit des Schaltsignals nur wenig Strom durch TFT fließen. In diesem Fall führt der Voltage-Kickback zu einer dem vorangegangenen Zustand entsprechenden Pixelelektrodenspannung, bevor der eigentliche Ladevorgang stattfindet. Der TFT befindet sich in diesem Fall im linearen Operationsbereich, in dem sich der Strom näherungsweise über Gl. 4.5

$$I_{ds} = C_g \mu \frac{W}{L}(V_{gs} - V_{th})V_{ds} \tag{4.5}$$

beschreiben lässt. Da die Data- und Gate-Line-Spannungen während des Ladevorgangs konstant sind, können die Drain-Source und Gate-Source-Spannungen V_{ds} und V_{gs} durch die Subtraktion der Pixelelektrodenspannung berechnet werden. Sind weiterhin die geometrischen Parameter in Gl. 2.40 C_g, W und L und wurde die Schwellspannung beispielsweise über oben vorgestellte Methoden ermittelt, kann die Ladungsträgerbeweglichkeit μ durch eine Anpassung (Fit) von Gl. 2.40 mit μ und γ als freie Parametern bestimmt werden. Mit diesem Ansatz lässt sich die Beweglichkeit der TFTs von AMLCD- und EPD-Backplanes ermitteln, solange die Übergangszeit des Schaltsignals kurz genug ist, um Voltage-Kickback und Pixelelektrodenaufladung zeitlich zu trennen.

Werden Dreiecksignale zur Anregung der Data-Line herangezogen, lässt sich die intrinsische Kanalkapazität anhand der Auswertung der Pixelelektrodenspannung im Bereich der Umkehrpunkte bestimmen. Abbildung 4.25 zeigt den Verlauf der Pixelelektrodenspannung im Bereich der Umkehrpunkte bei der Variation der Frequenz des Anregungssignals. Um den direkten Vergleich der Messungen zu ermöglichen, wurden die Zeitachsen entsprechend

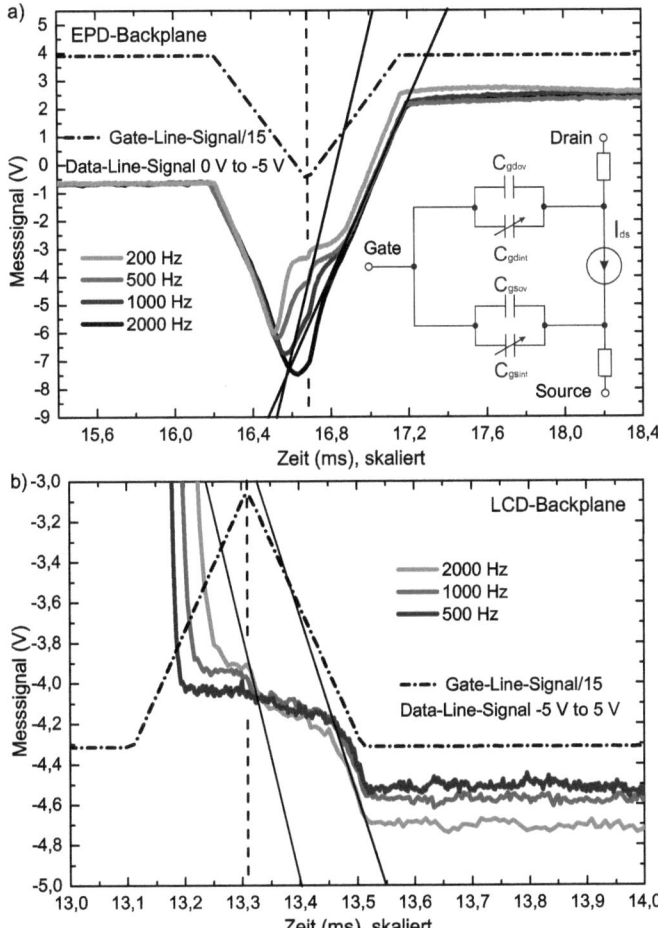

Abb. 4.25: Einfluss der intrinsischen Kanalkapazität bei Variation der Anregungssignalfrequenz. a) EPD-Backplane. b) AMLCD-Backplane. Die Gate-Line-Spannungen sind in y-Richtung verschoben, die Zeitachsen entsprechen Anregungsfrequenzen von 500 Hz (a) und 1000 Hz (b). Die schwarzen durchgezogenen Linien deuten die Steigung der Pixelelektrodenspannung in den verschiedenen Operationsbereichen des TFT an. Das Inset in (a) zeigt das Ersatzschaltbild eines TFT [99, 100].

den Verhätnissen der Frequenzen skaliert. Wie zu erkennen ist, zeigt sich nach Durchlaufen des Umkehrpunkts ein rascher Anstieg der Pixelelektrodenspannung. Ein Vergleich zum Bereich, in dem der TFT in den nichtleitenden Zustand übergegangen ist, zeigt, dass die Steigung der Pixelelektrodenspannung nach Durchlaufen des Umkehrpunktes kurzzeitig eine größere Steigung aufweist, hier angedeutet durch die durchgezogenen schwarzen Linien.

Dieser Effekt lässt sich durch die parasitäre Gate-Source-Kapazität C_{gs} des TFT erklären. Diese kann in die Überlapp-Kapazität $C_{gs_{ov}}$ und die intrinsische, spannungsabhängige Metal-Inuslator-Semiconductor (MIS-)Kapazität $C_{gs_{int}}$, welche nur für Gate-Source-Spannungen größer als die Schwellspannung von null verschieden ist, unterteilt werden [99,100] (Inset in Abb. 4.25a). Die Überlapp-Kapazität $C_{gs_{ov}}$ ruft großteils den im ersten Teilabschnitt diskutierten geometrischen Voltage-Kickback hervor. Hat das Anregungssignal den Umkehrpunkt durchlaufen, so wird die in der Kapazität C_{gs} gespeicherte Ladung kontinuierlich freigesetzt. Folglich wird die Pixelspannung größer als die Data-Line-Spannung, was zu einem Stromfluss von der Pixelelektrode zur Data-Line führt. Dieser Strom kompensiert die freigesetzte Ladung, solange bis der weitere Anstieg des Gate-Line-Signals zu einer Überschreitung der Schwellspannung des TFT führt. Da dieser Strom mit steigender Frequenz abnimmt (s.o.), ist der Anstieg der Pixelelektrodenspannung aufgrund der freigesetzten Ladung bei hohen Frequenzen stärker ausgeprägt, auch wenn die Pixelelektrode vollständig auf die Data-Line-Spannung aufgeladen wurde (Abb. 4.25b). Für hohe Frequenzen wird kein nennenswerter Strom zwischen Pixelelektrode und Data-Line fließen und der Anstieg der Pixelelektrodenspannung wird dem aus C_{gs} und der Pixelkapazität $C_{pix_{tot}}$ gebildeten Verhältnis folgen (Gl. 4.3). Somit weist die Erhöhung der Steigung nach Durchlaufen des Umkehrpunkts auf eine größere Gate-Source-Kapazität in diesem Operationsbereich hin. Der Unterschied kann folglich auf die nach dem Unterschreiten der Schwellspannung verschwindende intrinsische Kanalkapazität zurückgeführt werden [99,100]. Entsprechend kann die intrinsische Kapazität mit Hilfe von Gl. 4.3 berechnet werden, insofern die Gate-Source-Überlapp-Kapazität und die Pixelkapazität bereits bestimmt wurden. Zusammenfassend wurde zunächst eine Methode zur Bestimmung des TFT-Stroms (An-Strom) und der Zeitkonstante der Pixelaufladung sowie der Ladungsträgermobilität vorgestellt. Die Methode beruht auf

- der Separation von Voltage-Kickback und Pixelaufladung durch die Verwendung rechteckförmiger Anregungssignale (Gate-Line) und
- der Anpassung entsprechender TFT-Modelle.

Darüber hinaus wurde eine Methode zur Extraktion der intrinsischen TFT-Kanalkapazität vorgestellt. Die Methode basiert auf der Verwendung von

- dreieckförmigen Anregungssignalen (Gate-Line) unterschiedlicher Frequenz und
- der Auswertung der Steigung der gemessenen Pixelelektrodenspannung während der TFT-An- und -Aus-Zustände.

4.1. Flat Panel Displays und 2D-Bilddetektoren

Funktionsinspektion und Klassifizierung von Defekten

Neben der Analyse der Pixel- und TFT-Funktion kann die Funktionsinspektion bei der Klassifizierung von typischen Defekten eingesetzt werden, um zusätzlich Informationen zu gewinnen und so eine exaktere Klassifizierung zu ermöglichen. Die folgende Diskussion baut hierbei nicht auf den in den vorherigen Abschnitten beschriebenen Ergebnissen auf.

In Abschnitt 4.1.1 wurden die an Röntgenflachdetektoren gewonnenen Inspektionsergebnisse vorgestellt und diskutiert. Mit Hilfe der kapazitiven Inspektionsmethode wurde dabei eine floatende ITO-Elektrode identifiziert. Dieser Defekt erlaubt die Überprüfung des entsprechenden TFTs, da die ITO-Elektrode kapazitiv zur Source-Elektrode koppelt. Abbildung 4.26 illustriert die an der ITO-Elektrode gemessene Spannung, wenn ein Dreiecksignal zur Anregung der Gate-Line verwendet und die Data-Line-Spannung zwischen -5 V und 5 V variiert wird. Da der Teil der Data-Line, welcher mit dem TFT verbunden ist, nicht mehr mit dem Teil der Data-Line, der das Anregungssignal trägt, verbunden ist (Inset in Abb. 4.26 und Abschnitt 4.1.1), wird die Source-Elektrode nicht auf die Data-Line-Spannung aufgeladen. Lediglich die kapazitive Kopplung zwischen den Elektroden und der Data-Line wird sichtbar, wenn sich die Polarität des Signals ändert. Trotzdem zeigt Abb. 4.26, dass die TFT-Funktion nicht durch die Defekte beeinträchtigt wird. Wie zu erkennen ist, wird die Source-Elektrode mit dem Überschreiten der Schwellspannung zu dem floatenden Teil der Data-Line entladen, welcher aufgrund der Kopplung zu den restlichen Gate-Lines und Elektroden ein Potential nahe dem Massepotential aufweist. Die TFT-Funktion ist somit weiterhin gegeben. Im Hinblick auf mögliche Reparaturmaßnahmen würde folglich die erneute Verbindung der Lines und der ITO-Elektrode ausreichen, um die Funktionalität des Detektor-Pixels wieder herzustellen. Über die detaillierte Klassifizierung von Defekten hinaus kann die Funktionsinspektion auch während der Entwicklungsphase und den frühen Fertigungsschritten der Detektoren eingesetzt werden, um die verwendeten TFTs bzw. einzelnen Photodioden zu charakterisieren.

Abschließend sind in Tab. 4.3 noch einmal die verschiedenen Inspektionsvarianten der Funktionsinspektion zusammen mit den oben beschriebenen Anwendungsfällen aufgeführt. Hierbei eröffnen sich nicht nur zahlreiche Einsatzmöglichkeiten während des laufenden Produktionsprozesses, sondern bereits während der Entwicklungsphase (Laborphase) der entsprechenden Produkte. Im Gegensatz zu anderen Inspektionsverfahren, die eine

4. Defekt- (Struktur-) und Funktionsinspektion

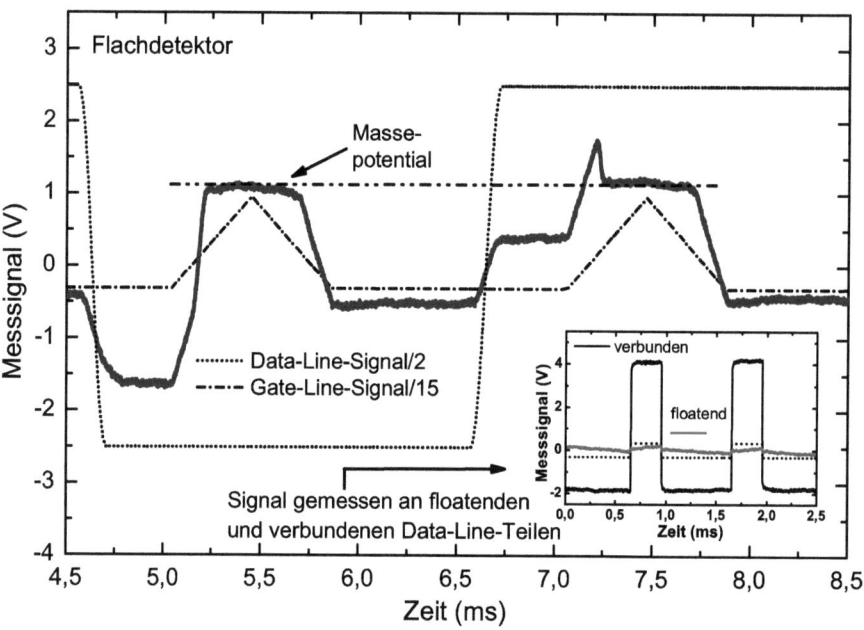

Abb. 4.26: Spannungsverlauf an der floatenden ITO-Elektrode einer Photodiode des Flachdetektors (Abs. 4.1.1). Ein Dreiecksignal zwischen -5 V und 15 V dient zur Anregung der Gate-Line. Zur Anregung der Data-Line wird ein Rechtecksignal zwischen -5 V und 5 V verwendet. Das Inset zeigt Messungen an der zugeordneten, ebenfalls defekten (Unterbrechung) Data-Line.

elektrische Charakterisierung erlauben, wie z.B. Charge Sensing [42], bietet das kapazitive Inspektionsverfahren aufgrund des scannenden Ansatzes (Positionsselektion durch Sensorbewegung) eine deutlich höhere Flexibilität. Diese macht das Verfahren ideal für die Inspektion unterschiedlichster Formen planarer Elektronik einsetzbar.

Tabelle 4.3: Einsatzmöglichkeiten der Funktionsinspektion

Inspektionsvariante	Anwendungsbeispiel (s.o.)
Pixel- und Line-Defekte	Pixel-, TFT-Parameter, Line-Durchtrennung (Flachdetektor)
Auswirkung von Geometrieveränderungen	Bestimmung von Pixelkapazität und Leckströmen
Extraktion elektrischer Parameter integrierter Funktionseinheiten	TFT-Schwellspannung
Auswirkungen unterschiedlicher Steuersignale	und intrinsische Kanalkapazität
systematische Funktionsstörungen	Analyse der Pixelelektrodenspannung unter Betriebsbedingungen
Steigerung der Informationsdichte im Rahmen der Defektinspektion	Charakterisierung des TFT der floatenden ITO-Elektrode (Flachdetektor)

4.2 Messung der absoluten Spannungen elektronischer Funktionsbereiche

Dieser Abschnitt beschreibt die Umsetzung der in Abschnitt 3.3 erläuterten Methode zur Messung zeitlich konstanter bzw. absoluter Spannungen, welche eine wesentliche messtechnische Erweiterung des kapazitiven Inspektionsverfahrens darstellt [73]. Der für diese Aufgaben entwickelte Sensor wurde ebenfalls in Abschnitt 3.3 vorgestellt. Die theoretischen Grundlagen wurden in Abschnitt 2.1.4 erarbeitet. Hier stehen die Integration des Sensors in den Messaufbau, die Kalibrierung und Datenaufnahme und die Herausforderungen bei der simultanen Messung von Gleich- und Wechselspannungen im Vordergrund. Am Ende des Kapitels werden die an Backplanes elektrophoretischer Displays gewonnenen Messergebnisse dargestellt und darüber hinaus Verbesserungsmöglichkeiten im Hinblick auf die Signalverarbeitung und die messtechnische Ausgestaltung aufgezeigt. Das im Rahmen der Arbeit angestrebte Ziel ist hierbei der Funktionsnachweis der Messmethode hinsichtlich der Sensitivität und der simultanen Messung von Gleich- und Wechselspannungsanteilen.

4.2.1 Integration des Sensors in den Messaufbau

In diesem Abschnitt wird die Integration des entwickelten Prototyp-Sensors in den zur Defekt- und Funktionsinspektion verwendeten Aufbau (Abs. 3.5) beschrieben. Ziel war es, einen Prototyp-Sensor zur direkten Integration in das bestehende System zu entwickeln, um die Messmethode unter realen Bedingungen und an vorhandenen Inspektionsobjekten zu evaluieren. Darüber hinaus wurde darauf hingearbeitet, den Sensor ohne den Aus- und Einbau in das Inspektionssystem gleichzeitig zur Defektinspektion (Piezo nicht in Betrieb) und zur Messung absoluter Spannungen einsetzen zu können.

Zusätzlich zu der in Abschnitt 3.5 beschriebenen und zur Generierung der Anregungssignale eingesetzten Elektronik benötigt die Ansteuerung des in den Sensorchip integrierten Piezostacks einen weiteren Verstärker, der die überwiegend kapazitive Last des Stacks bei Frequenzen bis zu 5000 Hz (limitiert durch Piezo-Prototyp, Abschnitt 3.3) tragen kann. Hier wurde ein Audioverstärker mit nachgeschaltetem Übertrager eingesetzt, um die Ansteuerung des Stacks zu ermöglichen. Das mittels Übertrager transformierte AC-Signal wird ausgangsseitig mit einem Gleichanteil überlagert, um die Umpolarisation des Piezoelements zu vermeiden. Der Abgleich von Gleich- und Wechselspannungsanteil erfolgt hierbei manuell. Abbildung 4.27 zeigt ein Bild des Prototyp-Sensor(kopfes) und eine schematische Darstellung des Aufbaus zur Ansteuerung des Piezo-Stacks. Der Audioverstärker wird über einen

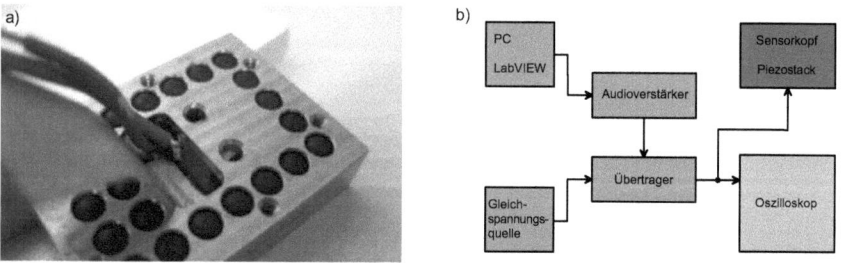

Abb. 4.27: a) **Sensorkopf zur Messung konstanter Spannungen.** b) **Schematische Darstellung des Aufbaus zur Ansteuerung des Piezostacks innerhalb des Sensorkopfes.**

in LabView programmierten Frequenzgenerator angesteuert, womit sich auf einfachem Wege ein kontinuierlicher Betrieb oder ein Burst-Betrieb realisieren lässt.

Wird das Anregungssignal auf das Piezoelement geschaltet, so zeigt sich im Messsignal selbst in großer Entfernung (>1 m) des Sensorkopfes vom Inspektionsobjekt und ohne jegliche Anregung der elektronischen Funktionsbereiche ein Sensorsignal (Offset-Signal). Die Signalfrequenz stimmt hierbei mit der Frequenz des Piezo-Anregungssignals überein und die Signalamplitude hängt direkt von der Amplitude des Anregungssignals ab. Das Offset-Signal kann auf eine trotz Schirmung (Abs. 3.3) nicht gänzlich unterbundene Einkopplung des Anregungssignals (Piezoelektroden) in die Leiterbahnen der Sensoren oder aber ein durch das Piezoelement belastetes Massepotential zurückgeführt werden. Das Umpolen der Kontakte des Piezoelements lässt hierbei die Amplitude des Offset-Signals unverändert. Eine weitere Reduzierung des Offset-Signals könnte die Auswertung der Messsignale im Rahmen der Defektinspektion erleichtern. Da jedoch im Hinblick auf die Funktionsinspektion ohnehin eine Kalibrierung des Messsignals erforderlich ist (siehe unten), wurden entsprechende Maßnahmen hier nicht weiter verfolgt.

Zur Verstärkung des Messsignals wird der auch zur Funktionsinspektion eingesetzte Vorverstärker (Abs. 3.6) verwendet, da sich dieser gleichermaßen zur Defekt- und Funktionsinspektion einsetzen lässt. Für den Fall der Defektinspektion wird, wie auch bei der Anregung mit sinusförmigen Wechselspannungssignalen (ohne Piezoelement, Abschnitt 3.1), die Amplitude des resultierenden Messsignals ausgewertet, siehe [123]. Entsprechend bestimmt bei einer automatisierten Auswertung die Frequenz des Anregungssignals des Piezoelements die maximale Scangeschwindigkeit. Soll mindestens ein Schwingungszyklus während des Durchfahrens eines (örtlichen) Bereichs von 5 µm durchlaufen werden, ergibt sich eine Scangeschwindigkeit von 5 mm/s für eine Anregungsfrequenz von 1000 Hz. Die Ergebnisse in [123] zeigen, dass eine Detektion von gleichspannungstragenden elektronischen Funktionseinheiten bereits mit einem rudimentären Aufbau möglich ist. Die Messmethode kann somit ohne Einschränkung zur Inspektion von komplizierten gedruckten Schaltungen herangezogen werden. Deutlich größeres Potential weist die Methode jedoch hinsichtlich der Funktionsinspektion auf, da sie die Bestimmung der absoluten Spannungen und so die eindeutige Interpretation der Messergebnisse ohne zusätzliche Referenzmessungen (z.B. Spannungsprober) ermöglicht (Abs. 4.1.3). Im Folgenden wird daher auf die Umsetzung der Messmethode hinsichtlich der Spannungsmessung bzw. Funktionsinspektion und die erzielten Ergebnisse eingegangen. Die Umsetzung zielt dabei auf die gleichzeitige Messung der Gleich- und Wechselspannungsanteile der Spannungen an den Funktionsbereichen ab.

4.2.2 Kalibrierung und Signalverarbeitung

Dieser Abschnitt beschreibt den zur Messung absoluter Spannungen nötigen Kalibriervorgang sowie die zur Berechnung des Gleichspannungsanteils und der Rekonstruktion des nicht-modulierten (d.h. ohne Anregung des Piezoelements) Wechselspannungsanteils entwickelte Signalverarbeitung.

Zum einen erfordert die Messung des Gleichspannungsanteils der Spannung an den Funktionseinheiten eine Kalibrierung des durch die Piezoschwingung hervorgerufenen Sensorsignals. Folglich muss das zur Anregung des Piezoelements verwendete Signal während der Kalibrierung und der späteren Messung identisch sein (Temperatureffekte). Zum anderen ist auch für die Messung des Wechselspannungsanteils eine Kalibrierung zwingend erforderlich, siehe Abschnitt 3.6. Beide Kalibrierungen lassen sich unabhängig voneinander durchführen. So wird zunächst das Sensorssignal hinsichtlich des Wechselspannungsanteils (Amplitude und Phase) kalibriert und die entsprechende Kalibrierfunktion erzeugt. Im Anschluss erfolgt dann die Kalibrierung des Sensorsignals (Amplitude) während der Anregung des Piezoelements. Hierbei beinhaltet das Messsignal die Kalibrierfunktion des Wechselspannungsanteils. In Abb. 4.28a ist der Verlauf der Amplituden des Sensorsignals in Abhängigkeit von der an das Kalibrierobjekt angelegten konstanten Spannung dargestellt. Sehr gut ist der auch theoretisch erwartete (Abs. 2.1.4) lineare Verlauf zu erkennen. Das Offset-Signal sorgt für den zu beobachtenden Offset (ca. 5,2 V) der Kurve. Für Aufnahme und Generierung der Kalibrierfunktion wurde ein LabVIEW-Modul geschrieben. Die ermittelte Kalibrierfunktion wird nach Abschluss der Kalibrierung hinterlegt und für die weitere Auswertung verwendet. Die Steigung der Kalibierkurve in Abb. 4.28a entspricht zugleich der Empfindlichkeit der Spannungsmessung. Diese hängt für einen gegebenen Hub d_1 des Piezoelements (max. 5 µm, Anregungsfrequenz ω_1) maßgeblich vom Abstand zwischen Sensorchip und der Oberfläche des Inspektionsobjekts d_0 ab. Es gilt (Widerstand R und Kondensator C_f im Rückkoppelkreis des Verstärkers)

$$\frac{dU_\text{mess}}{dU_\text{gleich}} = -\frac{dC_\text{sen}}{dt}\frac{1}{\frac{1}{R}+\omega_1 C_f} = -\frac{\varepsilon_0\varepsilon_r A_\text{sen} d_1 \omega_1 \cos(\omega_1 t)}{[d_0 + d_1(1+\sin(\omega_1 t))]^2}\frac{1}{\frac{1}{R}+\omega_1 C_f}. \qquad (4.6)$$

Störende Einflüsse, wie Fehlausrichtungen des Sensorchips aufgrund der Zusammenführung der einzelnen Elemente des Sensorkopfs, sollten daher unbedingt vermieden werden. Für den eingesetzten Prototyp-Sensor ergibt sich eine Empfindlichkeit (Auswertung der Amplitude) von $\frac{\Delta U_\text{mess}}{\Delta U_\text{gleich}} = -0.17$. Das Frequenzspektrum (Abb. 4.28b) des gemessenen Sensorsignals zeigt, dass das Signal neben der Anregungsfrequenz höhere Harmonische enthält, die mit steigender Ordnung rasch abnehmen. Auch ihr Auftreten ist theoretisch belegbar und rührt daher, dass die Kapazitätsänderung umgekehrt proportional zur Änderung des Abstands zwischen Sensorelektrode und Inspektionsobjekt ist (Gl. 2.39).

Die Signalverarbeitungskette illustriert Abb. 4.29. Das Ziel der Signalverarbeitung besteht in der Auswertung der Amplituden des durch die Schwingung des Piezoelements hervorgeru-

4.2. Messung der absoluten Spannungen elektronischer Funktionsbereiche

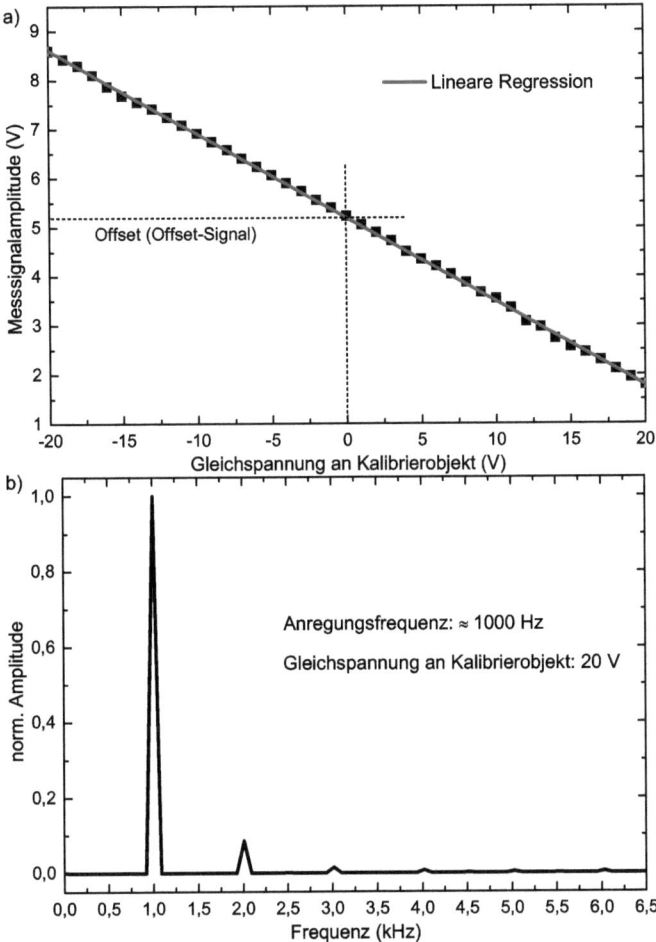

Abb. 4.28: a) Auswertung der Amplituden des Sensorsignals (lineare Regression), bei Anregung des Kalibrierobjekts mit unterschiedlichen Gleichspannungssignalen b) Frequenzspektrum des Sensorsignals, Spannung am Kalibrierobjekt 20 V.

fenen Signalanteils (Amplitudenverlaufssignal) und in der Rückgewinnung des Wechselspannungsanteils (rekonstruiertes AC-Signal). Zunächst wird die Fourier-Transformierte des unter kontinuierlicher Anregung des Piezoelements gemessenen Signals berechnet. Die Modulation des Wechselspannungsanteils durch die Variation der Messkapazität (Bewegung des Piezoelements) führt zum Auftreten charakteristischer Frequenzanteile und kann durch einen speziell angepassten Filter aus dem Spektrum des Signals entfernt werden (s.u.). Nach der Filterung

4. Defekt- (Struktur-) und Funktionsinspektion

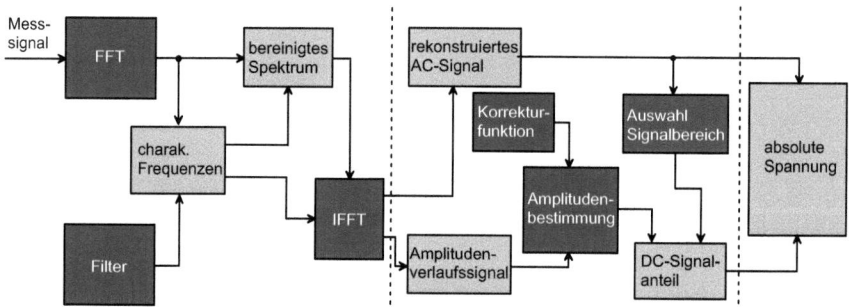

Abb. 4.29: Schematische Darstellung der Signalverarbeitung bei der gleichzeitigen Messung von Gleich- und Wechselspannungsanteilen.

des Signals im Frequenzbereich werden die Spektren des ungefilterten und des gefilterten Signals voneinander subtrahiert, um den aufgrund der Piezoanregung entstandenen Signalanteil zu erhalten. Danach erfolgt die Rücktransformation. Im Anschluss werden die Maxima und Minima des Amplitudenverlaufssignals (Piezo) bestimmt und mittels der Kalibrierfunktion korrigiert. Nach dieser Auswertung wird die Differenz zwischen dem Gleichanteil des rekonstruierten AC-Signals und des berechneten Gleichanteils (DC-Signalanteil) ermittelt. Auf diesem Wege ergibt sich schließlich die absolute Spannung der Funktionseinheiten ohne die Überlagerung mit dem aufgrund der Piezoschwingung hervorgerufenen Signalanteil. Hierbei gilt, je höher die Frequenz des Anregungssignals des Piezoelements ist, umso mehr Messpunkte stehen zur Berechnung des Gleichspannungsanteils zur Verfügung. Darüber hinaus sollte sich die Frequenz des Anregungssignals im besten Fall nicht mit den Frequenzen des Wechselspannungsanteils überschneiden, um die Filterung zu erleichtern (s.u.). Die komplette Signalverarbeitung wurde in LabVIEW umgesetzt und erfolgt in Echtzeit. Ist die Messung der absoluten Spannung nicht gewünscht, so kann die Signalverarbeitung umgangen und direkt das reine Wechselspannungssignal angezeigt werden.

4.2.3 Simultane Messung von Gleich- und Wechselspannungen

In diesem Abschnitt werden die zur Messung der absoluten Spannung (Funktionsbereiche) nötigen Komponenten der Signalverarbeitungskette beschrieben und schließlich die erzielten Messergebnisse im Vergleich zur separaten (zeitlich nacheinander) Messung des nichtmodulierten Wechselspannungsanteils (Piezo in Ruhe) evaluiert.

4.2. Messung der absoluten Spannungen elektronischer Funktionsbereiche

Filter

Die Modulation des Sensorsignals durch die Schwingung des Piezoelements (Kapazitätsänderung) führt zu charakteristischen Frequenzanteilen im Spektrum des nicht-modulierten Wechselspannungssignals (Piezo in Ruhe). So treten nicht allein die Frequenzen des rein aus der Piezoschwingung resultierenden Signals auf (Abb. 4.28b), sondern auch um die Grundschwingungen des Wechselspannungssignals verschobene Frequenzkomponenten, welche auf der Amplitudenmodulation des Wechselspannungssignals beruhen

$$I_{\text{dis}} = \frac{dC(t, \omega_1)_{\text{sen}}}{dt} U(t, \omega)_{\text{mess}} + C(t, \omega_1)_{\text{sen}} \frac{dU(t, \omega)_{\text{mess}}}{dt}. \quad (4.7)$$

Da der Wechselspannungsanteil $U(\omega)_{\text{mess}}$ im Allgemeinen (Messsignal) nicht, wie hier zur Vereinfachung angenommen, nur aus einer Grundfrequenz ω aufgebaut ist, sondern sich aus unterschiedlichen Frequenzen zusammensetzt (lineare Überlagerung), ergeben sich nicht nur die der Grundfrequenz zuzuordnenden Seitenbänder, sondern auch die n-fachen der Grundfrequenz zuzuordnenden Seitenbänder [124]. Dies gilt, solange der Wechselspannungsanteil ein periodisches Signal ist, welches durch eine Fourier-Reihe dargestellt werden kann. Der Einfluss der Schwingung des Piezoelements auf das Spektrum des aufgenommenen Messsignals (charakteristische Frequenzanteile) kann entfernt werden, wenn das Filter flexibel genug gestaltet wird, um die Anzahl der zu filternden Seitenbänder an die jeweilige Messaufgabe anpassen zu können. Zusätzlich weist das durch die Schwingung hervorgerufene Signal (Amplitudenverlaufssignal) selbst Oberschwingungen auf, die analog zur Grundschwingung das Spektrum verändern. Da deren Amplitude jedoch mit steigender Ordnung rasch abnimmt, ist die Berücksichtigung der Harmonischen einschließlich der dritten Oberschwingung ausreichend. Ein entsprechender schmalbandiger und steiler Filter wurde in LabVIEW realisiert. Abbildung 4.30 illustriert die auftretenden charakteristischen Frequenzanteile unter der Anregung des Piezoelements (Abb. 4.30a) sowie die Wirkung des implementierten Filters (Abb. 4.30b), am Beispiel eines typischen Wechselspannungssignals. Die Bandbreite der einzelnen Filterkomponenten wurde hierbei auf $\approx 20\,\text{Hz}$ begrenzt. Zunächst werden durch Multiplikation im Frequenzspektrum die zu filternden Frequenzkomponenten isoliert und anschließend durch Subtraktion aus dem Spektrum entfernt. Danach erfolgt die Rücktransformation beider Spektren in den Zeitbereich. Dort werden die Amplituden des Amplitudenverlaufssignals ausgewertet und mittels der Kalibrierfunktion auf die zugehörigen Gleichspannungswerte umgerechnet. Für die Korrektur des Gleichspannungsanteils des rekonstruierten Wechselspannungssignals können Zeitbereiche langsamer Veränderungen selektiert und durch die Anpassung einer Polynomfunktion approximiert werden. Die Wahl

4. Defekt- (Struktur-) und Funktionsinspektion

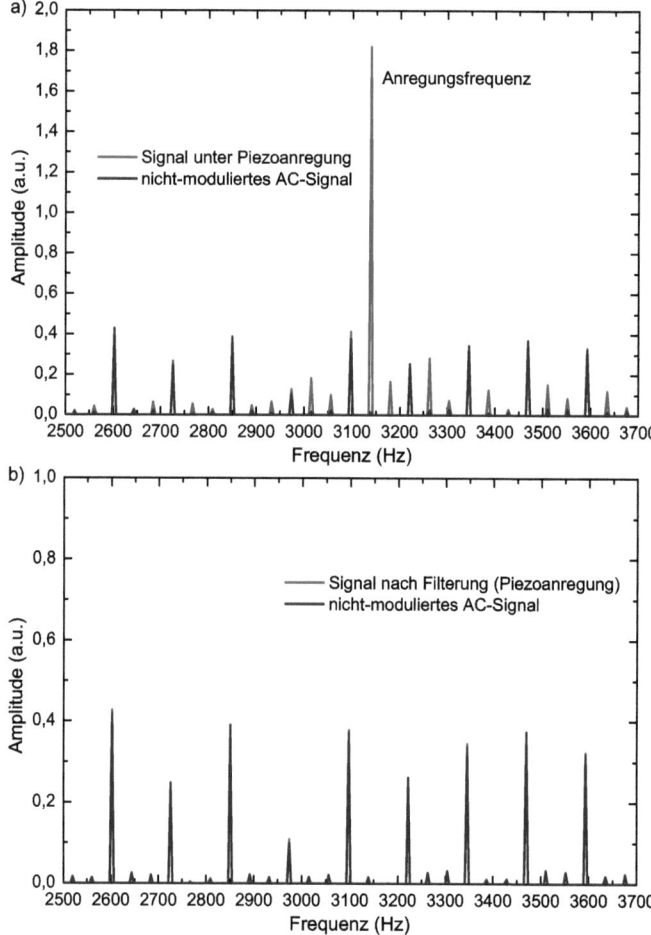

Abb. 4.30: a) Frequenzspektren eines nicht-modulierten Wechselspannungssignals und des entsprechenden Messsignals unter Anregung des Piezoelements b) Frequenzspektren des nichtmodulierten Wechselspannungssignals aus a) und des Messsignals nach Filterung der charakteristischen Frequenzen (Piezoanregung).

entsprechender Zeitbereiche ist hierbei nötig, da die Kalibrierung nur für Bereiche nahezu konstanter Spannungen korrekte Ergebnisse liefert (s.u.). Dies bedeutet auch, dass die Anregungsfrequenz des Piezoelements stets so gewählt werden muss, dass mehrere Perioden des Signals in einen nahezu konstanten Bereich des Wechselspannungssignals fallen. Die Differenzen (Mittelung) zwischen den Funktionswerten der Polynomfunktion und den berechneten Gleichspannungsanteilen ergeben dann den Korrekturwert (Offset) des Wechselspannungssignals.

Optimierung der Anregungsfrequenz (Piezoelement)
Wie bereits erwähnt wurde, kann es zu einer Überlagerung von Frequenzkomponenten des zu rekonstruierenden Wechselspannungssignals und des Amplitudenverlaufssignals kommen. In diesem Fall würde die Filterung des Signals mit Hilfe des oben beschrieben Filters zu einer Verfälschung des Wechselspannungssignals und des aus dem Amplitudenverlaufssignal berechneten Gleichspannungsanteils führen. Um solche systematischen Messfehler zu vermeiden, wurde die Möglichkeit geschaffen, vor Beginn der eigentlichen Messung (Anregung des Piezoelements) die bestmögliche Anregungsfrequenz zu ermitteln. Hierzu wird die Grundschwingung des nicht-modulierten Wechselspannungssignals (Piezoelement in Ruhe) bestimmt und die Übereinstimmung zwischen dem Spektrum des Wechselspannungssignals und des simulierten Beitrags des Amplitudenverlaufssignals für eine vorgegebene Anregungsfrequenz berechnet. Liegt die Übereinstimmung über einem frei definierbaren Grenzwert, wird die Frequenz des Anregungssignals erhöht und erneut die Übereinstimmung berechnet. Der Vorgang wird automatisch so lange wiederholt, bis die Übereinstimmung unterhalb des Grenzwertes liegt. Die berechnete Anregungsfrequenz wird dann automatisch zur Anregung des Piezoelements benutzt. Auf diese Weise lässt sich selbst für starke Überschneidungen der Spektren eine vernachlässigbare Beeinflussung des zu rekonstruierenden Wechselspannungssignals erreichen. Dies ist von großer Wichtigkeit, da in vielen Fällen die Anregungsfrequenz aufgrund der Übertragungsfunktion typischer Piezo-Verstärker begrenzt sein kann. Im Gegensatz dazu liegt die Resonanzfrequenz des Piezoelements, abhängig von der Dicke, im Bereich von 150 kHz [125] (einseitig eingespannt). Zusätzlich ist selbst bei hohen Anregungsfrequenzen eine Überschneidung der Spektren möglich, was durch die Bestimmung der optimalen Anregungsfrequenz effektiv vermieden wird.

Messergebnisse
Im Folgenden werden einige an den EPD-Backplanes gewonnene Messergebnisse dargestellt und diskutiert. Zur Evaluierung der oben vorgestellten Methode zur Messung absoluter Spannungen werden die erzielten Messergebnisse mit Messungen ohne Anregung des Piezoelements (nicht-moduliertes Messsignal) verglichen. Abbildung 4.31a zeigt zunächst das Messergebnis bzw. Sensorsignal für eine typische Messung (Anregung des Kalibrierobjekts) zur Kontrolle der Kalibrierung des Wechselspannungsanteils (Amplitude und Phase). Zusätzlich zu einem offsetfreien Rechtecksignal wurden zwei weitere Signale mit einem Offset von $+4\,\text{V}$ und $-4\,\text{V}$ an das Kalibrierobjekt gelegt. Ohne die Anregung des Piezoelements bleibt der Gleich-

4. Defekt- (Struktur-) und Funktionsinspektion

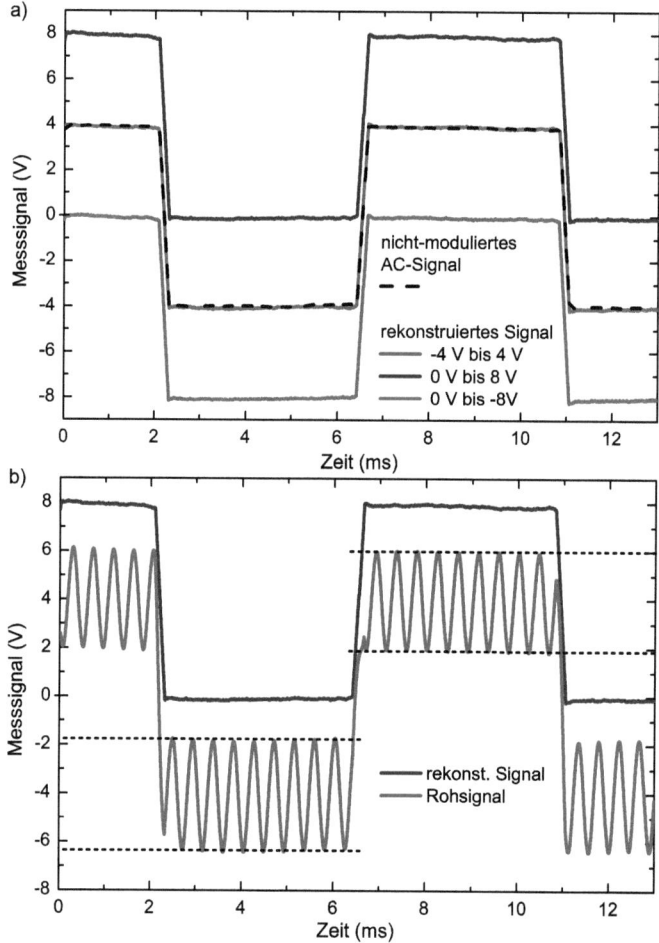

Abb. 4.31: a) Vergleich der Messergebnisse für Rechtecksignale gleicher Amplitude, aber abweichendem Gleichanteil (Anregung des Kalibrierobjekts). Zusätzlich ist das nicht-modulierte Signal ohne Anregung des Piezoelements zu sehen (verborgen unter rekonstruiertem Signal). b) Messsignal vor (Rohsignal) und nach der Rekonstruktion des Wechselspannungsanteils und der Berechnung/Korrektur des Gleichanteils.

spannungsanteil der Signale verborgen und sie fallen mit dem nicht-modulierten Signal zusammen. Werden die Messungen jedoch unter der Anregung des Piezoelements durchgeführt, resultieren die oberen und unteren Kurven in Abb. 4.31a, welche den tatsächlichen, absoluten Spannungsverlauf einschließlich der DC-Offsets wiedergeben. Eine solche Messung kann folglich als eine gleichzeitige Kontrollmessung der Kalibrierung des Wechselspannungs- und

4.2. Messung der absoluten Spannungen elektronischer Funktionsbereiche

Gleichspannungsanteils sowie der korrekten Rekonstruktion (s.o.) des Wechselspannungsanteils aufgefasst werden. Obwohl das Rechtecksignal ein ausgedehntes Frequenzspektrum aufweist, ist aufgrund der Optimierung der Frequenz des Anregungssignals des Piezoelements (s.o.) keine Beeinflussung des Wechselspannungsanteils zu erkennen. Das Rohsignal der Messung und das rekonstruierte und korrigierte Messsignal sind in Abb. 4.31b zu sehen. Die Anregungsfrequenz des Piezoelements beträgt ca. 1000 Hz. Der Spannungsunterschied zwischen den Maxima und Minima des Rechtecksignals ist an der Variation der Amplituden des Amplitudenverlaufssignals zu erkennen (Gl. 4.7). Zur Berechnung des Gleichspannungsanteils wurden die konstanten Anteile des Rechtecksignals ausgewählt. Da sich in diesen Bereichen die Spannung nicht ändert, entspricht das Messsignal dort gerade dem ersten Summanden in Gl. 4.7. Die Durchführung einer solchen Kalibrierungsmessung sollte in jedem Fall vor der eigentlichen Messung an elektronischen Funktionsbereichen erfolgen, da der Dauerbetrieb des Piezoelements zu einer Temperaturerhöhung führt. Diese wirkt sich aufgrund der sich daraus ergebenden Impedanzänderung auf die Amplitude der vorgegebene Anregungsspannung und damit auf die Kalibrierung aus.

In Abb 4.32a ist die Messung des Spannungsverlaufs an einem Pixel der EPD-Backplane zu sehen. Zur Bestimmung des Gleichspannungsanteils wurden in diesem Fall die konstanten Anteile des Signals nach der Aufladung auf die zwischen -10 V und 10 V variierende Data-Line-Spannung herangezogen. Entsprechend gibt auch das Messsignal der absoluten Pixelspannung diesen Spannungspegel wieder. Zur Illustration des Einflusses des Filters bzw. der Anzahl der gefilterten Seitenbänder (s.o.) wurden in Abb. 4.32b nur die ersten drei der die Frequenzen des Anregungssignals begleitenden Banden aus dem Rohsignal entfernt. Der direkte Vergleich der Messergebnisse (Abb. 4.32b) zeigt, dass das rekonstruierte Signal zahlreiche Artefakte enthält, die sich in einer deutlich erhöhten Welligkeit äußern. Durch die Erhöhung der Anzahl der gefilterten Banden (>10) können diese Artefakte nahezu vollständig vermieden werden. Je nach Signalform kann hierbei die Filterung von mehr oder weniger Banden nötig werden.

Die Modulation des Wechselspannungsanteils aufgrund der periodischen Kapazitätsänderung der Messkapazität (Piezoschwingung) führt neben den oben beschriebenen zusätzlichen Frequenzkomponenten zu einer weiteren Beeinflussung des nicht-modulierten (Piezo in Ruhe) Wechselspannungssignals. Dieser Einfluss führt zu einer Verzerrung des rekonstruierten Wechselspannungssignals gegenüber dem nicht-modulierten Signal und kann nicht durch eine einfache Filterung entfernt werden. Abbildung 4.33a verdeutlicht die Auswirkung des Effekts. Zur Bestimmung und Korrektur des Gleichspannungsanteils wurde der konstante Signalteil nach Aufladung auf die negative Data-Line-Spannung (-10 V) verwendet. Deutlich ist zu er-

4. Defekt- (Struktur-) und Funktionsinspektion

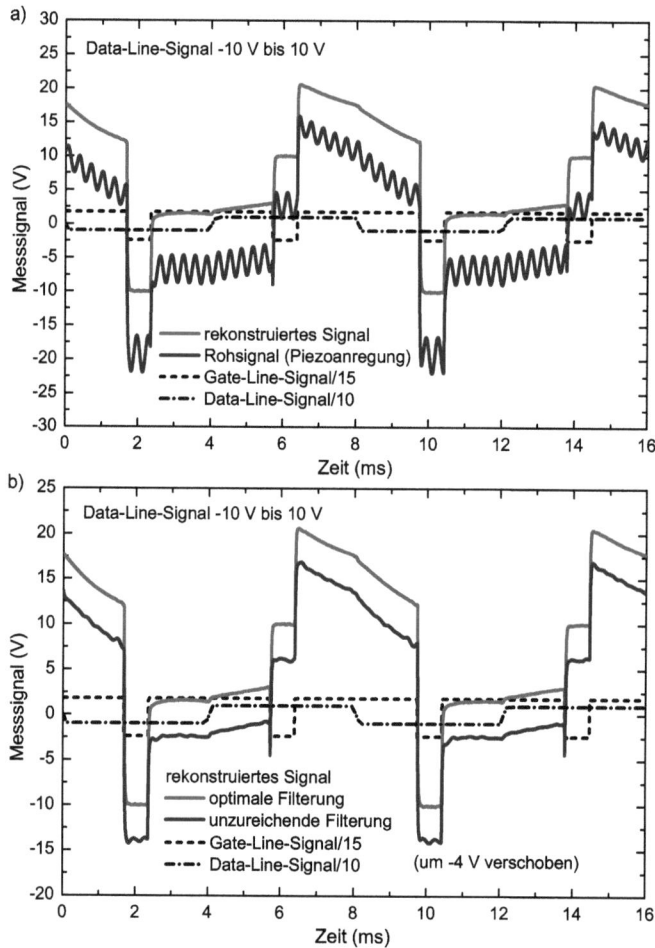

Abb. 4.32: a) Vergleich der Messergebnisse des Verlaufs der Pixelelektrodenspannung an einem Pixel der EPD-Backplane. a) Rohsignal und rekonstruiertes Signal. b) Unzureichend und optimal gefiltertes (Seitenbanden) Messsignal (Verschiebung um -4 V).

kennen, dass die Amplitude des rekonstruierten Wechselspannungsanteils von der Messung ohne Anregung des Piezoelements abweicht (nicht-moduliertes Signal). Das rekonstruierte Messsignal erscheint gegenüber dem nicht-modulierten Signal leicht verzerrt, ist aber frei von Artefakten. Augenscheinlich kann die Verzerrung nicht durch Normierung korrigiert werden. Abbildung 4.33b zeigt, dass die Verzerrung nur dann auftritt, wenn das Piezoelement in Schwingung versetzt wird bzw. nicht durch eine dauerhafte Vergrößerung der Messkapazität

4.2. Messung der absoluten Spannungen elektronischer Funktionsbereiche

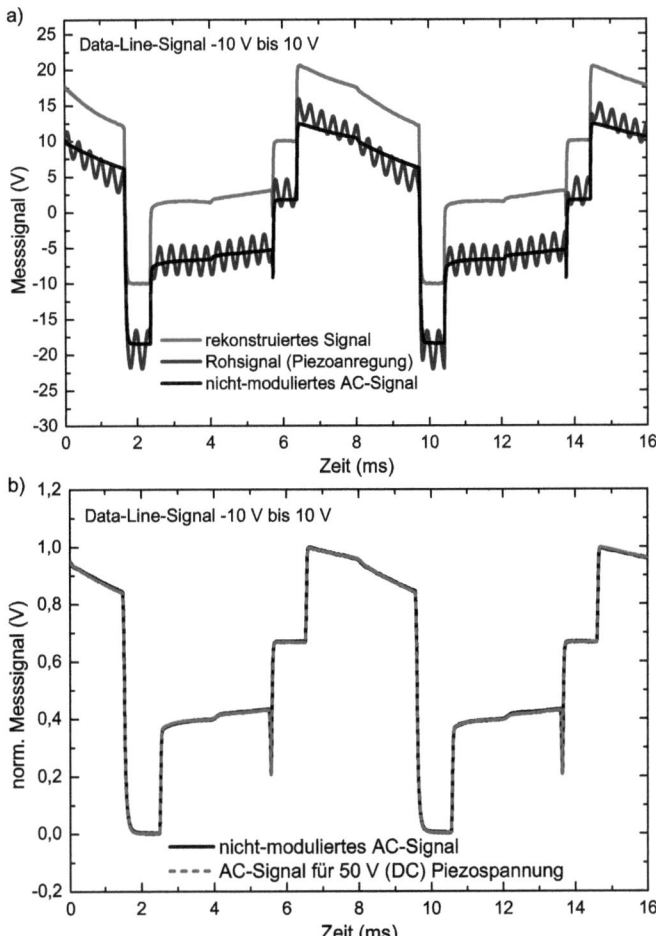

Abb. 4.33: Messung der Pixelelektrodenspannung eines Pixels der EPD-Backplane. a) Nichtmoduliertes, rekonstruiertes und unverarbeitetes Messsignal. b) Vergleich des Messsignals (normiert) für unterschiedliche Messkapazitäten, Piezoelement in Ruhe (0 V/50 V). Die Gate- und Data-Line-Signale entsprechen denen in Abb. 4.32, auf die Darstellung wurde zur Steigerung der Übersichtlichkeit verzichtet.

hervorgerufen werden kann. Die Vergrößerung der Sensorkapazität durch die Beaufschlagung des Elements mit einer konstanten Spannung von 50 V liefert nach entsprechender Normierung ein mit dem nicht-modulierten Messsignal übereinstimmendes, unverzerrtes Signal. Der Ursprung der Verzerrung ist zum einen in der unvollständigen Modulation des Wechselspannungsanteils durch die Piezoschwingung zu finden. Diese ergibt sich, da die Frequenzen des Wechselspannungssignals weit über die Anregungsfrequenzen des Piezoelements und damit der Kapazitätsänderung hinausgehen. Die unvollständige Modulation allein würde jedoch keine solche Verzerrung hervorrufen. So führt zum anderen der gleichzeitig vorhandene Wechsel (im Messsignal) zwischen Zeitbereichen floatender und definierter Pixelspannung (TFT nichtleitend/leitend) in Verbindung mit der unvollständigen Modulation zum Auftreten der Verzerrung. Würde das zu messende Wechselspannungssignal mit einem deutlich höherfrequenten Träger (Piezoschwingung) moduliert werden, würde die Signalverzerrung bei entsprechender Filterung verschwinden. Aufgrund der noch unzureichenden Wärmeabfuhr an den Kontakten des Piezostacks sind die Anregungsfrequenzen jedoch auf ca. 5 kHz begrenzt (Prototyp-Sensor). Ausgehend von den Spezifikationen erhältlicher Piezostacks sind prinzipiell Anregungsfrequenzen bis zu 150 kHz erreichbar. Abbildung 4.34a zeigt die Simulation des Beitrags des ersten Summanden aus Gl. 4.7 zum Messsignal, für den Fall einer dauerhaft definierten (keine Zeitbereiche floatender Spannung) Wechselspannung. Als Simulationsgrundlage wurden das separat gemessene nicht-modulierte Wechselspannungssignal und die nach Gl. 2.38 zu erwartende Kapazitätsmodulation herangezogen. Aufgrund der unvollständigen Modulation weist das Signal einen zusätzlichen AC-Anteil auf, der dem Verlauf des zugrundeliegenden Spannungssignals folgt. Solange sich der TFT im nichtleitenden Zustand befindet, floatet die Pixelelektrodenspannung U_{pix_fl} und ist definiert durch

$$U_{\text{pix}_\text{fl}} = \frac{Q_{\text{pix}} + \sum_i C_{\text{pix, i}} U_{\text{pix, i}}}{\sum_i C_{\text{pix, i}}}. \tag{4.8}$$

Wird eine zeitliche Änderung der floatenden Spannung aufgrund eines Leckstroms (Änderung von Q_{sen}) oder einer Änderung der Spannungen an den umgebenden Elektroden (z.B. Schaltvorgang) zunächst ausgeschlossen, die zeitliche Änderung der Sensorkapazität (Piezoschwingung) jedoch zugelassen, liefert das Einsetzen von Gl. 4.8 in Gl. 4.7

$$I_{\text{dis}} = \frac{dC_{\text{pix, sen}}}{dt} U_{\text{pix}_\text{fl}} (1 - \frac{C_{\text{pix, sen}}}{\sum_i C_{\text{pix, i}}}). \tag{4.9}$$

Unter der Anregung des Piezoelements verringert sich das Messsignal um einen durch das Verhältnis der Kapazität zwischen Sensor und Pixelelektrode zur Gesamtpixelkapazität definierten Beitrag. Dieser Beitrag führt zu einer Verringerung des (Gesamt-)Messsignals, welches in Abb. 4.34b für einen 20%igen Anteil der Sensorkapazität an der Gesamtpixelkapazität dargestellt ist. Für einen 100%igen Anteil würde die Piezoschwingung keinen eigenen Signalanteil mehr hervorrufen. Da Gl. 4.9 jedoch nur für den Fall einer floatenden Pixelspannung gilt, wird das reale Messsignal nur in den Zeitbereichen, in denen der TFT im nicht-leitenden

4.2. Messung der absoluten Spannungen elektronischer Funktionsbereiche

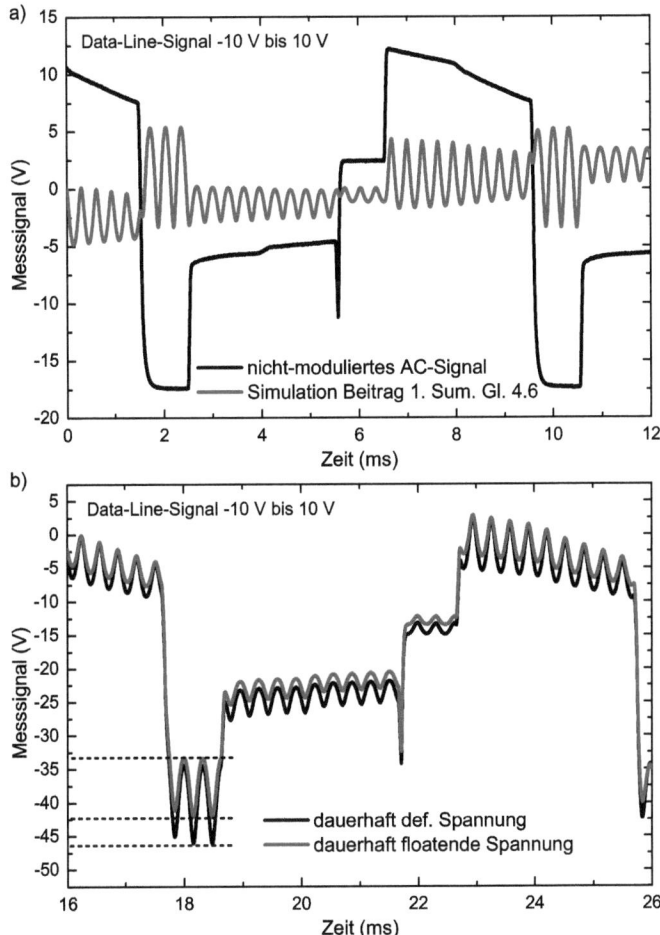

Abb. 4.34: a) Simulation des Beitrags des ersten Summanden in Gl. 4.7 zum Messsignal, für den Fall einer dauerhaft definierten Spannung (Verbindung mit Spannungsquelle). b) Vergleich des simulierten Messsignals für ein dauerhaft definiertes und floatendes Wechselspannungssignal.

Zustand ist, dem dargestellten Verlauf folgen. Für die Zeitbereiche, in denen die Spannung definiert ist, wird es dagegen dem Messsignal für eine dauerhaft definierte Spannung folgen (Abb. 4.34b). Aufgrund der durch die unvollständige Modulation enthaltenen Signalanteile wird sich so eine Verzerrung des rekonstruierten Messsignals ergeben, welche nicht durch die oben beschriebene Filterung entfernt werden kann. Abbildung 4.35 verdeutlicht noch einmal den Einfluss der Anregungsfrequenz und der Amplitude des Anregungssignals auf die Verzer-

4. Defekt- (Struktur-) und Funktionsinspektion

rung des rekonstruierten Messsignals (Gl. 4.9). Wie zu erkennen ist, nimmt die Verzerrung

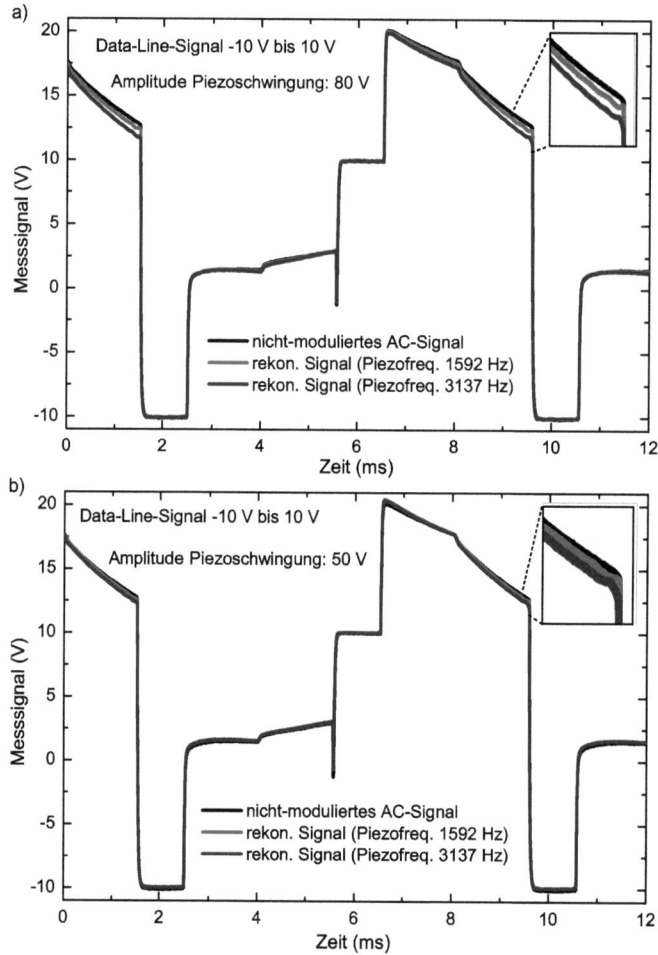

Abb. 4.35: Messung der Pixelelektrodenspannung eines Pixels der EPD-Backplane. Nicht-moduliertes Wechselspannungssignal im Vergleich mit rekonstruierten Messsignalen (Piezo angeregt). a) Unterschiedliche Anregungsfrequenzen b) Amplitude der Anregungsfrequenz von 80 V auf 50 V (Spitze-Spitze) reduziert. Die Gate- und Data-Line-Signale entsprechen denen in Abb. 4.32.

für eine geringere Anregungsfrequenz sowie für eine geringere Amplitude ab (Abb. 4.35a),

4.2. Messung der absoluten Spannungen elektronischer Funktionsbereiche

da der Beitrag zum (Gesamt-) Messsignal kleiner wird. Gleichzeitig reduziert sich durch die Verringerung jedoch auch die Sensitivität der Spannungsmessung (Gl.4.6).

Zusammenfassung und Verbesserungmöglichkeiten

Anhand der diskutierten Messergebnisse lassen sich bereits einige Maßnahmen zur Verbesserung der Messmethode bzw. des Prototypsensors ableiten. Die entsprechenden Maßnahmen sind in Tabelle 4.4 mit den Leistungsmerkmalen der Messmethode zusammengefasst.

Tabelle 4.4: Leistungsmerkmale und Verbesserungsmöglichkeiten des Verfahrens zur Messung absoluter Spannungen

Leistungs-merkmale	berührungslose, simultane Messung von Gleich- und Wechselspannungsanteilen	
	statische und dynamische (Scanvorgang) Messung	
	Einsatz im Rahmen der Defekt- und Funktionsinspektion	
	Nutzung des vorhandenen Sensorkopfs	
	Auswahl der Messmodi (AC-/DC-Anteile) über Software	
	Maßnahme	**Auswirkung**
Verbesserungs-möglichkeiten	Steigerung der Anregungsfrequenz des Piezoelements (begrenzt durch Verstärker und Kontaktelektroden)	Reduzierung der zufälligen und systematischen (Signalverzerrung) Messfehler
	aktive Regelung des Anregungssignals des Piezoelements	Kompensation von Temperaturschwankungen, Vermeidung systematischer Fehler bei der Kalibrierung
	Entwicklung eines Verfahrens zur Justage des Sensorchips und Piezoelements im Luftlager	Steigerung der Messempfindlichkeit (Abs.3.3) und der Stabilität des Luftlagers
	Vergrößerung der ausgelenkten Fläche des Piezoelements	Unterdrückung von Schwingungsmoden (lateral variierende Sensorchipdistanz, Abschnitt 3.3)
	Korrektur der Signalverzerrungen, die nicht durch Filterung entfernt werden können	korrekte Rekonstruktion des AC-Anteils

5 Finite-Elemente-Simulationen der kapazitiven Kopplung

Einleitung

Dieses Kapitel beschäftigt sich mit der Simulation der kapazitiven Kopplung zwischen Sensor bzw. den Sensorelektroden und den elektronischen Bestandteilen der in Kapitel 4 untersuchten Formen planarer Elektronik. Grundlage ist hierbei die in Abschnitt 2.3 beschriebene Methode der Finiten Elemente (FE). Da analytische Lösungen für das elektrische Potential und die Kapazität nur für sehr einfache Elektrodenanordnungen gefunden werden können [55, 56, 67, 68, 126], lassen sich komplexere Anordnungen nur mit Hilfe numerischer Methoden analysieren. Bei der exakten Extraktion der Kapazität komplexer Anordnungen hat sich die FE-Simulationen bereits in der Vergangenheit bewährt [108, 109]. Ziel ist es, durch die simulative Abbildung der kapazitiven Kopplung die eindeutige Interpretation der Inspektionsergebnisse zu ermöglichen und zugleich neue Anwendungsbereiche für die Inspektionsmethode zu erschließen. In diesem Sinne soll die Simulation dazu dienen, Weiterentwicklungsmöglichkeiten des Verfahrens aufzuzeigen, aber auch die Bewertung und Verbesserung bereits erfolgter messtechnischer Erweiterungen zu gewährleisten. Ein zentraler Punkt ist hierbei die Entwicklung und Verifizierung von Signalverarbeitungsmethoden.

Um die Bewegung des Sensors abzubilden, wird die Methode der nicht-konformen Gitter verwendet (Abs. 2.3.2). Zunächst wird die Umsetzung der Simulation des quasistatischen Sensorsignals diskutiert. Daran anschließend werden die gewonnenen Simulationsergebnisse anhand von Messergebnissen verifiziert. Im darauffolgenden Abschnitt wird die Simulation der kapazitiven Kopplung des in Abschnitt 3.2 vorgestellten Sensors zur Ableitung eines analytischen Kapazitätsmodells herangezogen. Die funktionale Beschreibung der Modellparameter erfolgt hierbei anhand des Vergleichs von Modell- und Simulationsergebnissen. Die in Kapitel 4 diskutierten Herausforderungen bei der Inspektion elektrisch isolierter Bestandteile planarer Elektronik werden in Abschnitt 5.3 aufgegriffen. Mit Hilfe der FE-Simulation wird ein auf diese Inspektionsaufgabe abgestimmtes Sensordesign entwickelt und Richtlinien zur

5. Finite-Elemente-Simulationen der kapazitiven Kopplung

Designoptimierung im Hinblick auf die geometrischen Eigenschaften der Inspektionsobjekte abgeleitet. Während sich der erste Teil des Kapitels an der Defektinspektion orientiert, wird im letzten Teil des Kapitels eine im Rahmen der Arbeit entwickelte hybride FE-Methode vorgestellt. Diese Methode erlaubt die Simulation von dynamischen Spannungsänderungen an den elektronischen Bestandteilen, unter der Berücksichtigung der Rückwirkung der Sensorbewegung. Auf diese Weise wird zusätzlich zur Defektinspektion auch die Simulation des Sensorsignals bzw. der Auswirkungen von systematischen Defekten und Funktionsstörungen der Bestandteile auf das Signal möglich.

5.1 FE-Simulationen des quasi-statischen Sensorsignals (Defektinspektion)

Dieser Abschnitt beschreibt den Aufbau der FE-Simulation und die Vorteile, die sich aus der Verwendung nicht-konformer Gitter (Abs. 2.3) ergeben. Zur Verifizierung der Simulationsergebnisse werden Messungen an einfachen Leiterbahnanordnungen sowie die in Kapitel 4 vorgestellten Inspektionsergebnisse herangezogen. Ziel der Simulationsentwicklung ist hierbei die Abbildung der Defektinspektion für unterschiedliche Arten planarer Elektronik.

5.1.1 Aufbau der FE-Simulation

Die den FE-Simulationen zugrundeliegende Geometrie, welche den Sensor und die entsprechende planare Elektronik umfasst, wird mit der Software ANSYS [127] erstellt. Auch die Diskretisierung der Geometrie, d.h. die Zerlegung der einzelnen Gebiete in quadrilaterale (2-dim.) oder hexaedrische Elemente (3-dim.) wird mit ANSYS durchgeführt. Das Ergebnis der Zerlegung ist eine Datei, in der das erzeugte Gitter, d.h. die Elemente der Geometriekomponenten und ihre Eckpunkte (Konten), anhand einer fortlaufenden Nummerierung bzw. ihrer Koordinaten separat verzeichnet sind. Die Berechnung der Potential- und Feldverteilungen erfolgt mit der am Lehrstuhl für Sensorik (LSE) entwickelten Software CFS++ [128]. Hierzu werden die Materialeigenschaften (separate Datei), das Gebiet, in dem die Berechnung erfolgen soll, die Art des zu lösenden Problems (z.B. elektrostatische Simulation), die entsprechenden Randbedingungen, die gesuchten Größen (z.B. elektrisches Potential) und der zu verwendende Lösungsalgorithmus (direkte oder iterative Lösung) in einer weiteren Datei definiert. Die beiden Dateien werden in CFS++ eingelesen und die numerische Lösung der dem Problem zugrundeliegenden Differentialgleichungen berechnet (Abs. 2.3.1). Das Ergebnis der Berechnung wird ebenfalls als Datei abgespeichert und kann mit Analyse-Programmen wie

GID [129] oder Paraview [130] dargestellt werden. Einzelergebnisse für definierte Gebiete, z.b. die Ladung einer bestimmten Elektrode, stehen nach dem Simulationsdurchlauf als Textdateien zur Verfügung.

Simulationsgeometrie

Die Verwendung nicht-konformer Gitter erlaubt die Erzeugung separater Zerlegungen bzw. Gitter für Inspektionsobjekt und Sensor. Bei der Erstellung der Geometrie der Inspektionsobjekte können bereits einige Vereinfachungen vorgenommen werden, um die Anzahl der Elemente und damit die Simulationszeit zu reduzieren. Eine solche Vereinfachung stellt vor allem die Reduzierung der Dicke der Trägermaterialien der planaren Elektronik dar. Die Diskretisierung der lateralen Dimension (Abs. 2.2) der elektronischen Bestandteile erfordert eine Elementgröße im Bereich weniger Mikrometer. Da ein bestimmtes Seitenverhältnis ($\approx 1/10$) der Elemente, zur Vermeidung numerischer Fehler, nicht überschritten werden sollte, würde die Diskretisierung der einige Millimeter dicken Trägermaterialien eine unnötig große Anzahl an Elementen nach sich ziehen. Wird stattdessen die Dicke des Trägermaterials reduziert und am Rand des Materials eine homogene Neumann-Randbedingung (Abs. 2.3) gewählt, so bleibt das Simulationsergebnis nahezu unbeeinträchtigt. Dies ist darauf zurückzuführen, dass der Abstand (einige Millimeter) zur geerdeten Auflage der Inspektionsobjekte im Vergleich zum Abstand des Sensors (d_sen) (Kap. 3) näherungsweise als unendlich betrachtet werden kann. Die Kapazität der elektronischen Bestandteile zur Auflage ist folglich deutlich kleiner als zum Sensor und kann in vielen Fällen vernachlässigt werden. Davon ausgeschlossen bleibt jedoch die Inspektion elektrisch isolierter elektronischer Bestandteile. Als Beispiel einer entsprechenden Vereinfachung zeigt Abb. 5.1a die Simulationsgeometrie für die in Abschnitt 2.2.1 vorgestellten Flachdetektoren. Zusätzlich zur Reduzierung der Dicke des Trägermaterials wurden hier die Schichtdicken der isolierenden Materialien leicht modifiziert, um einen planaren Aufbau zu erreichen und so die Erzeugung der Geometrie zu vereinfachen. Die laterale Ausdehnung der elektronischen Bestandteile wurde jedoch unverändert beibehalten. Abbildung 5.1a macht zudem deutlich, dass als Simulationsgeometrie jeweils nur Teilbereiche der Inspektionsobjekte herangezogen wurden. Dies ist gerechtfertigt, da analog zum Fall der Reduzierung der Dicke des Trägermaterials die kapazitive Kopplung zwischen dem Sensor und den Bestandteilen der Inspektionsobjekte nicht durch Bereiche außerhalb (mehrere hundert Mikrometer) des Bewegungsbereichs des Sensors beeinflusst wird. Das Teilgebiet des Inspektionsobjekts muss jedoch stets groß genug gewählt werden, sodass das dem Sensor zugeordnete Gitter für alle Sensorpositionen innerhalb dieses Gebiets liegen.

Ebenso wie bei der Erzeugung der Geometrie der Inspektionsobjekte wurden auch bei

5. Finite-Elemente-Simulationen der kapazitiven Kopplung

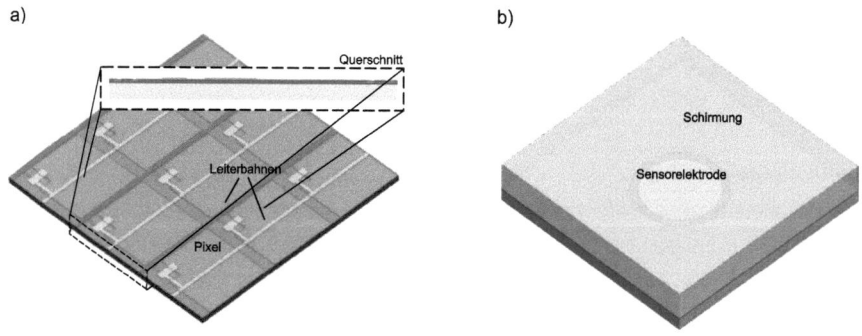

Abb. 5.1: Simulationsgeometrien a) Flachdetektor, b) Sensor.

der Geometrie des Sensors Vereinfachungen vorgenommen. Um die Simulationsgebiete bzw. die Größe der Teilgebiete der Inspektionsobjekte möglichst klein zu halten, wird hierbei die Geometrie auf die Abbildung einer der 64 Sensorelektroden beschränkt. Da die Unterseite des Sensorchips komplett von der lateralen Schirmung bedeckt wird und der Versatz zwischen Sensorelektroden und Schirmung lediglich im Bereich einiger hundert Nanometer liegt, kann eine rein planare Sensorgeometrie erzeugt werden. Für die Dicke der Schirmung und der Sensorelektrode wurde ein Wert von 1 µm gewählt. Wie auch bei den Trägermaterialien der Inspektionsobjekte wird auch hier die Dicke des Glaschips reduziert. Sie ist ohnehin nur für das durch den Spalt dringende Feld von Bedeutung, da die Sensorelektroden und die Schirmung über Dirichlet-Randbedingungen auf einem festen Potential gehalten werden. Die entsprechende Simulationsgeometrie des vereinfachten Sensors ist in Abb. 5.1b dargestellt.

Ausdehnung der Sensorelelektrodenschirmung

Die Ausdehnung der die Sensorelektrode umgebenden Schirmung hat einen maßgeblichen Einfluss auf die kapazitive Kopplung zwischen der Sensorelektrode und den elektronischen Bestandteilen. Je kleiner die Ausdehnung der Schirmung jedoch gewählt werden kann, ohne dabei das Simulationsergebnis zu verfälschen, umso kleiner kann auch die Größe des Teilgebiets der Inspektionsobjekte (s.o.) gewählt werden. Entsprechend lässt sich in diesem Fall die Simulationsgröße und somit die benötigte Rechenzeit deutlich reduzieren. Die hierfür nötige Ausdehnung der Schirmung hängt stark von der Anordnung der elektronischen Bestandteile der Inspektionsobjekte ab. Um eine Einschätzung der erforderlichen Größe der Schirmung zu erhalten, wurde die kapazitive Kopplung zwischen der Sensorelektrode und einfachen Leiterbahnanordnungen für unterschiedliche Schirmungsausdehnungen und verschiedene Sensorab-

5.1. FE-Simulationen des quasi-statischen Sensorsignals (Defektinspektion)

stände d_{sen} (z-Richtung) untersucht (Abb. 5.2). Hierzu wird die positionsabhängige Ladung

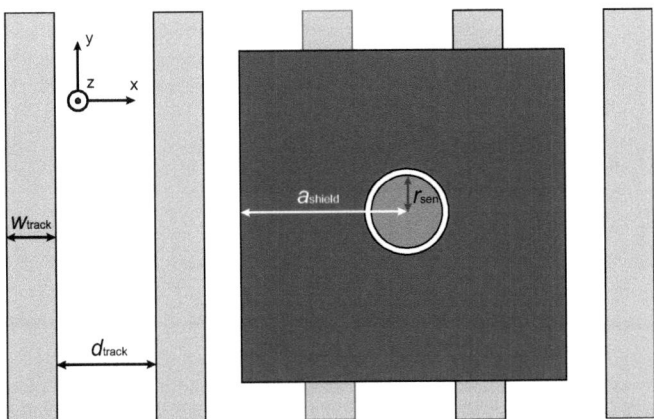

Abb. 5.2: Simulationsgeometrie zur Untersuchung der kapazitiven Kopplung zwischen Sensorelektrode (50 µm) und Leiterbahnanordnungen in Abhängigkeit der Ausdehnung der lateralen Schirmung der Sensorelektrode.

an der Sensorelektrode (Massepotential) Q_{sen} (Gl. 5.3) durch die elementweise Integration des D-Feldes (Abs. 2.1.1) berechnet. Die Division der Ladung durch die über inhomogene Dirichlet-Bedingungen vorgegebene Spannung der Leiterbahnen liefert die positionsabhängige Kapazität $C(x, y, z)_{\text{sen}}$ (Abb. 5.3). Die Auswertung der Simulationsergebnisse für Verbunde aus regelmäßig angeordneten Leiterbahnen zeigt, dass bis zu einem Sensorabstand d_{sen} von ca. 25 µm eine Faustregel für die Ausdehnung der Schirmung abgeleitet werden kann. Für einen gegebenen Abstand zwischen den Leiterbahnen d_{track} ist die nötige Ausdehnung der Schirmung (x-Richtung) nicht von der Breite der Leiterbahnen w_{track} abhängig. Die erforderliche laterale Ausdehnung a_{shield} (gemessen vom Mittelpunkt der Sensorelektrode) ergibt sich aus der Summe des Sensorradius r_{sen} und dem 1,5-fachen des Abstands der Leiterbahnen d_{track}

$$a_{\text{shield}} = r_{\text{sen}} + 1,5\, d_{\text{track}}. \tag{5.1}$$

Eine weitere Vergrößerung der Schirmung führt lediglich zu einer Veränderung der kapazitiven Kopplung von unter 0.1% der Kapazität. Hieran wird bereits deutlich, dass für planare Elektronik mit hohen Füllfaktoren eine Reduzierung der Schirmung der Sensorelektrode auf wenige Mikrometer (Koaxialschirmung) möglich ist, ohne Signal- und damit Kontrasteinbußen hinnehmen zu müssen. Für separate, d.h. nicht von weiteren elektrischen Leitern (z.B.

5. Finite-Elemente-Simulationen der kapazitiven Kopplung

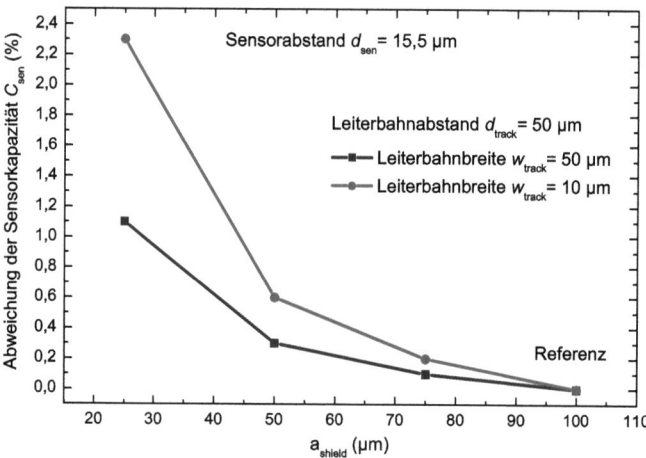

Abb. 5.3: Auswertung der Simulationsergebnisse bzgl. des Einflusses der lateralen Schirmung der Sensorelektrode auf die kapazitive Kopplung zwischen Sensor und Leiterbahnen.

Leiterbahnen oder Pixelelektroden) umgebene Leiter wird die kapazitive Kopplung jedoch nicht, wie bei regelmäßigen Leiteranordnungen, durch die benachbarten Bahnen reduziert und hat somit noch in einer Entfernung von mehreren hundert Mikrometern einen Einfluss auf das Sensorsignal.

Nutzung nicht-konformer Gitter

Wie bereits angesprochen wurde, beruhen die FE-Simulationen auf der Verwendung nicht-konformer Gitter bzw. der Mortar-Methode (Abs. 2.3.2) [104, 105, 110]. Der Einsatz dieser Methode zur Simulation des Sensorsignals des kapazitiven Inspektionssystems hat zahlreiche Vorteile:

1. Lediglich zwei Gitter sind zur Abbildung eines Scans des Inspektionsobjekts nötig.
2. Für Sensor und Inspektionsobjekte können separate Gitter erzeugt werden.
   - flexibler Austausch von Sensor und/oder Inspektionsobjekten
   - Gittergrößen individuell an Bestandteilabmessungen anpassbar
3. Die Synchronisation zwischen zeitabhängigen Signalen und der Sensorbewegung erfolgt anhand der Zeitschritte innerhalb der Simulation.
4. Die Rückwirkung der Sensorbewegung auf Inspektionsobjekte wird eingeschlossen.
5. Die Simulation wird durch das einmalige Einlesen der Gitter beschleunigt.

5.1. FE-Simulationen des quasi-statischen Sensorsignals (Defektinspektion)

Die Trennung der den Inspektionsobjekten und dem Sensor zugeordneten Gitter erfolgt hierbei im Bereich des Luftspalts, um einen zusätzlichen Sprung der Materialeigenschaften zu vermeiden (Abs. 2.3.2). Zusätzlich erfolgt die Trennung in lateraler Richtung bzw. senkrecht zur z-Achse (Abb. 5.1), was die Schnittoperationen zwischen den Elementen der beiden Gittern vereinfacht. Um die Kopplung zwischen den Gittern herzustellen, werden die Schnittelemente der Gitter in der Schnittebene mittels eines Algorithmus [105, 131, 132] berechnet. Die Zuordnung der Gitter zur mortar-/nicht-mortar Seite erfolgt im Eigenschafts-File (s.o.). Die entstehenden Schnittelemente dienen dann als Grundlage der Berechnung der Kopplungsmatrix (Gl. 2.62).

Um die Simulation des bewegten Sensor innerhalb von CFS++ umzusetzen, war eine Anpassung der Software nötig. Die zur Verwendung nicht-konformer Gitter notwendigen Implementierungen waren hierbei bereits vorhanden und sind in [131, 132] beschrieben. Zusätzlich musste jedoch die Bewegung des Sensors abgebildet werden (Unterteilung mittels diskreter Zeitschritte). Hierzu wurden die Bereiche innerhalb von CFS identifiziert, an denen Funktionen zur Verschiebung der Gebiete, zum Aktualisieren der Schnittebene zwischen den beiden Gittern sowie zum Löschen des Ergebnisses des jeweils vorherigen Zeitschritts angelegt werden konnten. Darauf aufbauend erfolgte die Implementierung und Ausgestaltung der Funktionen. Die Simulation des Scans eines Inspektionsobjekts erfolgt durch die Angabe der Verschiebung pro Simulationsschritt und der Anzahl der Verschiebungen in x- und y-Richtung. Hierbei werden zuerst die gewünschten Verschiebungen in x-Richtung ausgeführt, dann erfolgt die Verschiebung in y-Richtung und das erneute Ausführen der Verschiebung in x-Richtung (Mäander-Scan). Pro Zeitschritt erfolgt eine Verschiebung, die Anzahl der Zeitschritte ergibt sich daher aus der gewünschten Auflösung des Scans. Auflösung und Scangeschwindigkeit bestimmen die Länge der Zeitschritte. Diese Zeitschrittlänge wird gleichzeitig von allen zeitabhängigen Funktionen, z.B. der Anregungssignale verwendet und so die Synchronisation von Sensorbewegung und Signalen gewährleistet. Einen Vergleich der Simulationsergebnisse unter der Verwendung konformer und nicht-konformer Gitter zeigt Abb. 5.4. Für diese einfache Leiterbahnanordnung weichen die Rechenzeiten (konform/nicht-konform) nur leicht voneinander ab, da die Erzeugung und das Einlesen des konformen Gitters (pro Simulationsschritt) die aufgrund der Schnittoperationen der nicht-konformen Gitter gesteigerte Rechenzeit nur geringfügig übersteigt. Die Anzahl der Schnittoperationen bleibt jedoch auch mit wachsender Gittergröße (Inspektionsobjekt) gleich, da sie durch die Größe des dem Sensor zugeordneten Gitters vorgegeben wird. Somit ist die Verwendung nicht-konformer Gitter vor allem bei der Simulation von detailreichen Modellen mit einigen Millionen Elementen

5. Finite-Elemente-Simulationen der kapazitiven Kopplung

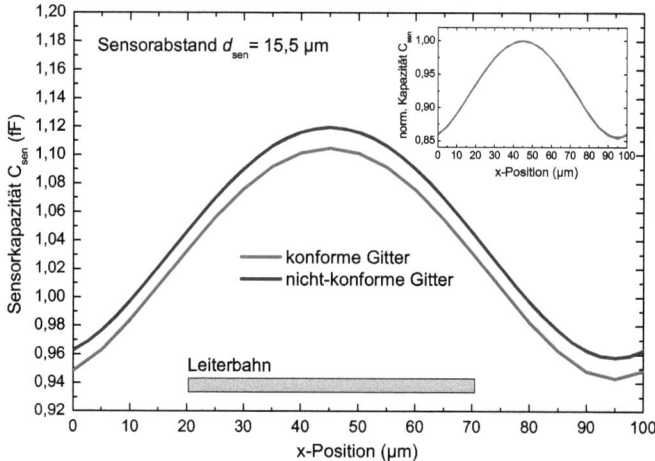

Abb. 5.4: Vergleich der Simulationsergebnisse (positionsabhängige Kapazität) für eine einfache Leiterbahnanordnung unter Verwendung konformer und nicht-konforme Gitter. Das Inset zeigt die normierte Darstellung der Ergebnisse.

(z.B. FPDs) vorteilhaft. Unter Einsatz konformer Gitter muss zudem über die Erzeugung der Datei des Gitters hinaus auch die Datei der Eigenschaften jeweils neu angelegt werden. Die Anzahl der benötigten Dateien ist direkt proportional zur Zahl der Simulationsschritte. Da die Abweichung der Simulationsergebnisse für konforme und nicht-konforme Gitter lediglich im Bereich von 1% liegt (Abb. 5.4), wurde die Methode der nicht-konformen Gitter aufgrund ihrer Flexibilität und einfachen Handhabbarkeit für alle weiteren FE-Simulationen herangezogen.

5.1.2 Verifizierung der Simulationsergebnisse

Zur Verifizierung der Simulationsmethode bzw. der Simulationsergebnisse, einschließlich der Verwendung nicht-konformer Gitter, wurden Inspektions- und Simulationsergebnisse für verschiedene Inspektionsobjekte miteinander verglichen. Als Inspektionsobjekte wurden hierzu unterschiedliche Leiterbahnanordnungen, deren Geometrie und Struktur im Vorhinein bestimmt wurden, verwendet. Um den Vergleich von Simulations- und Inspektionsergebnissen zu ermöglichen, musste zunächst die Pneumatikregelung zur Einstellung des Sensorabstands (Abs. 3.5) kalibriert werden. Hierzu wurde das Sensorsignal für definierte Abstände d_{sen} (Mikroskoptrieb) zu einem Planspiegel, unter Einsatz eines separaten Vorverstärkers, aufgezeichnet. Im Anschluss wurde die Pneumatikregelung anhand der aufgenommenen Signalstärken unter der Nutzung des selben Vorverstärkers kalibriert. Die so gewonnene Kalibrierung weist aufgrund der Messungenauigkeiten des Oszilloskops, des zur Abstandsvariation verwendeten Mikroskoptriebs und der Ausrichtung des Planspiegels eine Messunsicherheit von ca. $\pm 2\,\mu\mathrm{m}$ auf. Die Oberflächenwelligkeit der Inspektionsobjekte wurde mit Hilfe eines Konfokalmikroskops untersucht, um eine Abschätzung des minimal erreichbaren Sensorabstands zu erhalten. Auch der Versatz zwischen Sensorchip und Luftlager wurde mittels Konfokalmikroskop gemessen und ein Wert von $9\,\mu\mathrm{m}\pm 1\,\mu\mathrm{m}$ ermittelt. Zur Reduzierung des Rauschens des Messsignals wurde jeweils über mehrere Einzelscans gemittelt.

In Abb. 5.5b sind die Simulations- und Inspektionsergebnisse (Messergebnisse) für ein metallisches Gitter entsprechend Abb. 5.5a dargestellt. Die Oberflächenwelligkeit durch die Metallisierung kann vernachlässigt werden, da die Dicke der Metallisierung lediglich im Bereich von ca. 100 nm liegt. Vergleichsmessungen an regelmäßig eindimensional angeordneten Leiterbahnen mit und ohne dielektrische Beschichtung zeigen Abb. 5.6b und Abb. 5.6c. Eine schematische Darstellung der entsprechenden Leiterbahnanordnungen zeigt Abb. 5.6a. Bei diesen Inspektionsobjekten wurde im untersuchten Bereich eine Oberflächenwelligkeit von ca. $5\,\mu\mathrm{m}\pm 1\,\mu\mathrm{m}$ (Spitze-Tal) gemessen (Konfokalmikroskop). Die Druckeinstellungen wurden so gewählt, dass während des Scans gerade kein Kontakt mehr zwischen dem Luftlager und der Oberfläche der Inspektionsobjekte entsteht. Ein solcher Kontakt ist hierbei leicht anhand der Verzerrung des Messsignals zu erkennen. Somit ergibt sich ein mittlerer Luftlagerabstand von ca. $3\,\mu\mathrm{m}$. Mit dem Sensorchipversatz von ca. $9\,\mu\mathrm{m}$ folgt daraus ein Abstandsbereich von ca. $12\,\mu\mathrm{m}$. Die Abstandsschwankungen sind deutlich an der Variation der Amplituden in den entsprechenden Scans zu erkennen (Abb. 5.6d). Zum Vergleich der Simulations- und Messergebnisse wurde jeweils ein Signalbereich mittlerer Messsignalstärke (Amplitudenvariation), welcher somit annähernd den mittleren Sensorabstand widerspiegelt, herangezogen. Der Vergleich zeigt eine hervorragende Übereinstimmung von Simulations- und Messergebnissen. Die charakteristischen Signalvariationen durch Leiterbahnabstand und -breite (d_{track}, w_{track}), ebenso wie die Abstandsabhängigkeit (d_{sen}), werden hierbei korrekt wiedergegeben.

5.2 Modellierung der kapazitiven Kopplung

Aufgrund der hervorragenden Übereinstimmung von Mess- und Simulationsergebnissen (Abs. 5.1.2) wurde die Simulation zur Ableitung eines analytischen Modells der kapazitiven Kopplung für den in Abschnitt 3.2 beschriebenen Sensor eingesetzt [55, 56]. Die Bestimmung der Modellparameter erfolgt hierbei anhand der Simulationsergebnisse. Die experimentelle Bestimmung der Parameter ist aufgrund der großen Zahl der hierfür nötigen Inspektionsobjekte und der messtechnischen Voraussetzungen praktisch nicht umzusetzen. Die Vorteile

5. Finite-Elemente-Simulationen der kapazitiven Kopplung

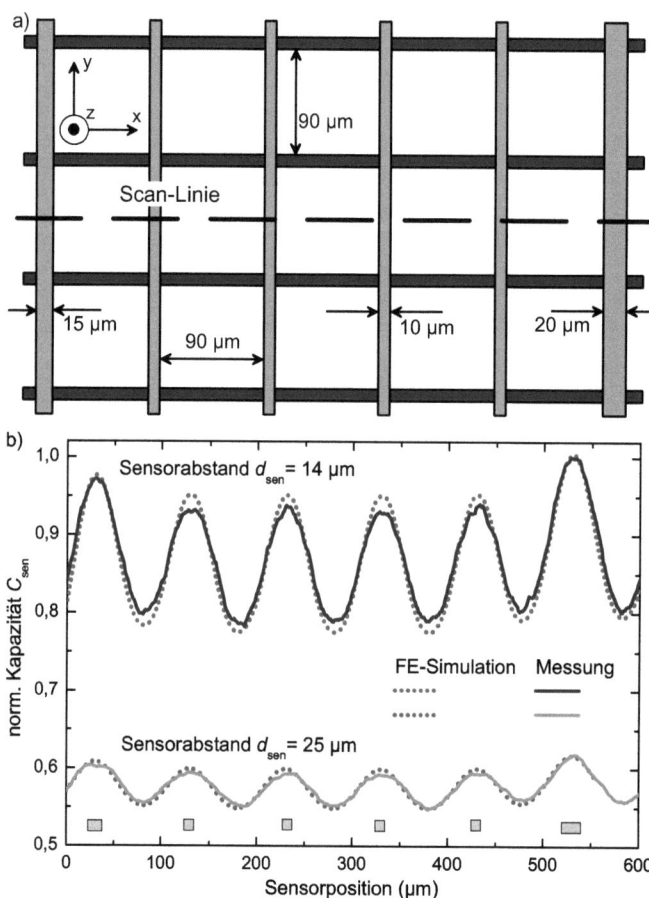

Abb. 5.5: a) Schematische Darstellung einer untersuchten Leiterbahnanordnung (Gitter). b) Vergleich der Simulations- und Messergebnisse.

eines analytischen Kapazitätsmodells sind offensichtlich. Zum einen kann die Sensorcharakteristik schnell und umfassend analysiert werden und es lassen sich die Kenngrößen, wie Auflösungsvermögen oder der Einfluss der Sensorelektrodengröße und -form auf das Inspektionsergebnis rasch ermitteln. Zum anderen wird es möglich, das für ein Inspektionsobjekt zu erwartende Sensorsignal, ohne den Weg über die FE-Simulation, im Voraus zu berechnen und zu analysieren. Zudem ziehen Variationen der Geometrie der Inspektionsobjekte in diesem Fall keine erneute Erzeugung der Geometrie und anschließende Simulation nach sich, da sie durch Modellparameter abgebildet werden können. Darüber hinaus kann ein

5.2. Modellierung der kapazitiven Kopplung

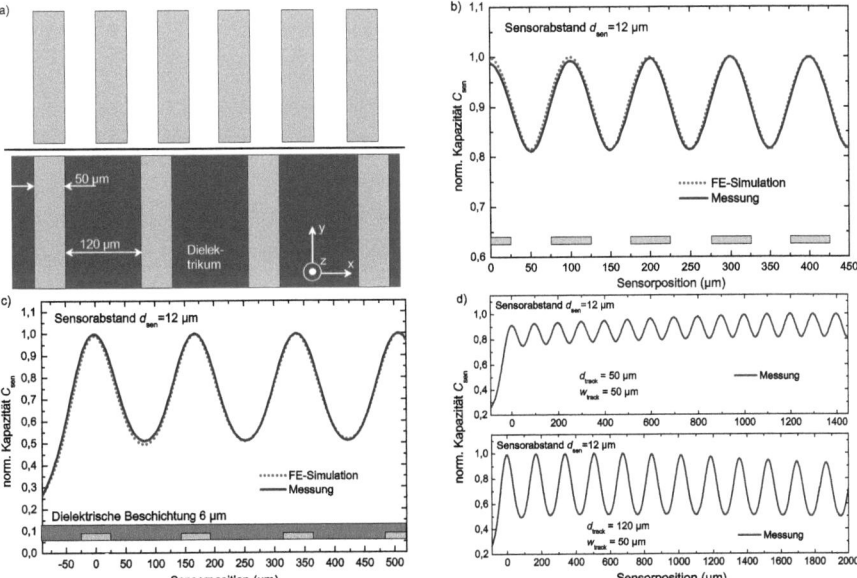

Abb. 5.6: a) Schematische Darstellung der untersuchte Leiterbahnanordnungen. b) und c) Vergleich der Simulations- und Messergebnisse. d) Messergebnisse für größeren Scanbereich (x-Richtung).

solches Modell zur Entwicklung von Signalverarbeitungsalgorithmen oder aber direkt zur Signalverarbeitung eingesetzt werden.

Da das kapazitive Inspektionsverfahren auf die Untersuchung regelmäßig angeordneter planarer elektronischer Bauelemente ausgerichtet ist, wurden als Modellgrundlage Verbunde aus parallel angeordneten Leiterbahnen herangezogen. Die Modellierung der kapazitiven Kopplung zwischen der Sensorelektrode und den Leiterbahnanordnungen beruht hierbei auf folgenden Voraussetzungen:

- Die positionsabhängige Kapazität wird nur durch die aus Leiterbahnen und Sensor gebildete Anordnung und nicht durch die angelegte Spannung bestimmt.
- Die Beiträge zur Gesamtkapazität ergeben sich aus der Addition der Einzelbeiträge (Superpositionsprinzip).
- Die Bewegung des Sensors hat keinen Einfluss auf den Verlauf des elektrischen Feldes, da Sensorelektrode und Schirmung eine planare leitfähige Elektrodenfläche bilden.

5. Finite-Elemente-Simulationen der kapazitiven Kopplung

Aufgrund des letzten Punktes kann die Modellentwicklung in zwei Schritte aufgeteilt werden:

1. Die Bestimmung der an der Sensorelektrode akkumulierten, positionsabhängigen Ladung in Abhängigkeit der Form der Sensorelektrode.
2. Die Ermittlung einer funktionalen Beschreibung der Feldstärke an der Oberfläche der aus Sensorelektrode und Schirmung gebildeten planaren Gegenelektrode, in Abhängigkeit der geometrischen Kenngrößen der Anordnung aus Sensor und Leiterbahnen.

Die Flächenladungsdichte an der metallischen Unterseite des Sensorchips (Schirmung + Sensorelektrode) ist direkt proportional zur Feldstärke

$$\frac{\sigma(x,y)_{\text{sen surf}}}{\varepsilon_0} = E(x,y,z=d_{\text{sen}}). \tag{5.2}$$

Damit ist die Ladung an der Unterseite des Chips (Feld in Luft) gegeben durch

$$Q_{\text{sen}} = \varepsilon_0 \int_{\partial V_{\text{sen}}=A_{\text{sen}}} \mathbf{E}(\mathbf{x}) \cdot \mathbf{dA} = \varepsilon_0 \int_{A_{\text{sen}}} E_3(x,y,z=d_{\text{sen}}) \cdot \mathrm{d}A. \tag{5.3}$$

Hierbei geht nur die z-Komponente der Feldstärke E_3 ein, da das Feld immer senkrecht zur Unterseite des Chips steht.

5.2.1 Eindimensional angeordnete Bestandteile planarer Elektronik

Anordnungen paralleler Leiterbahnen, deren Länge die Ausdehnung des Sensorchips (z.B. Abb. 5.2) deutlich überschreitet (Faktor 3), werden im Folgenden als eindimensionale Anordnungen bezeichnet. Entsprechend werden Anordnungen aus sich kreuzenden Leiterbahnen als zweidimensionale Anordnung betrachtet. Grundsätzlich kann die Feldstärke an der Unterseite des Sensorchips (Gl. 5.3) in x- und y-Richtung variieren. Im Fall eindimensional angeordneter Leiterbahnen ergibt sich jedoch eine in y-Richtung konstante Feldstärke. Das Flächenelement $\mathrm{d}A$ kann in diesem Fall durch folgenden Zusammenhang ausgedrückt werden,

$$\mathrm{d}A = 2 \cdot \sqrt{r_{\text{sen}}^2 - x^2} \cdot \mathrm{d}x, \tag{5.4}$$

wobei r_{sen} den Radius der Sensorelektrode beschreibt. Die Halbkreisfunktion in Gl. 5.4 spiegelt hierbei die Geometrie der Sensorelektrode wider und wird im Folgenden als Sensorfunk-

5.2. Modellierung der kapazitiven Kopplung

tion $f(x)_{\text{sen}}$ bezeichnet

$$f(x)_{\text{sen}} = \sqrt{r_{\text{sen}}^2 - x^2}. \qquad (5.5)$$

Die Ausdehnung der Sensorelektrode in y-Richtung wird folglich in einen x-abhängigen Faktor überführt (Kennzeichnung durch *), der das Integral über die nun eindimensionale Feldstärke $E_3^*(x, z = d_{\text{sen}})$ skaliert. Für die positionsabhängige Ladung an der Sensorelektrode $Q(x_0)_{\text{sen}}$ ergibt sich somit

$$\begin{aligned}
Q(x_0)_{\text{sen}} &= 2\,\varepsilon_0 \int_{x_0 - r_{\text{sen}}}^{x_0 + r_{\text{sen}}} E_3^*(x, z = d_{\text{sen}}) \cdot f_{\text{sen}}(x - x_0)\,\mathrm{d}x \\
&= 2\,\varepsilon_0 \int_{-\infty}^{+\infty} E_3^*(x_0 - x', z = d_{\text{sen}}) \cdot f(x')_{\text{sen}}\,\mathrm{d}x'. \qquad (5.6)
\end{aligned}$$

Gleichung 5.6 entspricht der Faltung der Sensorfunktion $f(x)_{\text{sen}}$ mit dem Absolutwert der Feldstärke $E_3^*(x, z = d_{\text{sen}})$. Damit wird die Ladung der Sensorelektrode in Abhängigkeit von der Sensorelektrodenform vollständig beschrieben. In diesem Sinne wird die Modellentwicklung auf die funktionale Beschreibung der Feldstärke in Abhängigkeit der geometrischen Kenngrößen der Leiterbahnanordnungen d_{track}, w_{track} und dem Abstand der Sensorelektrode d_{sen} reduziert.

Die Beschreibung der Feldstärke kann durch den Vergleich zu einem idealen Plattenkondensator gewonnen werden. Für infinitesimale Abstände zwischen den Leiterbahnen formen Leiterbahnen und Unterseite des Sensorchips die Platten eines solchen Kondensators. Wird nun eine der Leiterbahnen ($T1$) mit einer Spannung beaufschlagt, während alle anderen Leiterbahnen und der Sensorchip auf Massepotential gehalten werden, beschränkt sich das Feld fast ausschließlich auf den Bereich der Leiterbahn $T1$ und es bildet sich eine konstante Feldstärke an der Unterseite des Chips aus [56]. Wird der Abstand zwischen den Leiterbahnen vergrößert, breitet sich das Feld über den Bereich der Leiterbahn $T1$ hinaus aus, wobei die Feldstärke im Bereich der Leiterbahn noch annähernd konstant sein kann, siehe Abb. 5.7a. Entsprechend wird die Feldstärke vom Rand von $T1$ aus bis zum Bereich der benachbarten Leiterbahnen abnehmen. Als erste Näherung kann hierbei von einer linearen Abnahme in Abhängigkeit der Entfernung zu $T1$ (x-Richtung) ausgegangen werden. Daraus ergeben sich bereits zwei Modellparameter.

1. die Position c, an der der linear abnehmende Teil des Feldes verschwindet und
2. die Ausdehnung b des konstanten Teils des Feldes (Abb. 5.7).

5. Finite-Elemente-Simulationen der kapazitiven Kopplung

Beide Parameter hängen hierbei von der Entfernung der Sensorelektrode d_sen ab. Abbildung 5.7b zeigt die von einer Leiterbahn einer willkürlichen Anordnung ausgehende modellierte und anschließend normierte Feldstärke $E_3^*(x, z = d_\text{sen})_\text{norm} = E_3^*(x, z = d_\text{sen})/E_3^*(x, z = d_\text{sen})_\text{max}$ an der Unterseite des Sensorchips. Der Vergleich zwischen

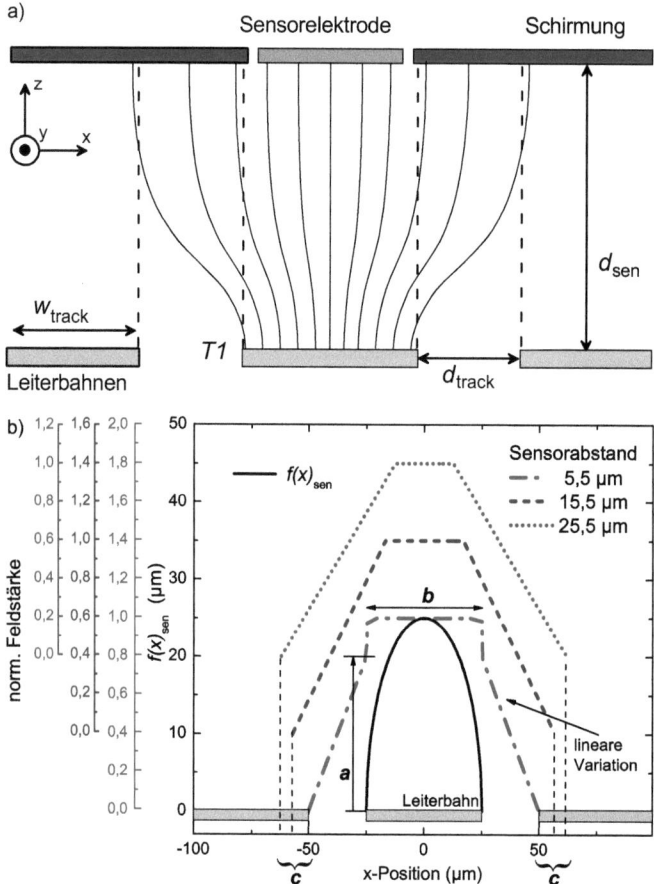

Abb. 5.7: Elektrische Feldstärke an der Unterseite des Sensorchips a) Schematische Darstellung der Abhängigkeit von den geometrischen Kenngrößen der Leiterbahnanordnungen. b) Modellierte Feldstärke.

5.2. Modellierung der kapazitiven Kopplung

Simulations- und Modellergebnissen zeigt, dass ein weiterer Parameter nötig ist, um eine gute Übereinstimmung zwischen den jeweiligen Ergebnissen zu erzielen [55]. Der Parameter $1/a$ beschreibt das Verhältnis zwischen den maximalen Funktionswerten ($E_3^*(x, z = d_{\text{sen}})$) des konstanten und des linear abnehmenden Teils der modellierten Feldstärke (Abb. 5.7b). Er trägt damit abrupten und nicht-linearen Änderungen der Feldstärke Rechnung und verliert mit zunehmenden Sensorabständen d_{sen} an Bedeutung.

Im Folgenden wird die funktionale Beschreibung der Modellparamter in Abhängigkeit von den geometrischen Kenngrößen d_{track}, w_{track} und des Sensorabstands d_{sen} dargestellt. Die Beschreibung erfolgt hierbei exemplarisch für drei Sensorabstände von $5{,}5\,\mu\text{m}$, $15{,}5\,\mu\text{m}$ und $25{,}5\,\mu\text{m}$. Um eine funktionale Beschreibung zu entwickeln, wurden systematisch FE-Simulationen für zahlreiche Leiterbahnanordnungen ausgewertet und die positionsabhängige Kapazität zur jeweils mittleren Leiterbahn einer Anordnung bestimmt. Hierzu werden die entsprechenden Leiterbahnen auf ein konstantes Potential U_{imp} gesetzt (Dirichlet-Randbedingung), während alle anderen Leiterbahnen und die Sensorunterseite auf Massepotential gehalten werden. Aus der positionsabhängigen Sensorladung ergibt sich in diesem Fall die Kapazität direkt zu

$$C(x_0)_{\text{sim}} = \frac{Q(x_0)_{\text{sim}}}{U_{\text{imp}}}. \tag{5.7}$$

Da die Kapazität eines idealen Plattenkondensators die maximal erreichbare Kapazität darstellt und die Abweichung von Simulationsergebnis und der analytischen Lösung des Plattenkondensators eine Abweichung von unter 1% aufweist [56], wird die positionsabhängige Kapazität auf die Kapazität eines idealen Plattenkondensators

$$C(x_0)_{\text{sim}_{\text{norm}}} = \frac{C(x_0)_{\text{sim}}}{C_{\text{id}}} \tag{5.8}$$

normiert. Die Fläche des Kondensators entspricht hierbei der Fläche der Sensorelektrode A_{sen}, der Plattenabstand dem Sensorabstand d_{sen}

$$C_{\text{id}} = \varepsilon_0 \cdot \frac{A_{\text{sen}}}{d_{\text{sen}}}. \tag{5.9}$$

Im zweiten Schritt wird das Faltungsintegral in Gl. 5.6 für die modellierte Feldstärke $E_3^*(x, z = d_{\text{sen}})_{\text{norm}}$ ausgewertet. $E_3^*(x, z = d_{\text{sen}})_{\text{norm}}$ wird hierbei aus über die Modell-

5. Finite-Elemente-Simulationen der kapazitiven Kopplung

parameter bestimmten, linearen und konstanten Funktionen zusammengesetzt (Abb. 5.7)

$$E_3^*(x, z = d_\text{sen})_\text{norm} = \frac{[\Gamma(x+c) - \Gamma(x+b/2)] \cdot (x+c) + a \cdot (b/2+c) \cdot [\Gamma(x+b/2) - \Gamma(x)]}{a \cdot [-b/2+c]}. \quad (5.10)$$

Der Einfachheit halber ist nur die Hälfte ($x > 0$) der approximierten Feldstärkefunktion dargestellt. Γ steht für die Heavysidesche Stufenfunktion. Durch die Verwendung der normierten Sensorfunktion $f(x)_{\text{sen}_\text{norm}} = \frac{f(x)_\text{sen}}{\int_{-r_\text{sen}}^{+r_\text{sen}} f(x)_\text{sen}\, dx}$ wird das Faltungsintegral auf die Sensorfläche normiert

$$\int_{-\infty}^{+\infty} E_3^*(x_0 - x, z = d_\text{sen})_\text{norm} \cdot f(x)_{\text{sen}_\text{norm}}\, dx. \quad (5.11)$$

Damit wird das Integral nur für $b \geq 50\,\mu\text{m}$, also konstante Feldstärkenanteile größer gleich des Sensorelektrodendurchmessers, eins. Entsprechend werden positionsabhängige normierte Kapazitäten $C(x_0)_{\text{sim}_\text{norm}}$ zu Leiterbahnen mit einer Breite unter $50\,\mu\text{m}$ durch die Verringerung des Parameters b abgebildet. Die Anpassung des Modells an die Simulationsergebnisse liefert nun die Parameter, welche in einen funktionalen Zusammenhang zu den geometrischen Kenngrößen gebracht werden können. Die Auswertung [55] liefert für den Parameter c

$$c_{5,5} = d_\text{track} + w_\text{track}/2 \quad (5.12)$$

$$c_{15,5} = 9{,}78\,\mu\text{m} + 0{,}885\, d_\text{track} + w_\text{track}/2 \quad (5.13)$$

$$c_{25,5} = 17{,}59\,\mu\text{m} + 0{,}821\, d_\text{track} + w_\text{track}/2. \quad (5.14)$$

Für den Parameter $1/a$ ergibt sich

$$\left(\frac{1}{a}\right)_{5,5} = 1 + 0{,}01 \frac{1}{\mu\text{m}} d_\text{track}\,(\mu\text{m}) \quad (5.15)$$

$$\left(\frac{1}{a}\right)_{15,5} = \frac{(7{,}46 - 0{,}135)\, w_\text{track}\,(\mu\text{m})}{d_\text{track}\,(\mu\text{m})} + \frac{2{,}46\,\mu\text{m}}{w_\text{track}\,(\mu\text{m})} + 0{,}941 \quad (5.16)$$

$$\left(\frac{1}{a}\right)_{25,5} = \frac{(15{,}39 - 0{,}294)\, w_\text{track}\,(\mu\text{m})}{d_\text{track}\,(\mu\text{m})} + 0{,}98. \quad (5.17)$$

Die einzusetzenden Werte verstehen sich in Mikrometer, der Index gibt die Sensordistanz an. Für einen Sensorabstand von $5{,}5\,\mu\text{m}$ entspricht der Parameter b ca. der Breite der Leiterbahnen w_{track}. Für die Sensordistanzen von 15,5 µm muss der Parameter auf ca. 70%, für Sensordistanzen von 25,5 µm auf 50% der Leiterbahnbreite reduziert werden.

5.2.2 Zweidimensional angeordnete Bestandteile planarer Elektronik

Für den Fall zweidimensional angeordneter Leiterbahnanordnungen wird hier keine funktionale Beschreibung der Modellparameter erarbeitet. Grund hierfür ist, dass im Vergleich zu eindimensionalen Anordnungen deutlich mehr inhärente Größen, wie der vertikale Abstand der Leiterbahnen und ihre Dicke, die Art des Isolators zwischen den Bahnen und die Einbettung in das Isolatormaterial, die numerischen Werte der Modellparameter deutlich verändern können. Daher ist die Erarbeitung eines funktionalen Zusammenhangs nur sinnvoll, wenn die entsprechenden Größen exakt vorgegeben sind. Zudem müssen zweidimensionale Anordnungen nicht in allen Teilen gitterförmig aufgebaut sein. Aus diesem Grund werden hier die zur Modellierung der kapazitiven Kopplung nötigen Parameter identifiziert und der Vergleich zwischen Modell- und Simulationsergebnissen anhand verschiedener, wohl definierter Leiterbahnkonfigurationen diskutiert. Die Möglichkeit der Ableitung einer funktionalen Beschreibung der Modellparameter im konkreten Anwendungsfall ist hierbei durch die Stetigkeit der Kapazitätsveränderung unter Parametervariationen grundsätzlich gewährleistet.

Für zweidimensional angeordnete Leiterbahnen kann Gl. 5.3 nicht mehr zu einer Integration in x-Richtung vereinfacht werden. Die Ladung an der Sensorelektrode ist gegeben durch

$$Q_{\text{sen}}(x_0, y_0) = \varepsilon_0 \int_{-\infty}^{+\infty} \int_{-\infty}^{+\infty} E_3(x_0 - x, y_0 - y, z = d_{\text{sen}})$$
$$\cdot f_{\text{sen}}(x, y) \, \mathrm{d}x \mathrm{d}y, \tag{5.18}$$

mit

$$f_{\text{sen}}(x, y) = \Gamma(r_{\text{sen}}^2 - x^2 - y^2). \tag{5.19}$$

Hierbei stellt Γ die Heavysidesche Stufenfunktion dar. Analog zum eindimensionalen Fall gibt $f_{\text{sen}}(x, y)$ den Bereich vor, über den die Feldstärke an der Sensorelektrode integriert werden muss. Zur Erstellung eines Modells der Feldstärke und zur Identifikation der nötigen Modellparameter werden im Folgenden rechtwinklig angeordnete, symmetrische Leiterbahnenbahnkonfigurationen (Abb. 5.8a) mittels FE-Simulationen untersucht. Hierbei werden Sensorelektrodenabstände von 5,5 µm, 15,5 µm, 25,5 µm vorgegeben. Für den vertikalen Leiterbahnabstand (Isolationsschicht) und die Leiterbahndicke wird jeweils ein Wert von 0,5 µm

5. Finite-Elemente-Simulationen der kapazitiven Kopplung

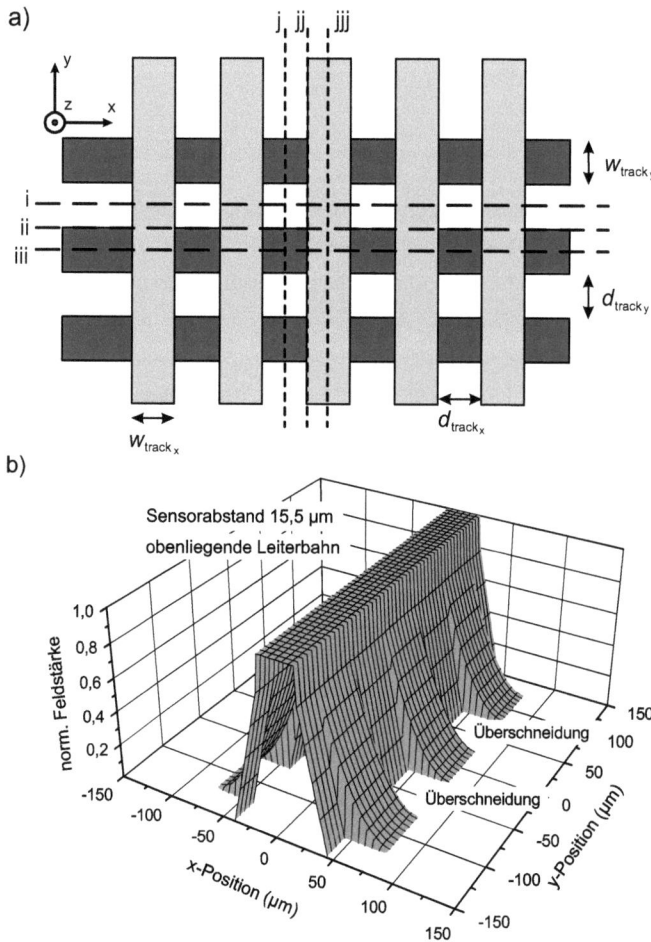

Abb. 5.8: a) Schematische Darstellung der untersuchten Leiterbahnanordnungen. Die markierten Positionen zeigen die Vergleichspunkte für Modell- und Simulationsergebnisse. b) Modellierte Feldstärke für eine obenliegende Leiterbahn einer Konfiguration mit Leiterbahnbreiten und -abständen von 50 µm und einer Sensordistanz von 15.5 µm

gewählt. Die Modell- und Simulationsergebnisse werden jeweils an drei verschiedenen Positionen entlang der oben- und untenliegenden Leiterbahnen verglichen. Dies sind Positionen in der Mitte zwischen zwei horizontalen Leiterbahnen (i, j), am Rand (ii, jj) und in der Mitte des Überlappbereichs (iii, jjj).

Obenliegende Leiterbahnen

Zunächst wird die Feldstärke für die obenliegenden Leiterbahnen untersucht und modelliert. Die Ausdehnung der Feldstärke im Bereich der Überschneidung unterscheidet sich deutlich von der Ausdehnung in Bereichen ohne Überlapp. Entsprechend müssen die Bereiche unterschiedlich modelliert (Abb. 5.8b) werden. Der Vergleich von Modell und Simulationsergebnissen zeigt, dass die Bereiche unabhängig voneinander modelliert werden können. Im Bereich der Überschneidung kann, wie im eindimensionalen Fall, ein linearer Verlauf der Feldstärke über dem lateralen Abstand angenommen werden. In Bereichen ohne Überlapp muss jedoch eine quadratische Abhängigkeit angesetzt werden, um die Übereinstimmung von Modell- und Simulation zu gewährleisten. Analog zum eindimensionalen Fall kann zunächst ein konstanter Feldstärkebereich entlang der Leiterbahnen angenommen werden. Die Breite dieses konstanten Teils muss ebenfalls in Abhängigkeit von der Sensordistanz angepasst werden. Das Verhältnis zwischen dem konstanten und variierenden Teil der Feldstärke geht ebenfalls als Parameter mit ein. Im Vergleich zum Fall eindimensional angeordneter Leiterbahnen müssen daher zunächst nur zwei weitere Parameter eingeführt werden, die die Ausdehnung der Feldstärke in Bereichen abseits der Überschneidung beschreiben. Die Ausdehnung im Bereich der Überschneidung ist hierbei unabhängig vom Abstand der Leiterbahnen d_{track_x} und muss daher lediglich einmal bestimmt werden.

Der Vergleich von Simulations- und Modellergebnissen zeigt, dass für einen horizontalen Abstand d_{track_y} von ca. 1/2 der Leiterbahnbreite (vertikaler Leiterbahn) die unterschiedliche Variation der Feldstärke in Bereichen mit und ohne Überschneidung vernachlässigt werden kann. Abbildung 5.9 macht dies für den Fall 50 µm breiter Leiterbahnen deutlich. Entsprechend kann in diesen Fällen eine homogene Feldstärke entlang der y-Richtung für alle Sensorabstände modelliert werden. Dies ist von besonderer Wichtigkeit im Hinblick auf planare elektronische Bestandteile von Flachbildschirmen, da dort meist hohe Füllfaktoren vorliegen. Zudem bedeutet dies die Rückführung auf die Modellierung eindimensional angeordneter Elektronik.

Untenliegende Leiterbahnen

Bisher wurde die Modellierung der Feldstärke für obenliegende Leiterbahnen erläutert. Prinzipiell gelten die beschriebenen Prinzipien der Modellierung ebenso für untenliegende Leiterbahnen. Ihr Abstand zur Sensorfläche ist jedoch größer als für obenliegende Leiterbahnen (Isolatordicke). Daher müssen die Parameter für große vertikale Abstände zwischen den Leiterbahnen entsprechend der Isolatordicke angepasst werden. Da die Überschneidung zu einer Unterbrechung des Feldverlaufs führt, muss, im Gegensatz zu obenliegenden Leiter-

5. Finite-Elemente-Simulationen der kapazitiven Kopplung

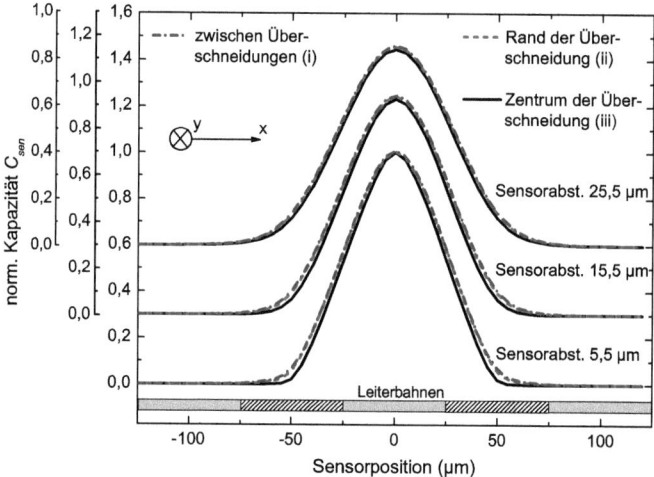

Abb. 5.9: FE-Simulationen für ein Gitter mit Leiterbahnbreiten von 50 µm. Sensorkapazität für unterschiedliche Sensorpositionen und Sensorabstände von 5,5 µm, 15,5 µm und 25,5 µm. Horizontaler Leiterbahnabstand d_{track_x} =50 µm, vertikaler Abstand d_{track_y} =25 µm. Zur Übersichtlichkeit wurden die Kurven in vertikaler Richtung verschoben.

bahnen, auch der konstante Teil der Feldstärke entlang der Leiterbahn entsprechend dem Sensorabstand reduziert werden. Für eine untenliegende Leiterbahn ergibt sich zudem im Überschneidungsbereich eine abweichende Feldstärke. Aufgrund der hier gewählten geringen Distanz zwischen den Leiterbahnen (0.5 µm) liefert das direkt vom Überschneidungsbereich ausgehende Feld keinen Beitrag zur Feldstärke an der Sensorelektrode. Der Bereich wird jedoch nicht feldfrei bleiben, da die unbedeckten Abschnitte der Leiterbahn eine Feldstärke (an der Sensorchipfläche) in diesem Bereich bewirken. Für Sensorabstände im Bereich bis 5 µm kann diese Einkopplung vernachlässigt werden. Für größere Sensorabstände d_{sen} muss die Einkopplung jedoch berücksichtigt werden. Dies kann durch die Modellierung einer quadratischen Abnahme der Feldstärke, beginnend vom Rand des konstanten Feldstärkebereichs zum Zentrum der Überschneidung hin, geschehen. Abbildung 5.10 zeigt die modellierte Feldstärke für eine untenliegende Leiterbahn. Folglich sind auch zur Modellierung der Feldstärke bzw. Kapazität einer untenliegenden Leiterbahn, im Vergleich zum eindimensionalen Fall, lediglich zwei weitere Modellparameter nötig.

5.2.3 Verifizierung der Modellergebnisse

Eindimensional angeordnete Bestandteile planarer Elektronik

Zur Überprüfung der Modellergebnisse einschließlich der funktionalen Beschreibung der Mo-

5.2. Modellierung der kapazitiven Kopplung

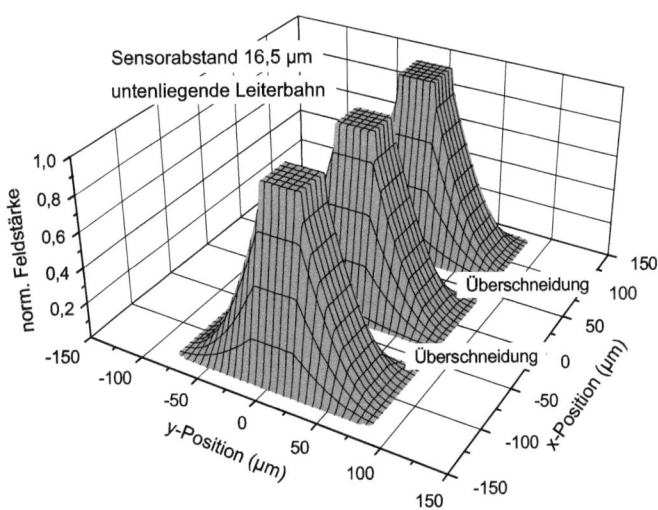

Abb. 5.10: Modellierte Feldstärke für eine untenliegende Leiterbahn einer Konfiguration mit Leiterbahnbreiten und -abständen von 50 µm und einer Sensordistanz von 16,5 µm.

dellparameter wurde die kapazitive Kopplung für zwei nicht zur Bestimmung der Modellparameter verwendete Leiterbahnanordnungen modelliert und mit entsprechenden Simulationsergebnissen verglichen. Abbildung 5.11 illustriert die hervorragende Übereinstimmung der Ergebnisse.

Zur Abbildung der asymmetrischen Anordnung wurden die Parameter der beiden entsprechenden symmetrischen Anordnungen zur Modellierung der Feldstärke herangezogen.

Zweidimensional angeordnete Bestandteile planarer Elektronik

Für die Verifizierung der Modellergebnisse im Falle zweidimensional angeordneter elektronischer Bestandteile wurden ebenfalls eine symmetrische und eine asymmetrische Leiterbahnanordnung herangezogen. Im Unterschied zum Fall eindimensionaler Anordnungen wurden hier die Parameter durch eine iterative Näherung im Vergleich zwischen Simulations- und Modellergebnis ermittelt. Wie oben diskutiert, ist eine funktionale Beschreibung der Modellparameter für zweidimensionale Anordnungen nur unter der Kenntnis der über die geometrischen Eigenschaften der Leiterbahnen hinausgehenden Parameter sinnvoll. Der Vergleich der Simulations- und Modellergebnisse ist in Abb. 5.12 und Abb. 5.13 für die jeweils oben- und untenliegenden Leiterbahnen einer symmetrischen sowie einer asymmetrischen Leiterbahnanordnung (2D) zu sehen (feste x- und y-Positionen, Abb. 5.8). Auch in diesem Fall ist eine sehr gute Übereinstimmung der Modell- und Simulationsergebnisse zu erkennen. Da bezüg-

5. Finite-Elemente-Simulationen der kapazitiven Kopplung

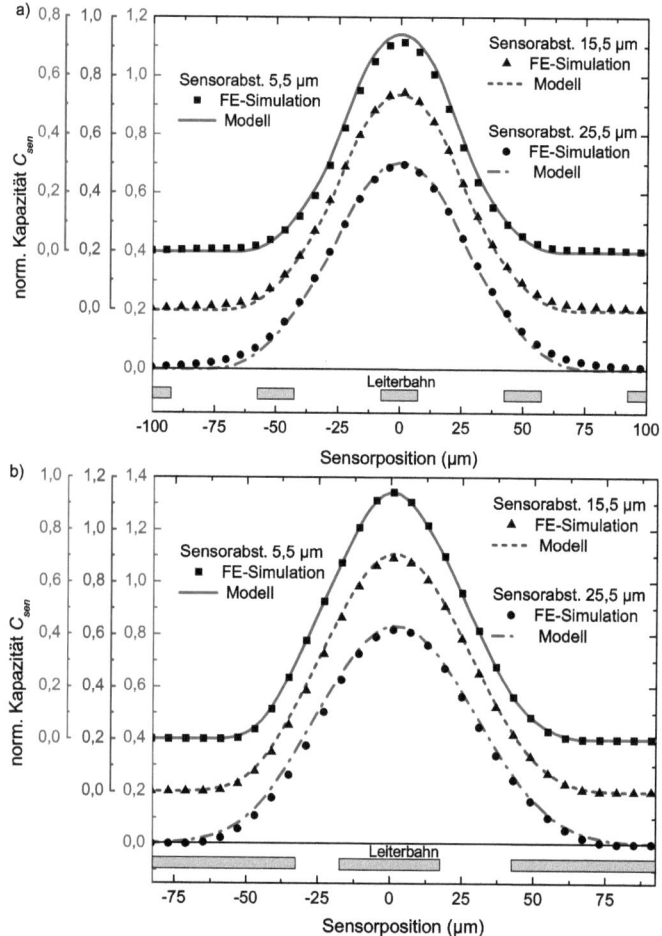

Abb. 5.11: Vergleich zwischen Modell- und Simulationsergebnissen (1D-Anordnung) a) Symmetrische Leiterbahnanordnung, b) asymmetrische Leiterbahnanordnung. Kurven zur Übersichtlichkeit in vertikaler Richtung verschoben.

lich der asymmetrischen Anordnung für die Distanz der horizontal verlaufenden Leiterbahnen d_{track_y} ein Wert von 25 µm gewählt wurde, kann die Modellierung auf den eindimensionalen Fall zurückgeführt werden (3 Parameter). Dies macht gleichzeitig auch eine asymmetrische Modellierung für die unterschiedlichen Abstände in x-Richtung (d_{track_x}) überflüssig. Folglich verifiziert das Ergebnis die oben diskutierten Erweiterungen des (1D-)Modells auf zweidimensionale Leiterbahnanordnungen.

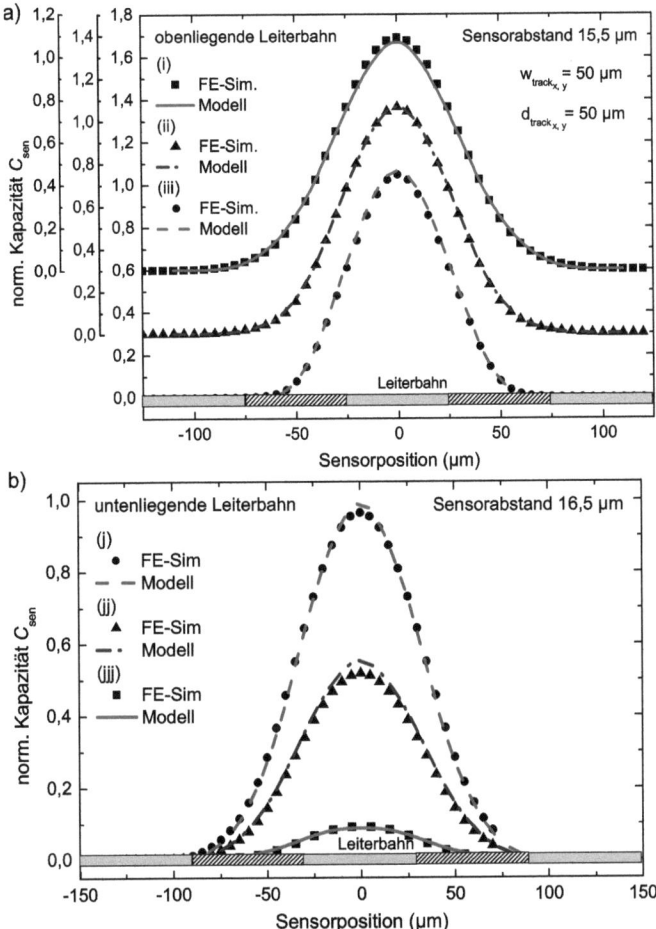

Abb. 5.12: Vergleich zwischen Modell- und Simulationsergebnissen (symmetrische 2D-Anordnung). a) Obenliegende Leiterbahn. b) Untenliegende Leiterbahn. Sensordistanz 16,5 µm. Kurven zur Übersichtlichkeit in vertikaler Richtung verschoben.

5.3 Sensordesign zur Inspektion elektrisch isolierter Bestandteile

Dieser Abschnitt beschäftigt sich mit der Bestimmung des optimalen Sensordesigns im Hinblick auf die Inspektion elektrisch isolierter Bestandteile planarer Elektronik. Besonders in frühen Fertigungsschritten sind die einzelnen elektronischen Bestandteile oft nicht direkt

5. Finite-Elemente-Simulationen der kapazitiven Kopplung

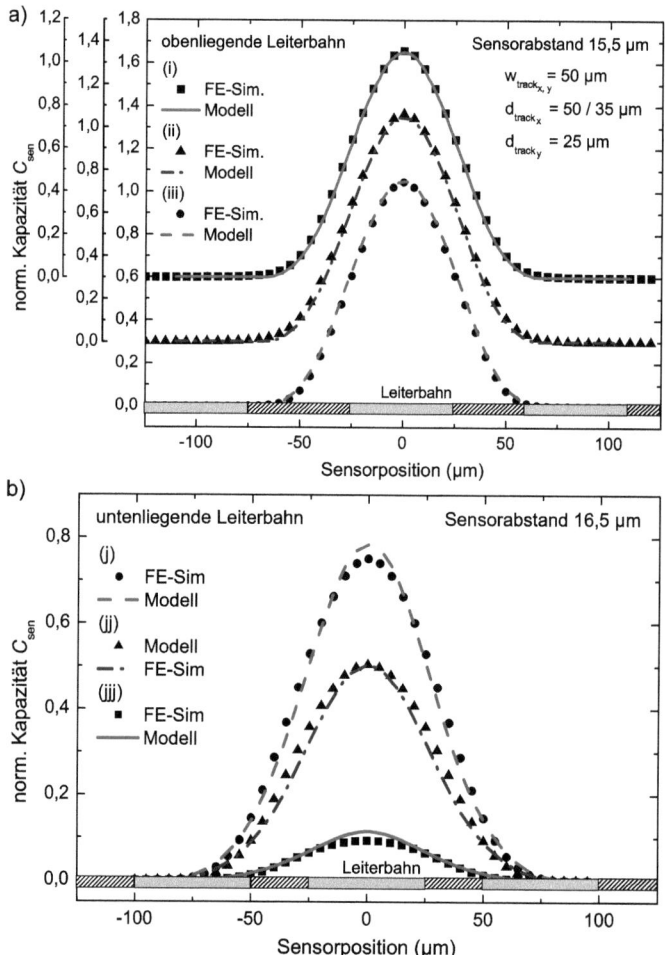

Abb. 5.13: Vergleich zwischen Modell- und Simulationsergebnissen (asymmetrische 2D-Anordnung). a) Obenliegende Leiterbahn. b) Untenliegende Leiterbahn. Sensordistanz 16,5 µm.

elektrisch kontaktierbar (z.B. über Leiterbahnen). Die Anregung der Bestandteile ist in diesen Fällen nur durch kapazitive Kopplung möglich. Der in Abschnitt 3.2 beschriebene Sensorchip ist für diese Inspektionsaufgabe nur unter bestimmten Bedingungen einsetzbar (Abs. 4.1.2), [52]. Im Gegensatz zur Anpassung der Einkoppelelektroden (Abs. 4.1.2) steht in diesem Abschnitt die optimale Anpassung des Sensordesigns im Zentrum. Anhand von Anordnungen metallischer, elektrisch isolierter Plättchen werden die Problemstellung

5.3. Sensordesign zur Inspektion elektrisch isolierter Bestandteile

und das Detektionsprinzip erläutert. Zudem werden die grundlegenden Einflussgrößen identifiziert und Gesetzmäßigkeiten für die Sensorgestaltung abgeleitet [54, 119, 133].

Die Bestandteile planarer Elektronik werden typischerweise auf einige Millimeter dicke Trägermaterialien aus Glas oder Polymeren aufgebracht (Abs. 2.2). Können sie nicht direkt elektrisch kontaktiert werden, lässt sich die zur Inspektion nötige Anregung über ihre kapazitive Kopplung zur Auflagefläche (z.B. Chuck) realisieren. Hierzu wird das Anregungssignal direkt auf den Chuck gegeben und so gleichmäßig in alle Bestandteile eingekoppelt. Um ein ausreichend starkes Sensorsignal zu erhalten, sind hierbei aufgrund des relativ großen Abstandes zwischen Chuck und Sensorchip deutlich höhere Anregungsspannungen nötig. Es ist daher zugleich wichtig, eine möglichst große Kapazität zwischen dem Sensor und den Bestandteilen zu schaffen. Im Folgenden wird zunächst auf die Charakteristik des zurzeit verwendeten Sensors eingegangen und die Auswirkungen des Designs auf die Detektion elektrisch isolierter Bestandteile beschrieben. Im Anschluss wird das der Detektion elektrisch isolierter Bestandteile zugrundeliegende Prinzip erläutert. Darauf aufbauend wird die Leistungsfähigkeit unterschiedlicher Sensordesigns analysiert und das optimale Verhältnis zwischen der Sensorgröße und der Größe elektronischer Bestandteile bestimmt. Zusätzlich wird die Steigerung des Auflösungsvermögens durch die Schirmung einzelner Flächen der Sensorelektrode oder der Verwendung einer zusätzlichen Schirmelektrode diskutiert. Abschließend wird der Einfluss des Sensorabstands d_{sen} und der Eigenschaften des Trägermaterials auf das Auflösungsvermögen diskutiert.

5.3.1 Bisheriges Sensorchipdesign

Der zur Umsetzung des kapazitiven Inspektionsverfahrens eingesetzte Sensorchip wird in Abschnitt 3.2 ausführlich beschrieben (Abb. 3.3). Dem Chip liegt eine planare Gestaltung zugrunde, der (vertikale) Versatz zwischen der Sensorelektrode und der lateralen Schirmung kann vernachlässigt werden. Elektronische Bestandteile mit kleineren lateralen Ausdehnungen als die des Sensorchips und des Luftlagers können bei einer flächigen Einkopplung des Anregungssignals über den Chuck (Auflagefläche) nicht mehr detektiert und folglich inspiziert werden [133] (Abs. 4.1.2). Der Grund hierfür ist, dass die Anordnung aus Sensorchip (+ Luftlager) und Chuck annähernd einem idealen Plattenkondensator entspricht. Für die Gesamtkapazität des Kondensators C_{id} ergibt sich für den Fall einfacher metallischer Plättchen, welche zur Approximation elektronischer Bestandteile dienen (Abb. 5.14a),

$$C_{id} = \frac{\varepsilon_0 A_{sen}}{\frac{d_{sen,\,plate}}{\varepsilon_{r_{air}}} + \frac{d_{plate,\,ex}}{\varepsilon_{r_{iso}}}}. \quad (5.20)$$

A_{sen} bezeichnet die Sensorelektrodenfläche, $\varepsilon_{r_{air}}$ und $\varepsilon_{r_{iso}}$ die relativen Dielektrizitätskonstanten von Luft und Trägermaterial (Isolator). Die Abstände zwischen der Sensorelektrode und den Plättchen sowie der Plättchen und der Auflagefläche bezeichnen $d_{sen,\,plate}$ und $d_{plate,\,ex}$. Die Plättchen liegen folglich in einer Äquipotentialfläche des Kondensators. Entsprechend bestimmt ausschließlich ihre Dicke über die Kapazitätsänderung während eines Scans (Gl. 2.27). Da die elektronischen Bestandteile typischerweise Schichtdicken im Bereich einiger hundert Nanometer aufweisen, läge die Kapazitätsänderung in diesem Fall im Bereich weniger Prozent. Abbildung 5.14b zeigt die Simulationsergebnisse für die Beispielanordnung mit Plättchendicken von 100 nm oder 500 nm. Die Ladung an der Sensorelektrode Q_{sen} wird aus der Integration des D-Feldes über die Sensorfläche gewonnen (Gl. 5.3). Die positionsabhängige Kapazität zwischen der Sensorelektrode und der Auflagefläche $C_{sen,\,ex}$ ergibt sich analog zu Gl. 5.7 aus der Division der Ladung Q_{sen} durch die Spannung an der Auflagefläche U_{ex}. Die Knoten der Plättchen werden jeweils über eine (Constraint-)Randbedingung auf einem einheitlichen Potential gehalten. Der Wert des Potentials ergibt sich aus der FE-Simulation. Wie erwartet, ist die Kapazitätsänderung nahezu direkt proportional zur Schichtdicke der Plättchen. Zudem wird die Kapazität zur Sensorelektrode durch die zusätzliche Kapazität zur Schirmung stark reduziert. Als Folge ergibt sich ein nahezu konstantes Messsignal, da die Signalmodulation durch den Einfluss der Plättchen das Signal-Rauschverhältnis nur geringfügig überschreitet (Abs. 4.1.2). Gleichzeitig sind beim Einsatz großflächig abgeschirmter Sensorelektroden sehr hohe Anregungsspannungen nötig, um ein detektierbares Messsignal zu erhalten. Die Übereinstimmung zwischen Simulations- und Messergebnis (Abs. 4.1.2) bestätigt zugleich die korrekte Abbildung der Kapazitätsverhältnisse im Rahmen der FE-Simulation (Simulationsgeometrie).

5.3.2 Detektion elektrisch isolierter Bestandteile

Bevor auf die Details der Sensorgestaltung eingegangen wird, werden an dieser Stelle zunächst kurz die allgemeinen Vergleichskriterien für die Bewertung unterschiedlicher Sensordesigns definiert. Das wichtigste Kriterium ist hierbei der Abstand zwischen der Sensorelektrode und der Oberfläche der elektronischen Bestandteile. Die individuelle Oberflächenstruktur der jeweiligen Inspektionsobjekte gibt den minimal erreichbaren Abstand vor. Im Falle

5.3. Sensordesign zur Inspektion elektrisch isolierter Bestandteile

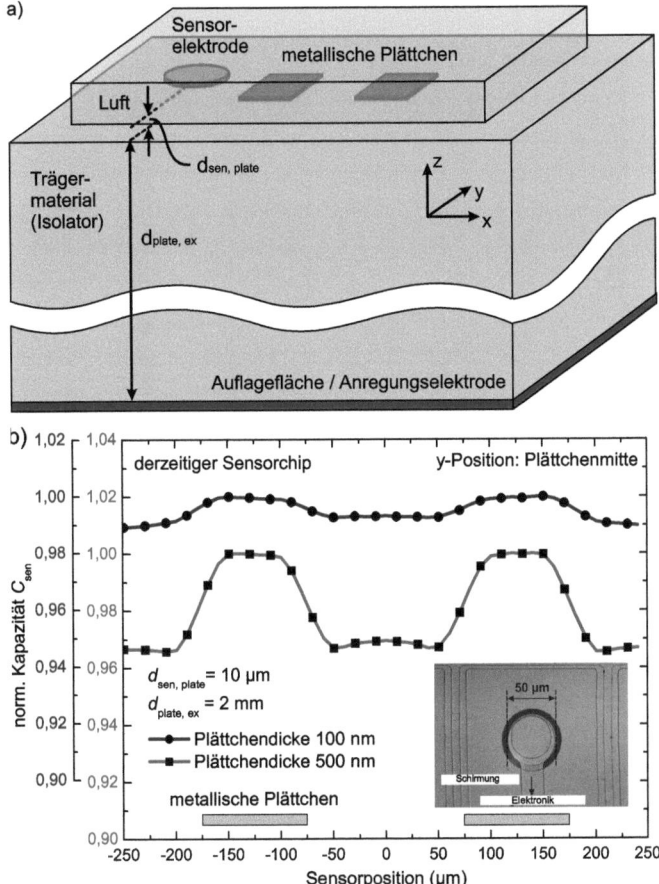

Abb. 5.14: Beispielanordnung zur Evaluation des Sensordesigns im Hinblick auf die Inspektion elektrisch isolierter Bestandteile planarer Elektronik. a) Simulationsgeometrie. b) Simulationsergebnisse für den derzeit eingesetzten Sensor.

von dreidimensional geformten Sensoren wird die Sensordistanz daher durch die kürzeste Distanz zwischen der Oberfläche des Inspektionsobjekts und der Sensorelektrode definiert. Die laterale Ausdehnung eines Sensors ist dagegen durch die technologischen Möglichkeiten bei der Sensorfertigung begrenzt. So kann es möglich sein, dass ein bestimmtes Sensorelektrodendesign zwar eine bessere Auflösung der elektronischen Bestandteile gewährleistet, die Herstellung einer anderen Sensorform jedoch deutlich einfacher ist (z.B. Wafer Bumps [134]). Entsprechend der technologisch erreichbaren Strukturgrößen und den zu erwartenden Ein-

5. Finite-Elemente-Simulationen der kapazitiven Kopplung

bußen bei der Auflösung muss in diesem Fall abgewogen werden, welche Form der Sensorelektrode eingesetzt werden kann.

Anhand der Simulationsergebnisse für den derzeitigen Sensorchip (Abb. 5.14b) wird bereits deutlich, dass die Detektion der elektronischen Bestandteile, unter der Voraussetzung einer gleichmäßigen Einkopplung des Anregungssignals, nur erreicht werden kann, wenn der Sensor selbst die Äquipotentialfläche an der Grenzfläche zwischen Trägermaterial und Luftspalt verzerrt [119, 133]. Abbildung 5.15a zeigt die schematische Darstellung des Detektionsprinzips. Im Gegensatz zum derzeitigen Sensor (Sensorelektrode + Schirmung) koppelt jeweils die gesamte Oberfläche der Sensoren (Boden-, Deck- und Seitenflächen) zur Auflagefläche oder den Plättchen. Dies ruft eine Variation des Potentialverlaufs entlang der Grenzfläche hervor. Für Sensorpositionen im Bereich der Plättchen erzwingen diese jedoch eine Äquipotentialfläche entlang der Grenzfläche. Durch diesen Effekt ergibt sich ein durchschnittlich höheres Potential, wenn sich die Sensorelektrode dem Zentrum der Plättchen nähert (Abb. 5.15b). Da der Sensor für diese Positionen fast ausschließlich zu den Plättchen koppelt, erhöht sich die Ladung an der Sensorfläche und folglich die Kapazität C_sen.

Abbildung 5.16 zeigt die Simulationsergebnisse für pyramiden- und scheibenförmige Sensoren, wenn jeweils die Ladung der gesamten Sensorfläche zur Berechnung der Kapazität herangezogen wird. Für die Sensorelektrodenhöhe (z-Richtung) wurde ein Wert von 50 µm gewählt, für die relative Dielektrizitätskonstante des Isolators $\varepsilon_{r_\text{iso}}$ ein Wert von 3, 5. Die Abstände zwischen der Auflagefläche und den Plättchen $d_\text{plate, ex}$ sowie den Plättchen und den Sensorelektroden (Bodenfläche) $d_\text{sen, plate}$ betragen 2 mm und 10 µm. Der Durchmesser der Bodenfläche der pyramidenförmigen Sensoren beträgt jeweils ein fünftel des Durchmessers der Deckfläche (Referenzdurchmesser). Obwohl die Dicke der Plättchen nur 100 nm beträgt, werden sie deutlich im Sensorsignal aufgelöst. Der direkte Vergleich zwischen den Sensordesigns zeigt, dass sich für den scheibenförmigen Sensor eine stärkere Kapazitätsmodulation CM als für den pyramidenförmigen Sensor ergibt. Grund hierfür ist, dass die Anordnung der Elektroden für Sensorpositionen im Bereich der Plättchen als Serienschaltung aus zwei Kapazitäten (Abb. 5.15a) aufgefasst werden kann

$$C_\text{sen, ex} = \frac{1}{\frac{1}{C_\text{sen, plate}} + \frac{1}{C_\text{plat, ex}}}. \tag{5.21}$$

Da im Vergleich zum scheibenförmigen Sensor die Flächen des pyramidenförmigen Sensors eine größere mittlere Distanz (z-Richtung) zu den Plättchen aufweisen, der max. Sensordurchmesser jedoch gleich ist, besitzt der pyramidenförmige Sensor eine geringere Kapazität $C_\text{sen, plate}$ zu den Plättchen. Unter Annahme einer für beide Sensoren gleichen Kapazität zwi-

5.3. Sensordesign zur Inspektion elektrisch isolierter Bestandteile

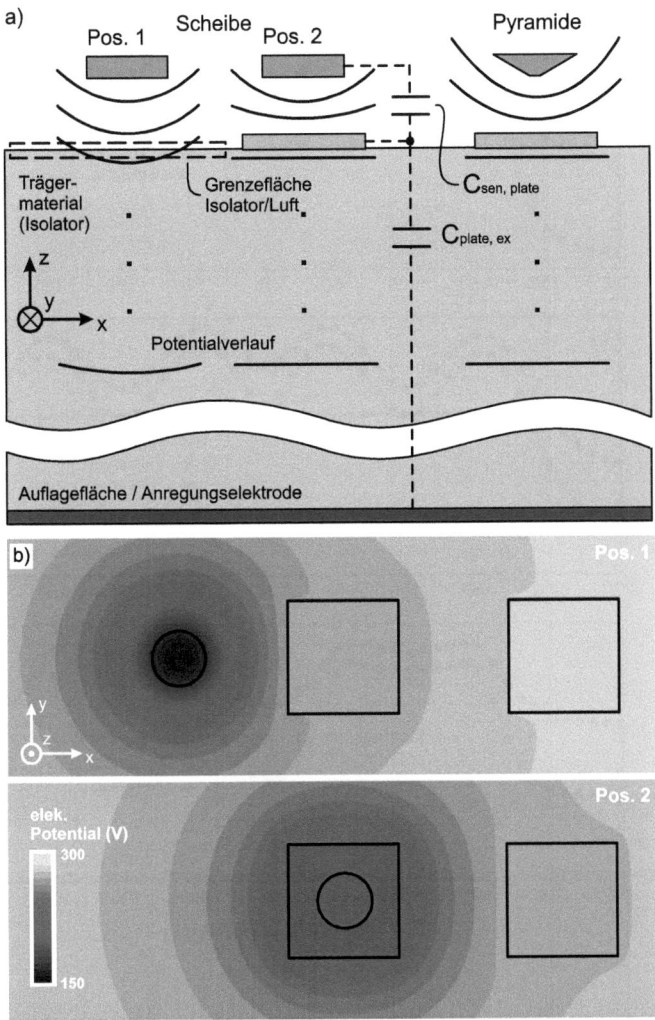

Abb. 5.15: a) Schematische Darstellung des Potentialverlaufs für unterschiedliche Sensorpositionen und -formen. b) Potentialverlauf an der Grenzfläche zwischen Isolator und Luft (FE-Simulation) für verschiedene Sensorpositionen.

schen den Plättchen und der Auflagefläche führt die geringere Kapazität zur Verringerung der Gesamtkapazität $C_{sen,\,ex}$ und somit zur Reduzierung der Kapazitätsmodulation CM. Um die max. Kapazitätsmodulation für ein spezielles Sensordesign zu erreichen, sollte somit grundsätzlich die Kapazität zwischen dem Sensor und den elektronischen Bestandteilen

5. Finite-Elemente-Simulationen der kapazitiven Kopplung

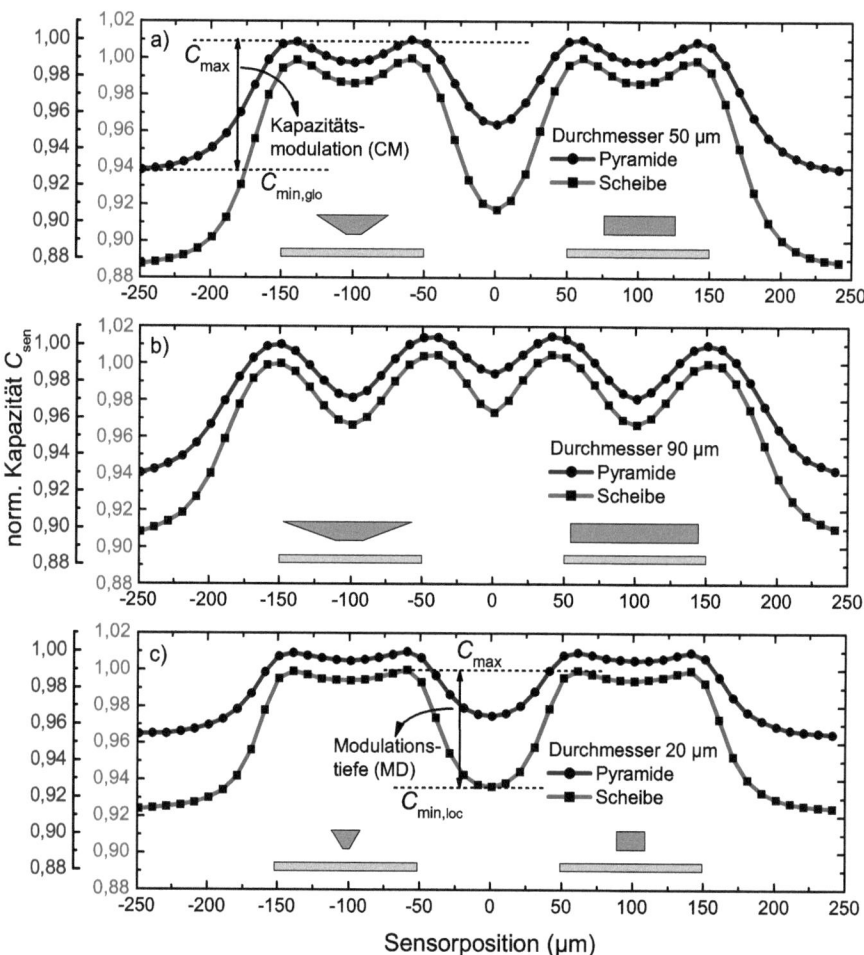

Abb. 5.16: Kapazitätsmodulation für scheiben- und pyramidenförmige Sensorelektroden. a) Sensordurchmesser 50 µm b) Sensordurchmesser 90 µm. c) Sensordurchmesser 20 µm. Plättchendicke 100 nm. Plättchenbreite und -abstand 100 µm. Sensorabstand (zu Plättchen) 10 µm. Durchmesserverhältnis für pyramidenförmige Sensorelektrode nicht maßstabsgetreu. Kurven zur besseren Übersichtlichkeit verschoben.

planarer Elektronik maximiert werden.

Abgesehen von der Auswirkung unterschiedlicher Sensordesigns zeigt Abb. 5.16b, dass die Kapazitätsmodulation CM abnimmt, wenn der Sensordurchmesser die Größe der Plättchen erreicht. Gleichzeitig zeigt sich in diesem Fall eine starke Abnahme der Kapazitätsmodulation für Sensorpositionen nahe des Zentrums der Plättchen. Es ist klar erkennbar, dass dieser Effekt zur Zerstörung der Korrelation zwischen Sensorsignal und der Geometrie elektronischer Bestandteile und somit zu Fehlinterpretationen der Inspektionsergebnisse führen würde. Abbildung 5.16c zeigt, dass dieser Effekt stark reduziert wird, wenn Sensorelektroden mit schmäleren Durchmessern verwendet werden. Jedoch verringert sich in diesem Fall auch die Kapazitätsmodulation. Daher muss, in Abhängigkeit von der Plättchengröße und des Sensorabstands, ein optimaler Sensordurchmesser existieren, für den sich die max. Kapazitätsmodulation (1. Zielfunktion)

$$CM = 1 - \frac{C_{\min_{\text{glo}}}}{C_{\max}} \qquad (5.22)$$

ergibt. Der Einfluss der Sensorgröße auf die Modulationstiefe MD (Abb. 5.16), welche die Periodizität der Anordnungen miteinbezieht, wird am Ende von Abschnitt 5.3.3 diskutiert. An dieser Stelle sei jedoch bereits angemerkt, dass das Produkt $CM \cdot MD$ darüber entscheidet, ob ein Messergebnis erreicht werden kann, welches die Auflösung der Plättchen bzw. elektronischer Bestandteile gestattet. An dieser Stelle zeigen sich deutliche Analogien zu abbildenden optischen Systeme, deren Auflösungsvermögen durch die sogenannte Modulationstransferfunktion [135, 136] beschrieben werden kann. Die im Folgenden diskutierten Ergebnisse können daher auch im Rahmen dieser Analogie gedeutet werden. Es sei noch hinzugefügt, dass der Einsatz von Sensorelektroden mit Durchmessern im Bereich von 20 µm im Hinblick auf das mit der derzeitigen Sensorelektronik erreichbare Signal-Rausch-Verhältnis durchaus realistisch ist.

5.3.3 Optimale Sensorgröße

Wie Abb. 5.16b zeigt, nimmt die Kapazitätsmodulation mit zunehmendem Sensordurchmesser ab. Der Effekt kann auf die laterale Ausdehnung der Potentialverzerrung entlang des Grenzbereichs zwischen Isolator und Luft zurückgeführt werden (Abb. 5.15a). Da die Verzerrung des Potentialverlaufs aus der kapazitiven Kopplung zu den Seiten- und Deckflächen der Sensorelektroden resultiert, verlaufen diese im Zentrum der Elektroden zunächst nahezu parallel zur Grenzfläche. Wenn die laterale Ausdehnung des parallelen Verlaufs in den Bereich der Breite der Plättchen fällt, entspricht die Anordnung für Sensorpositionen im Bereich der Plättchen wiederum einem idealen Plattenkondensator (Gl. 5.20). Entsprechend des Sensorsignals des derzeitig eingesetzten Sensors führt dies zu einem deutlichen Rückgang der Kapazitätsmodulation (Abb. 5.14). Dieser Effekt ist auch für die zu beobachtende

5. Finite-Elemente-Simulationen der kapazitiven Kopplung

Verringerung der Kapazitätsmodulation für Sensorpositionen im Zentrum der Plättchen verantwortlich, welche selbst dann auftritt, wenn der Sensordurchmesser deutlich unterhalb der Plättchengröße liegt.

Die Verringerung des Sensordurchmessers führt zu einer starken Reduzierung der Kapazitätsmodulation CM (Abb. 5.16c). Analog zum pyramidenförmigen Sensordesign bewirkt die Verringerung der Kapazität $C_{\text{sen, plate}}$ eine Verringerung der Kapazität zwischen Sensor und Auflagefläche $C_{\text{sen, ex}}$ (Gl. 5.21).

Im Hinblick auf die Inspektion planarer Elektronik, die Bestandteile unterschiedlicher Größe aufweist, ist die Bestimmung des optimalen Sensordesigns unter Berücksichtigung der oben beschriebenen Effekte essentiell. Beispielhaft zeigt Abb. 5.17 die Kapazitätsmodulation für unterschiedliche Sensordurchmesser, aufgetragen über dem Verhältnis von Durchmesser zu Plättchengröße. Wie zu erkennen ist, unterscheidet sich der optimale Sensordurchmesser für

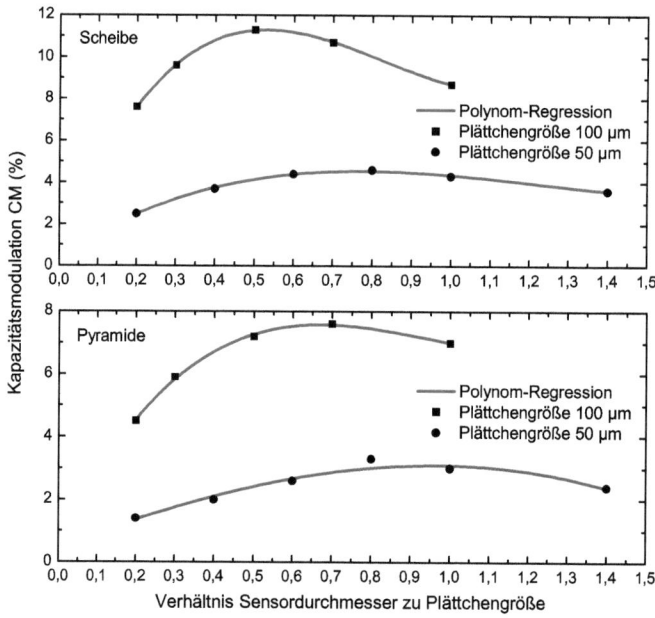

Abb. 5.17: Kapazitätsmodulation CM (Polynom-Regression) für unterschiedliche Sensordurchmesser, aufgetragen über dem Verhältnis von Durchmesser zu Plättchengröße. Plättchengröße 50 µm und 100 µm. Plättchenabstand 100 µm. Der Abstand zwischen Sensor und Plättchen beträgt 10 µm.

5.3. Sensordesign zur Inspektion elektrisch isolierter Bestandteile

die beiden Sensordesigns, liegt jedoch für beide unter der Plättchengröße. Der Vergleich der Ergebnisse für unterschiedliche Plättchengrößen zeigt, dass die Verkleinerung der Plättchengröße zur Verschiebung des Optimums hin zu größeren Durchmessern führt. Durch die Verringerung der Kapazität zwischen den Plättchen und der Auflagefläche $C_{\text{plate, ex}}$ verringert sich in diesem Fall ebenfalls die Kapazität zwischen Sensor und Auflagefläche $C_{\text{sen, ex}}$ (Gl. 5.21). Weist ein Inspektionsobjekt elektronische Bestandteile unterschiedlicher Größe auf, sollte daher die Sensorgröße für die kleinsten Bestandteile optimiert werden, um ihre Auflösung noch zu gewährleisten.

Bisher wurde ausschließlich das Optimum der Kapazitätsmodulation CM diskutiert. Im Folgenden wird die Modulationstiefe (2. Zielfunktion)

$$MD = 1 - \frac{C_{\text{min}_{\text{loc}}}}{C_{\text{max}}}, \qquad (5.23)$$

welche zusätzlich noch vom Abstand der Plättchen bzw. der Periodizität der Anordnungen abhängt, untersucht. Wie Abb. 5.18 und Abb. 5.16b zeigen, beginnt die Modulationstiefe abzunehmen, sobald der Abstand zwischen den Plättchen ca. dem doppelten Sensordurchmesser entspricht. Grund hierfür ist, dass der Sensor in diesem Fall gleichzeitig zu beiden Plättchen koppelt. Durch die Verwendung von Sensorelektroden mit einem kleineren als dem optimalen Durchmesser (Abb. 5.17) kann die Modulationstiefe erhöht werden, obwohl die Kapazitätsmodulation CM hierbei abnimmt (Abb. 5.18). In diesem Fall führt folglich die Reduzierung des Sensordurchmesser unter den über die Plättchengröße vorgegebenen Optimalwert zu einer Steigerung des Kontrastes im Mess- bzw. Inspektionsergebnis. Für die untersuchten Plättchenanordnungen erweist sich ein Sensordurchmesser im Bereich des halben Abstands der Plättchen als der beste Kompromiss zwischen erreichbarer Kapazitätsmodulation CM und Modulationstiefe MD.

5.3.4 Sensorelektrodenschirmung

Die Kapazitätsmodulation und Modulationstiefe können durch die Abschirmung bestimmter Sensorelektrodenflächen bzw. die Verwendung ausgesuchter Elektrodenflächen als aktive Sensorfläche deutlich gesteigert werden. Darüber hinaus kann eine *zusätzliche* Schirmelektrode dazu eingesetzt werden, die Auflösung von Anordnungen elektronischer Bestandteile mit Abständen unterhalb der Bestandteilgröße zu erhöhen. Abbildung 5.19 zeigt die Kapazitätsvariation (normiert) für die individuellen Flächen der Sensorelektroden. Wie zu erkennen ist, ergibt sich für die den Plättchen abgewandten Sensorflächen nahezu keine Kapazitätsmodu-

5. Finite-Elemente-Simulationen der kapazitiven Kopplung

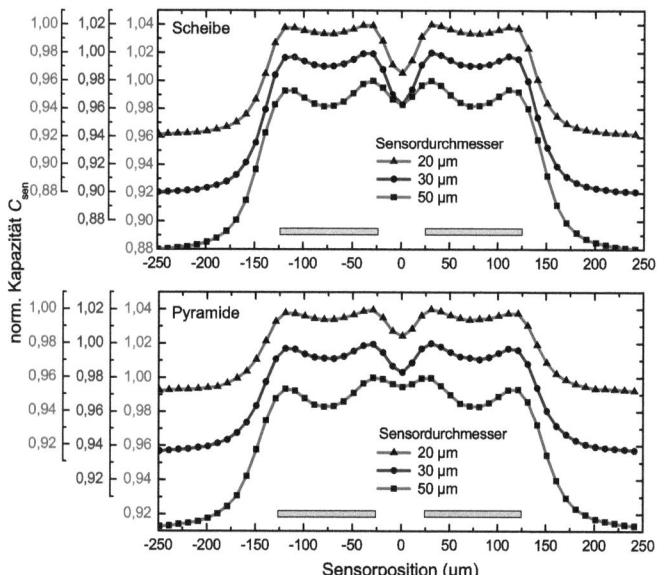

Abb. 5.18: Kapazitätsvariation für einen Plättchenabstand von 50 µm. Plättchengröße 100 µm. Sensordurchmesser 20 µm, 30 µm und 50 µm. Der Abstand zwischen Sensor und Plättchen beträgt 10 µm. Kurven zur besseren Übersichtlichkeit verschoben.

lation. Auch für die Seitenflächen zeigt sich nur eine sehr geringe Modulation. Der Grund hierfür ist, dass die Kapazität dieser Flächen zur Auflagefläche deutlich geringer als die Kapazität der Bodenflächen zur Auflagefläche ist. Im Hinblick auf Gl. 5.21 ist somit auch eine geringere Kapazitätsmodulation zu erwarten. Davon abgesehen ist die Präsenz dieser Flächen für die Erzeugung der Potentialverzerrung entlang der Grenzfläche zwischen Luft und Isolator unabdingbar (Abs. 5.3.2). Der Vergleich zwischen Abb. 5.16 und Abb. 5.19 zeigt, dass die Wahl der Bodenfläche als aktive Sensorfläche bzw. die Abschirmung der von den Plättchen abgewandten Flächen die Modulation des Sensorsignals drastisch verstärkt. Abbildung 5.20a verdeutlicht, dass hierbei die bisher abgeleiteten Designregeln ihre Gültigkeit beibehalten, da die Gesamtkapazität unverändert bleibt. Die erreichbare Kapazitätsmodulation CM wird so fast verdoppelt. Gleichzeitig erlaubt die Erhöhung der Kapazitätsmodulation auch die Vergrößerung des Arbeitsabstands, da auch für größere Abstände $d_{sen,\,plate}$ noch eine signifikante Kapazitätsmodulation resultiert (Abb. 5.20b). Auch hier führt die Verringerung der Kapazität zwischen Sensor und Plättchen $C_{sen,\,plate}$ zu einer Verschiebung des optimalen Sensordurchmessers hin zu größeren Werten (Abs. 5.3.3).

Über die Erhöhung der Kapazitätsmodulation durch die Abschirmung einzelner Sensorflä-

5.3. Sensordesign zur Inspektion elektrisch isolierter Bestandteile

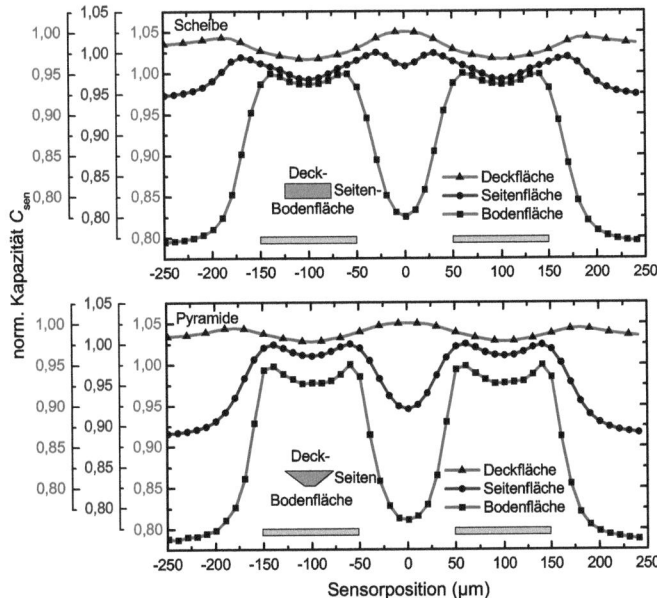

Abb. 5.19: Kapazitätsvariation für die individuellen Flächen der Sensorelektroden. Plättchengröße und -abstand 100 µm. Der Abstand zwischen Sensor und Plättchen beträgt 10 µm. Kurven zur besseren Übersichtlichkeit verschoben.

chen hinaus kann die Verwendung einer zusätzlichen Schirmelektrode dazu dienen, die Modulationstiefe zu erhöhen, wenn die Abstände elektronischer Bestandteile unter ihren lateralen Ausdehnungen liegen (vgl. Abb. 5.18). Die Idee ist hierbei, die Erhöhung der Kapazitätsmodulation CM durch die Vergrößerung des Gesamtsensordurchmessers (Sensorelektrode + Schirmung) und gleichzeitig die bestmögliche Modulationstiefe MD durch die Verkleinerung der Sensorelektrode zu erreichen. Abbildung 5.21 zeigt die Kapazitätsvariation für partiell geschirmte (Bodenfläche entspricht aktiver Sensorfläche) Sensorelektroden und eine Sensorelektrode mit einer zusätzlichen koaxialen Schirmung. Klar zu erkennen ist, dass sich die Kapazitätsmodulation und die Modulationstiefe beim Einsatz der koaxialen Schirmung (Gesamtdurchmesser 50 µm) drastisch erhöhen. Die Kapazitätsmodulation übersteigt hierbei sogar die Kapazitätsmodulation für eine Sensorelektrode mit 50 µm Durchmesser, da die Erhöhung des Potentials aufgrund der Potentialverzerrung größer in den Bereichen nahe des Sensorelektrodenzentrums ist (Abs. 5.3.2). Die optimale laterale Ausdehnung der koaxialen Schirmung lässt sich direkt aus der Bestimmung des optimalen Sensordurchmessers (Abb. 5.17) folgern. Wird der Durchmesser der Sensorelektrode einschließlich der Schirmelek-

5. Finite-Elemente-Simulationen der kapazitiven Kopplung

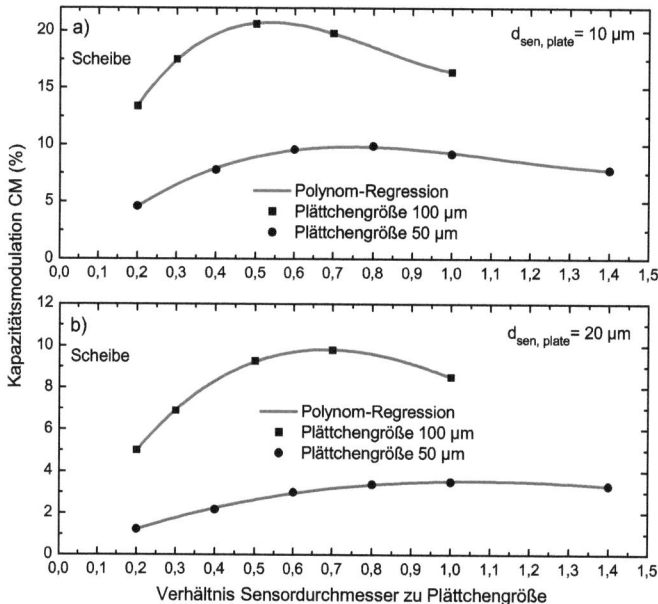

Abb. 5.20: Kapazitätsmodulation CM (Polynom-Regression) für unterschiedliche Sensordurchmesser (scheibenförimge Sensorelektrode), aufgetragen über dem Verhältnis von Durchmesser zu Plättchengröße. Nur die Bodenflächen dienen als aktive Sensorfläche. Plättchengröße 50 µm und 100 µm. Plättchenabstand 100 µm. Der Abstand zwischen Sensor und Plättchen beträgt a) 10 µm und b) 20 µm.

trode über den optimalen Durchmesser hinaus vergrößert, so verringert sich die Kapazitätsmodulation analog zum diskutierten Fall der Vergrößerung der Sensorelektrode. Ebenso führt die Verringerung der lateralen Ausdehnung der Schirmung zur Verringerung der erreichbaren Kapazitätsmodulation.

Zusammenfassend lässt sich somit erstens die Verringerung der Kapazitätsmodulation CM bei der Verwendung von Sensorgrößen kleiner als der optimalen Größe vermeiden. Zweitens führt die Verwendung entsprechender Sensorelektroden zur Erhöhung der Modulationstiefe MD und damit zur Steigerung des Auflösungsvermögens sowie des Kontrastes im Inspektionsergebnis. Natürlich ist eine Verkleinerung des Sensordurchmessers nur möglich, solange die Messkapazität bzw. Sensorkapazität zur Auflagefläche groß genug bleibt, um ein ausreichendes Signal-Rauschverhältnis zu gewährleisten.

Aus den bisher diskutierten Ergebnissen lassen sich im Hinblick auf die geometrischen Eigenschaften elektronischer Bestandteile vier grundlegende Designregeln ableiten:

5.3. Sensordesign zur Inspektion elektrisch isolierter Bestandteile

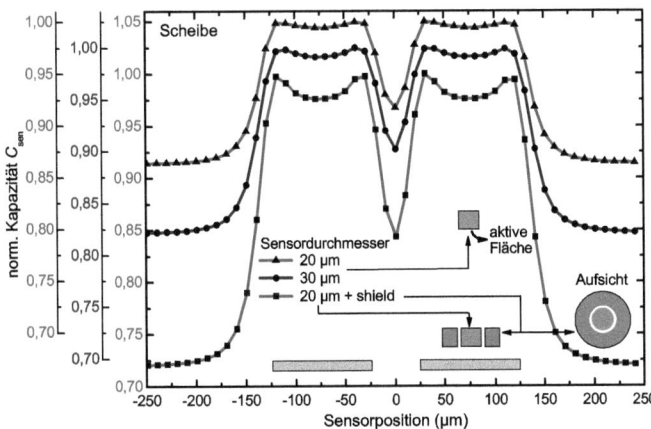

Abb. 5.21: Kapazitätsvariation für partiell geschirmte Sensorelektroden und einen Sensor mit zusätzlicher koaxialer Schirmung (Gesamtdurchmesser 50 µm). Bei beiden Sensortypen dienen nur die Bodenflächen als aktive Sensorflächen. Die Insets illustrieren die Geometrie der Sensorelektroden. Plättchenabstand 50 µm, Plättchengröße 100 µm. Der Abstand zwischen Sensor und Plättchen beträgt 10 µm. Kurven zur besseren Übersichtlichkeit verschoben. Simulationsgeometrie analog zu Abb. 5.14a.

1. Der Sensorelektrodendurchmesser sollte kleiner als die laterale Ausdehnung der Bestandteile sein. Für eine definierte Größe elektronischer Bestandteile existiert immer ein optimaler Sensordurchmesser.
2. Die Kapazität zwischen der Sensorelektrode und den Bestandteilen sollte durch die Anpassung der Sensorelektrodenform maximiert werden.
3. Die den Bestandteilen abgewandten oder nur teilweise zugewandten Sensorelektrodenflächen sollten abgeschirmt und nicht als aktive Sensorflächen genutzt werden.
4. Die Sensorelektrodengröße sollte im Rahmen der messtechnischen Gegebenheiten soweit wie möglich verkleinert sowie gleichzeitig eine Schirmelektrode hinzugefügt werden, welche den Gesamtsensordurchmesser auf die den elektronischen Bestandteilen optimal angepasste Sensorgröße erweitert.

5.3.5 Einfluss der Eigenschaften des Trägermaterials

Die Dicke des Trägermaterials und dessen elektrische Permittivität können einen starken Einfluss auf das Sensorssignal bzw. die für eine Anordnung elektronischer Bestandteile zu

5. Finite-Elemente-Simulationen der kapazitiven Kopplung

erwartende Kapazitätsvariation haben. Hinsichtlich dieser beiden Einflussgrößen unterscheiden sich verschiedenen Arten planarer Elektronik sehr stark. So werden z.B. für FPDs Glassubstrate mit Dicken im Bereich einiger Millimeter verwendet [5,19], während für gedruckte Elektronik oft Polymerfolien mit Dicken im Sub-Millimeterbereich zum Einsatz kommen [19]. Abbildung 5.22 zeigt die Kapazitätsvariation für Materialien unterschiedlicher Dicke $d_{\text{plate, ex}}$ und unterschiedlicher Dielektrizitätskonstante $\varepsilon_{r_{\text{iso}}}$. Wie zu erkennen ist, führt die Verdopp-

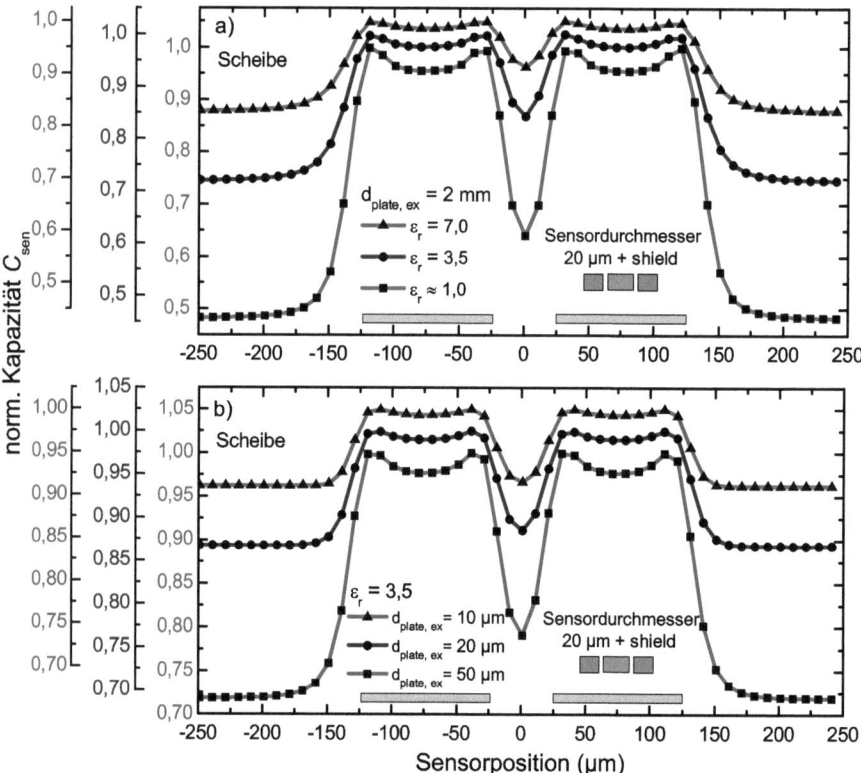

Abb. 5.22: Kapazitätsvariation für Trägermaterialien a) unterschiedlicher Permittivität ($\varepsilon_{r_{\text{iso}}}$) und b) unterschiedlicher Dicke ($d_{\text{sen, ex}}$), basierend auf der Simulationsgeometrie aus Abb. 5.14a. Plättchengröße 100 µm, Plättchenabstand 50 µm. Der Abstand des Sensors zu den Plättchen beträgt 10 µm. Kurven zur Übersichtlichkeit verschoben.

lung der relativen Dielektrizitätskonstante von $\varepsilon_{r_{\text{iso}}} = 3,5$ auf $\varepsilon_{r_{\text{iso}}} = 7.0$ zu einer deutlichen

Verringerung der Kapazitätsmodulation CM und der Modulationstiefe MD. Der Effekt lässt sich auf einfache Weise unter der Betrachtung des Grenzübergangs $\varepsilon_{r_{iso}} \to \infty$ verstehen. In diesem Fall würde die Grenzfläche zwischen Luft und Isolator (Trägermaterial), unabhängig von der Gestaltung des Sensors, zu einer Äquipotentialfläche degradieren. Diese wiederum steht dem Detektionsprinzip, nämlich der Schaffung einer Potentialverzerrung im Bereich der Grenzfläche, entgegen (Abb. 5.15a) und führt so zur Verringerung der Kapazitätsvariation, vergleichbar dem Fall eines idealen Plattenkondensators (Abs. 5.3.1). Da die stärkste Kapazitätsvariation für $\varepsilon_{r_{iso}} \approx 1$ zu beobachten ist, was zugleich im Einklang mit Gl. 5.21 ist, kann davon ausgegangen werden, dass die Kapazitätsmodulation mit steigender Dielektrizitätskonstante kontinuierlich abnimmt.

Die Verringerung der Dicke des Trägermaterials ($d_{\text{plate, ex}}$) führt zu einer Veränderung der Kapazitätsvariation, wenn sich die Dicke dem Abstand zwischen den Plättchen und der Sensorelektrode $d_{\text{sen, plate}}$ nähert. Wie zu sehen ist (vgl. Abb. 5.22a (Punkte) und Abb. 5.22b (Quadrate)), bleibt die Kapazitätsmodulation CM bis hin zu einer Dicke von 50 µm nahezu unverändert. Die Modulationstiefe wächst hierbei sogar an, da sich die Kopplung zur Auflagefläche durch die Abstandsverringerung erhöht. Wird die Dicke des Trägermaterials weiter reduziert, nehmen Kapazitätsmodulation CM und Modulationstiefe MD jedoch rasch ab. Diese Abnahme beruht wiederum auf der hieraus resultierenden Abnahme der Potentialverzerrung an der Grenzfläche zwischen Luft und Isolator (Trägermaterial). Da die Foliendicke jedoch meist im Bereich einiger hundert Mikrometer liegt, kann der Einfluss unterschiedlicher Trägermaterialdicken auf das Sensorsignal bzw. Inspektionsergebnis für die meisten Inspektionsobjekte vernachlässigt werden.

5.4 Simulation des dynamischen Sensorsignals (Funktionsinspektion)

Die in den vorangegangenen Abschnitten präsentierten Simulationsergebnisse beruhen auf der direkten Vorgabe des elektrischen Potentials bzw. der Spannung an den Elektroden der untersuchten Anordnungen sowie der Vorgabe der Ableitung des Potentials an den Rändern des Simulationsgebiets. Dies entspricht der zur Lösung der Laplace-Gleichung erforderlichen Vorgabe homogener und inhomogener Dirichlet-Randbedingungen sowie homogener Neumann-Randbedingungen (Abs. 2.3). Die Abbildung von Stromflüssen zwischen den Elektroden der Anordnungen ist nicht durch die numerische Lösung der Laplace-Gleichung möglich, da diese nur stationäre Feldverteilungen (pro Zeitschritt) beschreibt. Ist die zeitliche Änderung eines Potentials als Funktion des Stromflusses nicht bekannt, so lässt sich folglich die Rückwirkung des Stromflusses auf das Potential nicht in der FE-Simulation berücksichtigen. Aus diesem Grund kann beispielsweise der Aufladevorgang eines Kondensators nicht durch die Vorgabe eines Anfangsstroms (Randbedingung) abgebildet werden. Um die entsprechende Rückwirkung einzubeziehen, ist im Allgemeinen die dynamische FE-Simulation des elektromagnetischen Feldes [106, 137] bzw. die numerische Lösung der entkoppelten Maxwell-Gleichungen nötig. Stromflüsse in Halbleiterbauelementen werden zudem durch die gleichzeitige Lösung der Poissongleichung in Verbindung mit der Kontinuitätsgleichung (Halbleitergleichungen) abgebildet [138–140]. Zur Lösung der dabei auftretenden zweidimensionalen, nichtlinearen Differentialgleichungen ist die Kenntnis der Zustandsdichtefunktion der Ladungsträger erforderlich. Beide Simulationsverfahren sind deutlich aufwendiger, rechenintensiver und weniger stabil gegenüber numerischen Fehlern als die Lösung der Laplace-Gleichung bzw. die Simulation statischer Feldverteilungen. Hinzu kommt, dass die Einbeziehung der Halbleitergleichungen in ein statisches Simulationsverfahren nicht nur eine deutliche Steigerung der Anzahl der Elemente und Knoten bewirken würde, da der aktive Bereich des Halbleiters deutlich feiner diskretisiert (Diffusionslänge) werden muss als das restliche Gebiet, sondern auch die Lösung eines gekoppelten Problems nach sich ziehen würde.

5.4.1 Aufbau des hybriden Simulationsverfahrens

Im Folgenden wird ein neuer, im Rahmen der Arbeit entwickelter Ansatz zur Einbeziehung von Stromflüssen in die statische FE-Simulation vorgestellt. Die Methode ähnelt hierbei hybriden FE-Verfahren [141,142]. Sie basiert auf dem Zugriff auf die Simulationsergebnisse (pro Zeitschritt) und der Manipulation von Randbedingungen bestimmter Knoten während der Laufzeit, durch sogenannte Ereignis-Prozeduren (EP). Die Art der Randbedingungen bleibt jedoch für die Dauer der Simulation festgelegt. Das Verfahren baut darauf auf, dass für viele elektronische Bestandteile, wie z.B. TFTs, eine analytische Beschreibung des Stromflusses in Abhängigkeit der an den entsprechenden Ports anliegenden Spannungen existiert. Da aufgrund der Verwendung nicht-konformer Gitter (Abs. 5.1) bereits beliebige Zeitschritte im Rahmen der statischen Simulation vorgegeben werden können, lässt sich die Sensorbewegung bzw. die damit einhergehende Veränderung der Kapazitätsverhältnisse direkt und auf einfache Weise innerhalb der Simulation abbilden. Zusätzlich erweist sich das Verfahren als äußerst flexibel, da Veränderungen bzgl. der Eigenschaften der elektronischen Bestandteile ohne Kenntnis des eigentlichen Programmcodes (CFS++) vorgenommen werden können.

5.4. Simulation des dynamischen Sensorsignals (Funktionsinspektion)

Die zur Umsetzung des Verfahrens nötigen Anpassungen von CFS++ wurden im Zuge der Arbeit implementiert.

Abbildung 5.23 illustriert den Programmablauf bei der Verwendung des Verfahrens. Zunächst werden im Eigenschafts-File (xml-File) die Arten der Randbedingungen definiert.

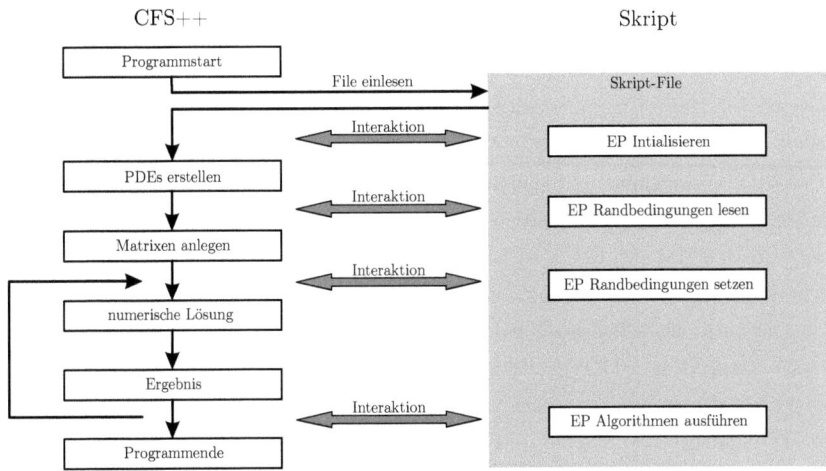

Abb. 5.23: Programmablauf des FE-Verfahrens zur Simulation des Sensorsignals während der Funktionsinspektion elektronischer Bestandteile. Ereignis-Prozeduren (EP) ermöglichen die Interaktion zwischen einem Skript und CFS++ während der Laufzeit.

Da Stromflüsse abgebildet werden sollen, werden inhomogene Neumann-Randbedingungen (Ladungsmengen) für die vom Stromfluss beeinflussten Elektroden gewählt. Die Ladungsverteilung ergibt sich aus der kapazitiven Kopplung der Elektroden zu den umgebenden Elektroden. Das Potential an den Knoten der Elektrode wird über eine Constraint-Bedingung auf einem durch Ladung und kapazitive Kopplung resultierenden Wert gehalten und bleibt somit variabel. In einem zusätzlichen Skript-File (z.B. Python) werden die Routinen zum Eingriff in den jeweiligen Simulationsschritt und die zu lösenden Gleichungen (z.B. Strom-Spannungskennlinie eines TFT) hinterlegt (Ereignis-Prozeduren-Gleichungen). Den Ereignis-Prozeduren sind Funktionen oder Algorithmen zugeordnet. Wird eine der Funktionen aufgerufen, wird diese ausgeführt, sobald der Programmablauf von CFS++ die entsprechende Ereignis-Prozedur erreicht. Somit wird eine Veränderung der Randbedingungen im jeweils nächsten Zeitschritt sichergestellt. Nach der Ausführung des ersten Zeitschritts wird das Potential an den Konten abgefragt und zur Berechnung des Stromflusses (Strom-Spannungskennlinie) innerhalb dieses Zeitschritts bzw. der entsprechenden Ladungsmenge herangezogen. Diese Ladungsmenge wird zur anfänglich vorhandenen Ladungsmenge der Elektrode addiert (inhomogene Neumann-Randbedingung) und während des nächsten Zeitschritts als Randbedingung vorgegeben. Auf diese Weise kann die Rückkopplung von Kapazitätsänderungen aufgrund der Sensorbewegung und die sich daraus ergebende Veränderungen des Potentials der Elektroden direkt und ohne weitere Eingriffe in die Simulation miteinbezogen werden. Dies ist vor dann wichtig, wenn die Funktionsinspektion nicht als Step-Scan, sondern während eines kontinuierlichen Scan-Vorgangs erfolgt.

Unter der Verwendung des Simulationsverfahrens kann so z.B. das Sensorsignal während des Durchschaltens der TFTs und des Aufladevorgangs der Pixelelektrode simuliert werden. Zugleich ergibt sich eine Einschätzung des Einflusses des Sensors auf die Messung an einem der elektronischen Bestandteile. Hierbei kann das gezielte Durchschalten eines TFT oder aber auch ein beiläufiges Durchschalten aufgrund eines Defektes abgebildet werden. Da sich verschiedenste TFT-Modellbeschreibungen allein durch den Austausch der Strom-Spannungskennlinie berücksichtigen lassen, bietet die Simulation die Möglichkeit, verschiedene TFT-Modelle bzw. das resultierende Sensorsignal mit dem Messsignal zu vergleichen und so zur Charakterisierung integrierter TFTs beizutragen. Zusätzlich können Algorithmen zur Extraktion der Parameter integrierter TFTs an Simulationsergebnissen getestet werden, da diese über das jeweilige Modell genau definiert sind. Gleichzeitig lassen sich so auch die zur exakten Extraktion nötigen Anregungssignale hinsichtlich Signalform, -amplitude und -frequenz optimieren. Im Folgenden werden das implementierte TFT-Modell und die bei der Funktionsinspektion zu berücksichtigenden Störgrößen für FPDs und Flachdetektoren bzw. ihre Abbildung im Rahmen der FE-Simulation erläutert.

5.4.2 TFT-Modell

Das implementierte a-Si-TFT-Modell orientiert sich an [99, 143]. Es gliedert sich in die Operationsbereiche

1. Aus-Zustand ($V_{gs} < V_{sr}$)
2. unter Schwellspannung (1) ($V_{sr} \leq V_{gs} < V_{sf}$)
3. unter Schwellspannung (2) ($V_{th} > V_{gs} > V_{sf}$)

5.4. Simulation des dynamischen Sensorsignals (Funktionsinspektion)

4. über Schwellspannung ($V_{gs} \geq V_{th}$)
5. Sättigung ($V_{ds} \geq V_{gs} - V_{th}$)

V_{sr} und V_{sf} beschreiben die Grenzspannungen der Operationsbereiche 2 und 3. Die Operationsbereiche 4 und 5 werden durch die Gleichungen 2.40, 2.41 in Abschnitt 2.2.3 beschrieben. Für die Bereiche 1, 2 und 3 werden die im Folgenden erläuterten Gleichungen herangezogen.

Aus-Zustand ($V_{gs} < V_{sr}$)

$$I_{ds} = I_0 \frac{W}{L} \exp^{\frac{(V_{sr}-V_{sf})}{(S_r+\gamma|V_{ds}|)}}. \qquad (5.24)$$

I_0 bezeichnet den für $V_{gs} = V_{th}$ fließenden Strom. Der Parameter γ trägt der zweidimensionalen Kanalgeometrie Rechnung. S_r ist die Steigung von I_{ds} im Operationsbereich 3. Im Gegensatz zu Gl. 2.42 zeigt der so definierte Strom bereits eine Abhängigkeit von der Drain-Source-Spannung V_{ds}, vernachlässigt aber Einflüsse wie den Poole-Frenkel-Effekt 2.2.3.

Unter Schwellspannung (1) ($V_{gs} < V_{sf}$)

Der Strom unterhalb der Grenzspannung des 3. Operationsbereichs V_{sf} wird durch

$$I_{ds} = I_0 \frac{W}{L} \exp^{\frac{(V_{gs}-V_{sf})}{(S_r+\gamma|V_{ds}|)}} \qquad (5.25)$$

beschrieben. Die Grenzspannung des 2. Operationsbereichs wird hier durch die Gate-Source-Spannung V_{gs} ersetzt.

Unter Schwellspannung (2) ($V_{gs} > V_{sf}$)

In diesem Bereich wird der Drain-Source-Strom durch

$$I_{ds} = I_0 \frac{W}{L} \exp^{\frac{(V_{gs}-V_{sf})}{S_f}} \qquad (5.26)$$

beschrieben. S_f ist die Steigung von I_{ds} in diesem Operationsbereich.

Die Berücksichtigung der Drain- und Source-Widerstände R_d und R_s sowie der dynamischen Effekte aufgrund der Kanal- und Überlapp-Kapazitäten orientiert sich an den Ausführungen in [99, 143]. Abbildung 5.24 zeigt das in [99] verwendete Ersatzschaltbild eines a-Si:H-TFT. Die intrinsischen Kapazitäten C_{gsi} und C_{gdi} werden durch das Metal-Insulator-Semiconductor-Modell (MIS-Modell) beschrieben [144]. Für Gate-Source-Spannungen unterhalb der Schwellspannung V_{th} sind die intrinsischen Kapazitäten gleich null. Da die Spannung an der Pixelelektrode (Source-Seite) maßgeblich durch die Gate-Source-Kapazität $C_{gs} = C_{gso} + C_{gsi}$ beeinflusst wird, wurde diese im implementierten TFT-Modell berücksichtigt. Die Überlapp-Kapazität C_{gso} kann als einfache Reihenschaltung der Gate-Isolator- und

5. Finite-Elemente-Simulationen der kapazitiven Kopplung

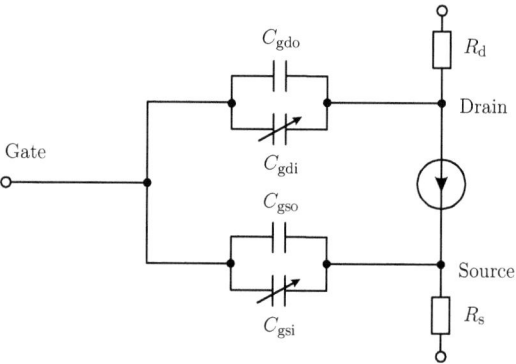

Abb. 5.24: Ersatzschaltbild eines a-Si:H-TFT [99].

a-Si:H-Schichten im Überlappbereich aufgefasst werden (MIS-Kapazität) [100]

$$C_{\text{gso}} = \frac{c_{\text{iso}} c_{\text{si}}}{c_{\text{iso}} + c_{\text{si}}} W L_{\text{ov}} = c_{\text{mis}} W L_{\text{ov}}. \tag{5.27}$$

W steht für die Gate-Breite und L_{ov} für die Länge des Überlappbereichs. Die flächenbezogene Kapazität des Isolators wird mit c_{iso}, die der a-Si:H-Schicht mit c_{si} bezeichnet. Die Überlapp-Kapazität C_{gso} ist folglich, zusammen mit den Streufeldern der Gate- und Data-Lines, über die Simulationsgeometrie und die Permittivität der Materialien automatisch in der FE-Simulation berücksichtigt. Sie kann daher auf einfache Weise aus der FE-Simulation extrahiert werden (Abs. 5.4.4). Die intrinsische Kapazität C_{gsi} hängt von der Gate-Source-Spannung ab und kann mit c_{mis} als

$$\begin{aligned} C_{\text{gsi}} &= W L \frac{c_{\text{mis}}}{2} \left(\frac{-1}{1 + \exp^{((V_{\text{gs}} - V_{\text{th}}) S_c)}} + 1 \right) & (5.28) \\ &= W L \frac{c_{\text{iso}} c_{\text{si}}}{2(c_{\text{iso}} + c_{\text{si}})} \left(\frac{-1}{1 + \exp^{((V_{\text{gs}} - V_{\text{th}}) S_c)}} + 1 \right) & (5.29) \end{aligned}$$

geschrieben werden [99, 144]. S_c beschreibt die Steigung des Kapazitätsverlaufs. Die Frequenzabhängigkeit der intrinsischen Kapazitäten wird hier nicht berücksichtigt, da der Effekt klein gegen die Spannungsabhängigkeit ist [99, 100]. Sie kann jedoch leicht durch eine frequenzabhängige Dielektrizitätskonstante (bereits in CFS++ implementiert) modelliert werden. Der Aufbau und die Variation der intrinsischen Kapazität können als zusätzliche Ladungsquellen verstanden werden und wurden daher zusammen mit dem Drain-Source-Strom

5.4. Simulation des dynamischen Sensorsignals (Funktionsinspektion)

I_{ds} im Skript-File eingebunden.

Die Source- und Drain-Widerstände R_s und R_d beeinflussen die Spannungen an den Ports des TFT und somit die Steuerspannungen der Stromquelle in Abb. 5.24 [143]

$$V'_{gs} = V_{gs} - I_{ds}R_s \qquad (5.30)$$
$$V'_{ds} = V_{ds} - I_{ds}(R_d + R_s). \qquad (5.31)$$

Das Einsetzen der gestrichenen Spannungen in die Gleichungen des Drain-Source-Stroms I_{ds} liefert folglich transzendente Gleichungen. Die Gleichungen der jeweiligen Operationsbereiche (s.o.) werden vor der Berechnung des Ladungszuwachses während des ersten Simulationsschritts iterativ gelöst und aus der Lösung werden die gestrichenen Spannungen berechnet. Diese werden dann zur Berechnung des Ladungszuwachses herangezogen. Die iterative Lösung muss hierbei nur einmal beim Start der Simulation erfolgen, um die korrekten Anfangsspannungen zu berechnen.

Das implementierte a-Si:H-TFT-Modell (Skript-File) [143] wurde zunächst ohne die Verbindung zur FE-Simulation überprüft. Wie Abb. 5.25 zeigt, wurden hierzu verschieden Gate-Spannungen vorgegeben und die resultierenden Strom-Spannungs-Kennlinen für feste Drain-Source-Spannugen V_{ds} ausgegeben. Die dynamischen Effekte aufgrund der Gate-Source-Kapazität C_{gs} und der Einfluss der Drain- und Source-Widerstände sind deutlich zu erkennen. Die für den Test definierte Spannungsauflösung dient gleichzeitig als Grundlage zur Bestimmung der Zeitauflösung während der FE-Simulation. Es muss beachtet werden, dass die Spannungen an den Ports des TFT, wie auch im realen Betrieb von FPDs, beliebige Werte annehmen können. Dies bedeutet, dass der Strom in beide Richtungen fließen kann (Abb. 5.25). Bei der Umkehr der Stromrichtung müssen die Source- und Drain-Spannungen innerhalb des Modells vertauscht werden. Somit müssen die beiden Fälle

- $V_d - V_s < 0$ und
- $V_d - V_s \geq 0$,

für die jeweils alle Operationsbereiche des TFT durchlaufen werden können, unterschieden werden.

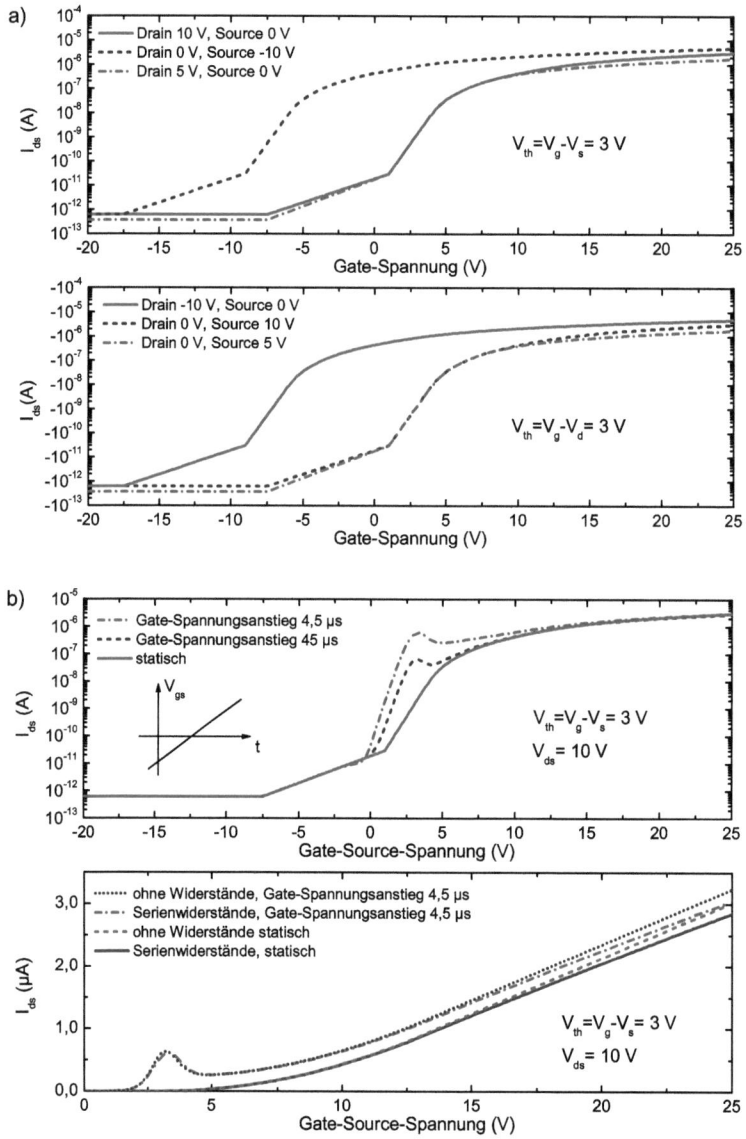

Abb. 5.25: Strom-Spanunngs-Kennlinien des implementierten (Skript-File) a-Si:H-TFT-Modells [143]. a) Statische Kennlinien, b) dynamische Kennlinien.

5.4.3 RC-Delay

Der sogenannte RC-Delay tritt bei allen FPDs und Flachdetektoren auf und führt zu einer Verzerrung und Verzögerung der Signalspannungen der Gate und Data-Lines [19, 145]. Die Gründe für diese Signalstörungen sind der kapazitive Belag der Leiterbahnen und der Leiterbahnwiderstand. Er kann als systematische Funktionsstörung angesehen werden (Abs. 2.2.4). Impedanzen müssen im Hinblick auf die typischen Frequenzen der Steuersignale (mehrere zehn Kilohertz) nicht berücksichtigt werden [145]. Die Signalstörung beeinträchtigt das Schaltverhalten der TFTs und führt zu Abweichungen von der gewünschten Data-Line-Spannung. Dies kann wiederum eine deutliche Abweichung von der angestrebten Pixelelektrodenspannung bzw. den gewünschten Helligkeitswerten der Pixel hervorrufen. Unter der Kenntnis der Kapazität pro Leiterbahnlänge und des Leiterbahnwiderstands lässt sich der RC-Delay analytisch beschreiben. Der Leiterbahnwiderstand pro Länge ist im Allgemeinen für die eingesetzten Materialien bekannt. Die Kapazität pro Länge kann analog zur Pixelkapazität aus der FE-Simulation bestimmt werden (Abs. 5.4.4). Für die Berücksichtigung des RC-Delays wird hier das sogenannte Voltage-Diffusion-Model [19, 145] verwendet. Es stellt die exakte Lösung für eine Leiterbahn mit kontinuierlichem kapazitivem und resistivem Belag dar und erlaubt die Berechnung der Verzerrung an jeder Position x entlang der Leiterbahn,

$$V(x,t) = V_0 \left(1 - \mathrm{erf}\left(x\sqrt{\frac{rc}{4t}}\right)\right) - V_0 \left(1 - \mathrm{erf}\left(x\sqrt{\frac{rc}{4(t-t_0)}}\right)\right). \quad (5.32)$$

Gleichung 5.32 (erf $\equiv$ Error-Funktion) beschreibt die Verzerrung eines rechteckförmigen Spannungssignals mit der Amplitude V_0 und der Dauer t_0, für eine offene Leiterbahn mit Widerstand r und Kapazität c pro Länge. Lösungen der zugrundeliegenden Diffusionsgleichung lassen sich jedoch ebenso für andere Signalformen berechnen. Als Beispiel für die Verzerrung eines Rechtecksignals stellt Abb. 5.26 die resultierenden Signale für das letzte Pixel eines Displays mit 1090 × 1600 Pixel dar ($C \approx 0.1\,\mathrm{nF}$, $R \approx 10\,\mathrm{k\Omega}$). Ein entsprechender zeitabhängiger Spannungsverlauf kann im Rahmen der FE-Simulation für die Gate- und Data-Line Spannungen vorgegeben werden (xml-File). Die Pixelposition selbst ist hierbei frei wählbar. Somit lassen sich die Verzerrungen der Steuerspannungen für jedes beliebige Pixel eines Displays oder Flachdetektors abbilden.

5.4.4 Vorbereitung eines Simulationsdurchlaufs

Zur Durchführung einer Simulation müssen vor dem Start

5. Finite-Elemente-Simulationen der kapazitiven Kopplung

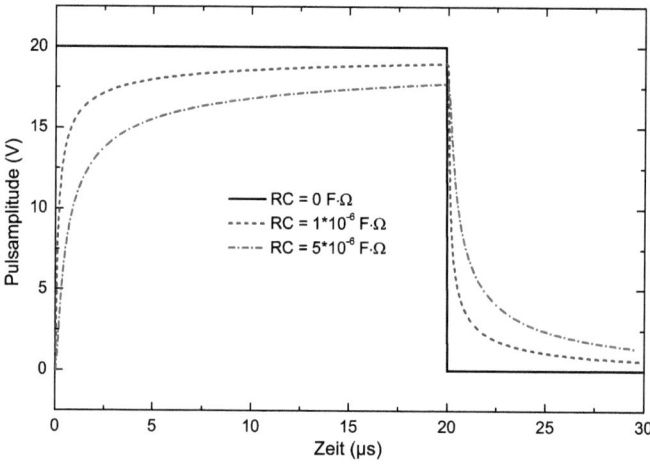

Abb. 5.26: RC-Delay für ein Pixel am Ende der Gate-Line eines Displays mit 1090 × 1600 Pixeln.

- die Kapazitäten zwischen der Pixelelektrode und den Lines (Gate, Data, Com),
- das gewünschte TFT-Modell und
- der gewünschte RC-Delay

definiert werden. Die Bestimmung der Kapazitäten zwischen Pixelelektrode und Lines $C_{\text{pix}_{\text{tot}}}$ ist nötig, da die anfängliche Spannung der Pixelelektrode $U_{\text{pix}_{\text{fl}}}$ durch die Vorgabe einer Flächenladungsdichte (inhomogen Neumann-Randbedingung) erfolgt. Über die Kapazität ergibt sich die entsprechende Ladungsmenge. Die Flächenladungsdichte ergibt sich dann über die Division durch die Pixelelektrodenfläche. Liegen anfänglich verschiedene Spannungen (ungleich null) an den verschiedenen Lines an, müssen die Einzelkapazitäten zur Pixelelektrode ebenfalls bekannt sein, um die entsprechende Ladungsmenge zu berechnen. Für das Setzen (Benutzer) der anfänglichen Pixelelektrodenspannung wurde ein zusätzliches Skript-File erstellt, welches vor dem Start der Simulation das entsprechende xml-File einliest, die Einzelkapazitäten bestimmt (separate FE-Simulationen) sowie die Flächenladungsdichte berechnet und im xml-File hinterlegt.

Das für die jeweilige Simulation bzw. Backplane gewünschte TFT-Modell muss im Skript-File der Simulation unter der Ereignis-Prozedur "Algorithmen ausführen" (Abb. 5.23) in Form von Berechnungsvorschriften hinterlegt werden. Die entsprechenden Modellparameter werden ebenfalls im Skript-File definiert.

Der RC-Delay ergibt sich aus der gewünschten Pixelposition. Die Werte für den entsprechenden Widerstand und die Kapazität müssen vor dem Start der Simulation in die im xml-File hinterlegten, zeitabhängigen Funktionen für die Gate- und Data-Line-Spannung eingesetzt werden.

5.4.5 Verifizierung des Simulationsverfahrens (FPD-Schreib- und -Haltezyklen)

Im Folgenden wird das entwickelte Simulationsverfahren anhand der Simulation des Sensorsignals für die Schreib- und Haltezyklen der in Kapitel 4 vorgestellten AMLCD- und EPD-Backplanes überprüft. Der quantitative Vergleich mit den erzielten Inspektionsergebnissen (Funktionsinspektion) ist hierbei nur eingeschränkt möglich, da die Parameter der für die Backplanes verwendeten TFTs und die exakten geometrischen Eingenschaften nicht im Detail bekannt sind. Für die TFT-Modellparameter (Skript-File) wurden daher Standardwerte verwendet. Abbildung 5.27 zeigt das Sensorsignal während des Schreib- und Haltezyklusses eines Pixels der AMLCD-Backplane (Data-Line Spannung 10 V). Um die Amplitude der Gate-Line-Spannungen bzw. den geometrischen Anteil des Voltage-Kickbacks (Abs.4.1.3) unabhängig vom RC-Delay (Flankensteilheit) wählen zu können, wurde Gl. 5.32 durch Exponentialfunktionen approximiert. Wie zu erkennen ist, führt die unterschiedliche Flankensteilheit der Gate-Line-Spannungssignale zu einer Verringerung des Voltage-Kickbacks bei zeitlich längeren Abfallzeiten. Dies beruht darauf, dass während der Verringerung der Gate-Line-Spannung (bis zum Erreichen der Schwellspannung V_{th}) ein signifikanter Strom über den TFT fließen kann, welcher die Pixelelektrode auflädt und den Voltage-Kickback teilweise kompensiert. Zusätzlich verringert sich gleichzeitig der Beitrag (dynamisch) der intrinsischen TFT-Kanalkapazität C_{gsi} (Gl. 5.29) zum Voltage-Kickback. Die Ergebnisse stimmen somit in vollem Umfang mit dem experimentellen Ergebnissen in Abschnitt 4.1.3 überein.

Der Effekt lässt sich in ähnlicher Weise in Abb. 5.28 im Fall eines Pixels der EPD-Backplane beobachten. Da die Schwellspannung der verwendeten organischen TFTs (p-Typ, Abs.2.2.3) für Gate-Source-Spannungen V_{gs} kleiner Null erreicht wird, wurden die Gleichungen des implementierte TFT-Modells [143] entsprechend angepasst. Klar ist zu erkennen, dass aufgrund der im Vergleich zur AMLCD-Backplane deutlich größeren Pixelkapazität $C_{pix_{tot}}$] und des Voltage-Kickbacks die Spannung der Pixelelektrode die angelegte Data-Line-Spannung (10 V) nicht vollständig erreicht. Auch dieses Ergebnis stimmt sehr gut mit den experimentellen Ergebnissen (Abs. 4.1.3) überein und verifiziert so das entwickelte Simulationsverfahren.

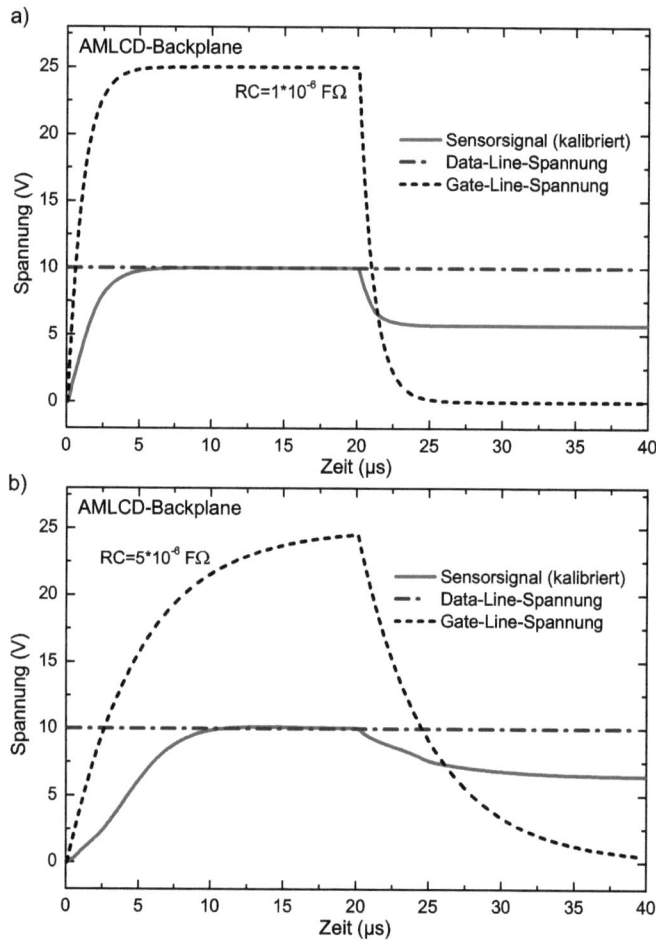

Abb. 5.27: Sensorsignal (dynamische FE-Simulation) für ein Pixel der AMLCD-Backplane während eines Schreib- und Haltezyklusses. Data-Line-Spannung 10 V. a) Gate-Line-RC-Delay $1 \cdot 10^{-6}\,\mathrm{F\Omega}$. b) Gate-Line-RC-Delay $1 \cdot 10^{-6}\,\mathrm{F\Omega}$

5.4. Simulation des dynamischen Sensorsignals (Funktionsinspektion)

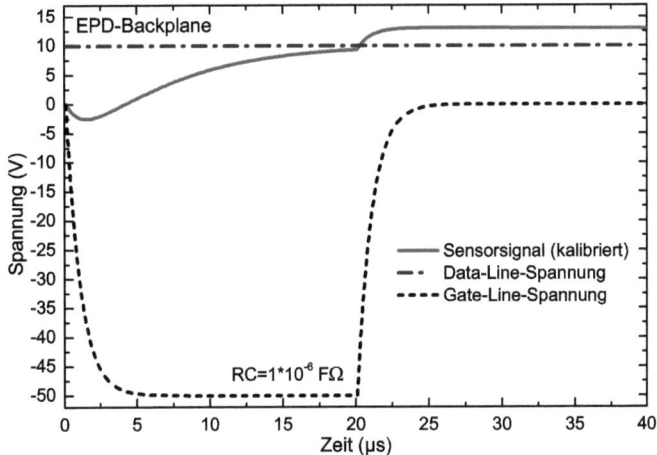

Abb. 5.28: Sensorsignal (dynamische FE-Simulation) für ein Pixel der EPD-Backplane während eines Schreib- und Haltezyklusses. Data-Line-Spannung 10 V, Gate-Line-RC-Delay $1 \cdot 10^{-6}$ FΩ.

6 Diskussion und Zusammenfassung

Einleitung

In diesem Kapitel werden abschließend die in den beiden vorangegangenen Kapiteln (Kap. 4 und 5) erzielten Ergebnisse im Hinblick auf die im Folgenden noch einmal aufgeführten Ziele der Arbeit bewertet.

- Steuerung des Produktionsprozesses (Aussonderung, Reparatur) durch subpixelgenaue Detektion und Klassifizierung der strukturellen und funktionellen Defekte sowie Sicherstellung einer durchgängige Prozesskontrolle
- Verkürzung der Produktentwicklungszeiten durch die schnelle Charakterisierung von Prototypen
- Simulative Abbildung des Sensorsignals zur Aufklärung der Eigenschaften der kapazitiven Kopplung, zur Signalanalyse bzw. -verarbeitung sowie zur Erweiterung des Anwendungsspektrums

Die hierbei diskutierten Inspektionsaufgaben bzw. Anwendungsfälle stellen noch einmal in übersichtlicher Form die Leistungsfähigkeit des kapazitiven Inspektionsverfahrens sowie der entwickelten Simulationsverfahren und Modelle unter Beweis. Da in den vorangegangenen Kapiteln Inspektions- und Simulationsergebnisse separat bewertet wurden, wird hier auf die aus der Verbindung von Simulation und Messung erwachsenden Vorteile eingegangen. Am Ende des Kapitels werden die im Rahmen der Arbeit entstandenen Ergebnisse kurz zusammengefasst.

6.1 Diskussion

Bevor auf die entwickelten Simulationsverfahren und Modelle eingegangen wird, erfolgt hier zunächst die Diskussion der in Kapitel 4 vorgestellten Ergebnisse. Grundsätzlich können die für planare Elektronik auftretenden Defekte in vier Typen eingeteilt werden [19]:

1. Unterbrechungen und Durchtrennungen

6. Diskussion und Zusammenfassung

2. Kurzschlüsse
3. Verformungen und Verschmierungen
4. Fehlfunktion und Funktionsstörungen der planaren Funktionseinheiten

Wie in Abschnitt 4.1.1 (Tab. 4.1) gezeigt wurde, deckt das kapazitive Inspektionsverfahren im Rahmen seiner Ausgestaltung zur Defektinspektion die ersten beiden Defekttypen bereits vollständig ab. Hierbei können nicht nur die Art des elektrischen Defekts einschließlich der beteiligten Lines, sondern auch die Positionen der Defektgebiete (z.B. verschmolzene Line-Bereiche oder Line-Durchtrennungen) subpixelgenau anhand des Inspektionsergebnisses bestimmt werden. Dies ist selbst dann noch möglich, wenn die Defektgebiete eine kleinere laterale Ausdehnung als die Sensorelektrode aufweisen. Die Detektion von Verformungen wurde in Abschnitt 4.1.1 anhand einer Com-Line-Verschmierung illustriert. Eine während der Herstellung auftretende Verformung kann jedoch auch zu einer Verkleinerung oder einem Fehlen eines Teils eines planaren Funktionsbereichs führen. Die Detektion entsprechender Defekte hängt in diesem Fall stark von der lateralen Ausdehnung des Defektgebiets ab. Ist die Ausdehnung deutlich kleiner als die Fläche der Sensorelektrode und koppelt diese gleichzeitig zu anderen Funktionsbereichen, ist eine Detektion nahezu unmöglich. Beispielsweise ist die Detektion von Löchern in den Pixelelektroden von FPDs nur dann möglich, wenn die Lochdurchmesser im Bereich des Sensorelektrodendurchmessers liegen. Grundsätzlich gilt jedoch, dass fehlende Teile selbst dann detektiert werden können, wenn die zugeordneten elektrischen Funktionsbereiche auf Massepotential liegen, da sich die kapazitive Kopplung und das Potential (verschwindet im Unendlichen) beim Übergang zum Defektgebiet verändern.

Die Detektion von Fehlfunktionen planarer Funktionseinheiten (z.B. TFTs, Pixelelektroden, etc.) bzw. deren Charakterisierung wird im Rahmen der Ausgestaltung des kapazitiven Inspektionsverfahrens zur Funktionsinspektion erstmals möglich (Abs. 4.1.3). Damit erlaubt das kapazitive Inspektionsverfahren eine umfassende Charakterisierung aller auftretender Defekte und bereitet so die Grundlage für die Durchführung möglicher Reparaturmaßnahmen oder die gezielte Aussonderung eines Produkts. Durch die exakte, berührungslose Messung des Spannungsverlaufs an den Funktionseinheiten kann jedoch nicht nur eine Aussage über die elektrische Funktion in Form von Toleranzüberschreitungen erfolgen, sondern es können auch die elektrischen Parameter der Funktionseinheiten (z.B. TFT-Schwellspannung, Pixelkapazität, etc.) extrahiert werden. Dies prädestiniert das kapazitive Inspektionsverfahren, über die Anwendung in der Prozesskontrolle hinaus, auch für den Einsatz während der Produktentwicklung. Somit deckt das Inspektionsverfahren nicht nur die oben aufgeführten Defekttypen ab, sondern bietet die Möglichkeit zur Bewältigung zahlreicher neuer Messauf-

6.1. Diskussion

gaben, wie die kontinuierliche Messung unter Betriebsbedingungen oder die Optimierung der Strukturierungsprozesse. Im Hinblick auf die stetig wachsende Vielfalt planarer elektronischer Produkte trägt dies in hohem Maße zur Sicherstellung prozesssynchroner Inspektionszyklen bei (Dauer des Inspektionszyklus ≡ Dauer des längsten Produktionsschritts).

In diesem Zusammenhang stellt die Messung zeitlicher konstanter Spannungen bzw. des Gleichanteils von Wechselspannungssignalen (nicht möglich in der in Abschnitt 4.1.3 beschriebenen Ausgestaltung) eine zentrale messtechnische Erweiterung des Verfahrens dar. Dies bezieht sich gleichermaßen auf die Defekt- und Funktionsinspektion. Im Hinblick auf die Defektinspektion ermöglicht diese Erweiterung die Inspektion von gleichspannungsführenden Funktionseinheiten, wie z.b. Zuleitungen gedruckter Elektronik oder planare Energie- oder Informationsspeicher. Bezüglich der Funktionsinspektion bietet die Erweiterung die Möglichkeit zur Bestimmung der absoluten Spannung an den Funktionseinheiten und zur korrekten Interpretation der Messergebnisse. Darüber hinaus bildet die Messung der absoluten Spannung die Voraussetzung für die Anwendung der entwickelten Parameterextraktionsverfahren.

Die obigen Ausführungen beziehen sich auf elektrisch kontaktierbare Funktionseinheiten. Die Detektion und somit Inspektion elektrisch isolierter Funktionseinheiten, die nicht über den Rand der Inspektionsobjekte kontaktiert werden können, stellen besondere Anforderungen an das kapazitive Inspektionsverfahren. Die Detektion verschiedenartiger Funktionseinheiten wurde daher messtechnisch (Abs. 4.1.2) und mittels FE-Simulation (Abs. 5.3) untersucht. Im Gegensatz zu elektrisch kontaktierbaren Funktionseinheiten muss das Anregungssignal über Einkoppelelektroden kapazitiv in die Funktionseinheiten eingekoppelt werden. Hierbei zeigt sich, dass die Detektion isolierter Funktionseinheiten auf zwei Wegen erreicht werden kann. Die erste Möglichkeit, welche die Beibehaltung des in Abschnitt 3.2 beschriebenen Sensordesigns gewährleistet, beruht auf der

- Anpassung der Einkoppelelektroden an die Geometrie der zu detektierenden Funktionseinheiten.

Die zweite Möglichkeit beruht auf der

- Anpassung des Sensordesigns an die Geometrie der zu detektierenden Funktionseinheiten.

In diesem Fall kann eine einfache planare Einkoppelelektrode, welche die Funktionseinheiten flächig überdeckt, verwendet werden. Die in den entsprechenden Abschnitten vorgestellten, experimentell und simulativ gewonnenen Ergebnissen können hierbei zur Ableitung der Gestaltungsvorschriften für die Einkoppelelektroden und den Sensor herangezogen werden. Sie bilden somit die theoretischen und messtechnischen Grundlagen für die Entwicklung eines optimal angepassten Sensor- und Elektrodendesigns. Mit Erweiterung des kapazitiven In-

6. Diskussion und Zusammenfassung

spektionsverfahrens auf die Inspektion elektrisch isolierte Funktionseinheiten wird erstmals die komplette Prozesskette der Entwicklung planarer elektronischer Produkte abgebildet. Das bedeutet, dass das Verfahren die lückenlose Inspektion nach jedem Produktionsschritt, von der Aufbringung der ersten metallischen Schichten (elektrisch isoliert) bis hin zur veredelten planaren Elektronik (elektrisch kontaktierbar), ermöglicht und so den Einsatz weiterer Verfahren erübrigt. Hierbei kann entweder der derzeitig (Abs. 3.2) verwendete Sensor eingesetzt werden oder das Sensordesign auf die Funktionseinheiten abgestimmt werden. Die abgeleiteten Gestaltungsvorschriften erlauben zudem die Einschätzung der für unterschiedliche Inspektionsobjekte zu erwartende Sensorperformance. Dass bei der Anpassung des Sensordesigns die Inspektion elektrisch kontaktierbarer Funktionseinheiten nicht eingeschränkt werden muss [133], zeigt Abb. 6.1. Die Abbildung zeigt den Vergleich der Simulationsergebnisse zwischen dem derzeitig eingesetzten Sensor und eine nach den in Abschnitt 5.3 erläuterten Designvorschriften gestaltete Sensorelektrode für einen Scan der in Abschnitt 2.2.1 vorgestellten Röntgenflachdetektoren. Beide Sensorelektroden besitzen einen Durchmesser von 50 µm. Die neu gestaltete Sensorelektrode (Details siehe [133]) weist jedoch keine zusätzliche laterale Schirmung auf. Wie zu sehen ist, werden die Funktionseinheiten der Flachdetektoren im Inspektionsergebnis dennoch klar aufgelöst. Gleichzeitig gewährleistet das Design, im Gegensatz zum derzeitig eingesetzten Sensor, die Detektion von elektrisch isolierten Funktionseinheiten mit lateralen Ausdehnungen und Abständen im Bereich von 50 µm (Abs. 5.3), und kann so bereits zur Inspektion während der ersten Fertigungsschritte eingesetzt werden.

An den diskutierten Ergebnissen zeigt sich bereits die große Bedeutung der entwickelten Simulationsverfahren im Hinblick auf die Sensorentwicklung. Darüber hinaus erlaubt die Simulation des Sensorsignals, neue Inspektionsaufgaben zu erschließen und bereits entwickelte Inspektionsmethoden zu verbessern, beispielsweise durch die Ableitung von Korrekturfunktionen für den Einfluss des Sensors auf das Messergebnis [73] oder die erforderliche Ausdehnung der lateralen Schirmung (Abs. 5.1.1). Im Folgenden wird das Potential der Simulation an einigen konkreten Inspektionsaufgaben illustriert. Zunächst wird die Bedeutung des Simulationsverfahrens, einschließlich der Methode der nicht-konformen Gitter (Abs. 5.1.1), bei der Charakterisierung unterschiedlicher Defekte der untersuchten FPDs und Röntgenflachdetektoren diskutiert. Abbildung 6.2 zeigt das Simulationsergebnis für jeweils einen der in Abschnitt 4.1.1 untersuchten Defekte der AMLCD-Backplanes und Röntgenflachdetektoren (Kurzschluss zur Data-Line und floatende ITO-Elektrode). Innerhalb der Simulation wurden konstante Spannungen, deren Amplituden den Amplituden der realen Anregungsspannungen entsprechen, verwendet und die ortsabhängige Ladung Q_{sen} dargestellt. Die Darstellung der Ladung ist in diesem Fall gerechtfertigt, da bei niedrigen Scangeschwindigkeiten der Umla-

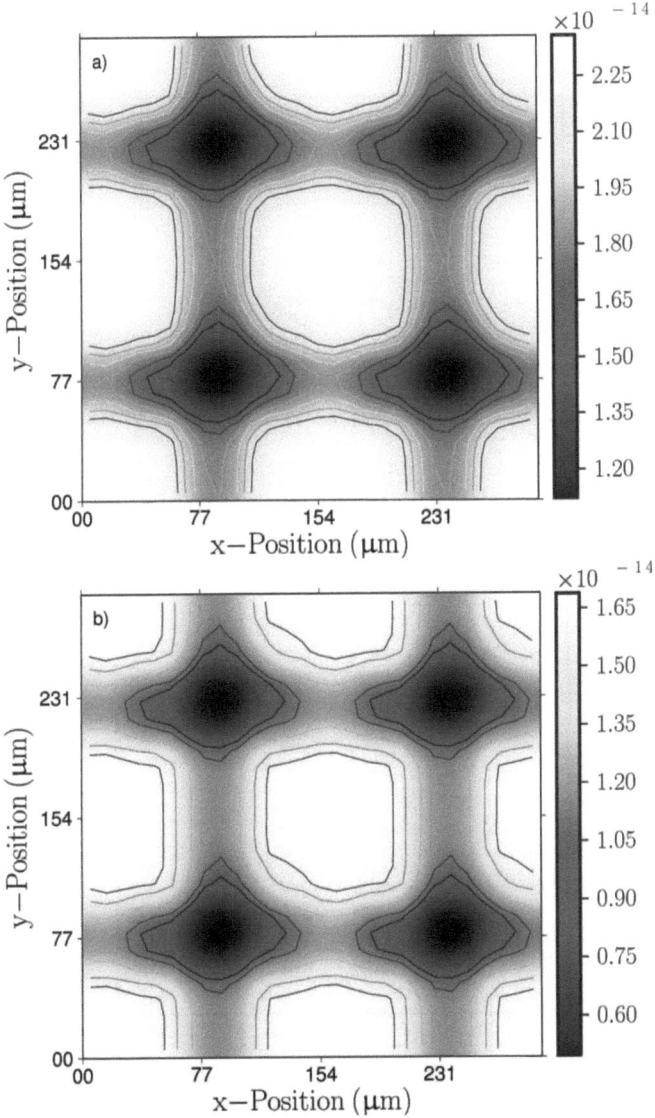

Abb. 6.1: Falschfarbendarstellung der positionsabhängigen Ladung (in Coulomb) an der Sensorelektrode Q_{sen} (Sensorsignal), während des Scans eines Röntgenflachdetektors. a) Für die Inspektion elektrisch isolierter Funktionselemente neu gestaltete Sensorelektrode (Designregeln). b) Derzeitig eingesetzter Sensor. Beide Sensoren haben einen Durchmesser von 50 µm. Sensordistanz 10 µm.

6. Diskussion und Zusammenfassung

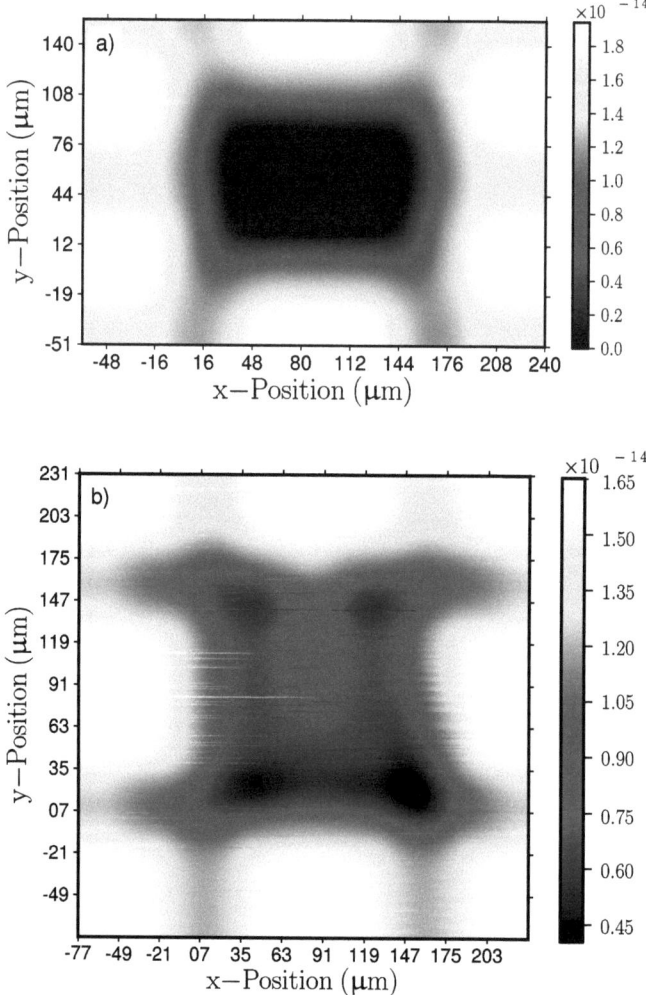

Abb. 6.2: Falschfarbendarstellung der positionsabhängigen Ladung (in Coulomb) an der Sensorelektrode Q_{sen} (Sensorsignal). a) Simuliertes Inspektionsergebnis für einen Kurzschluss zwischen Pixelelektrode und Data-Line (Anregung der Com-Line) der AMLCD-Backplane (vgl. Abb. 4.4a). b) Simuliertes Inspektionsergebnis für eine floatende ITO-Elektrode (Anregung der Bias-Line) des Röntgenflachdetektors (vgl. Abb. 4.11a).

6.1. Diskussion

destrom aufgrund der Kapazitätsänderungen vernachlässigt werden kann (Kap. 3). Wie zu sehen ist, wird die kapazitive Kopplung zwischen Sensor und den Inspektionsobjekten, aber auch innerhalb der Inspektionsobjekte, korrekt wiedergegeben. Hierbei zeigt sich der große Vorteil der Simulation im Hinblick auf die Klassifizierung unbekannter Defekte bzw. die korrekte Interpretation des resultierenden Sensorsignals. Im Rahmen der Simulation lassen sich die unterschiedlichen Defekte sehr effizient durch die Variation der Randbedingungen (Dirichlet-, Neumann-Randbedingungen, Constraints) für die entsprechenden Funktionseinheiten abbilden. Somit muss die Simulationsgeometrie nicht umgestaltet werden. Zusätzlich können unterschiedliche elektrische Beschaltungen leicht durch Permutationen der Randbedingungen simuliert werden. Folglich eignet sich die Simulation hervorragend zur Bestimmung der optimalen Beschaltung, für welche der Defekt den stärksten Kontrast im Inspektionsergebnis erzeugt. Auch Unterbrechungen der Lines lassen sich auf diese Weise korrekt abbilden. Ausgehend vom Messsignal ist die Simulation damit hervorragend geeignet, um das Inspektionsergebnis für unbekannte Defekte, welche beispielsweise bei der Entwicklung neuer Produkte auftreten können, korrekt zu interpretieren und gleichzeitig den experimentellen Aufwand auf ein Minimum zu reduzieren. Da die elektrische Kontaktierung der Inspektionsobjekte häufig sehr aufwendig ist, stellt der Einsatz der Simulation hierbei eine deutliche Vereinfachung dar. Darüber hinaus lässt sich die Simulation zur Bestimmung des zu erwartenden Sensorsignals bzw. Kontrastes in Abhängigkeit von der Struktur der Inspektionsobjekte und der Scangeschwindigkeit einsetzen und kann gegenüber potentiellen Kunden zur Demonstration der Leistungsfähigkeit des kapazitiven Inspektionsverfahrens herangezogen werden.

Offensichtlich werden die kapazitiven Kopplungen innerhalb der Simulation sehr gut abgebildet. Aus diesem Grund wurde die Simulation zur Ableitung eines analytischen Modells der kapazitiven Kopplung für den Fall eindimensional und zweidimensional angeordneter Leiterbahnkonfigurationen herangezogen (Abs. 5.2). Das Modell wurde hierbei so angelegt, dass nur die geometrischen Parameter, wie die Abstände und Breiten der Leiterbahnen sowie der Abstand zur Sensorelektrode, bekannt sein müssen, um die kapazitive Kopplung bzw. das entsprechende Sensorsignal zu modellieren. Im Gegensatz zur FE-Simulation ist das Modell daher nicht auf die Erzeugung und Zerlegung der entsprechenden Simulationsgeometrien angewiesen, was den effizienten und von spezieller Software unabhängigen Einsatz für eine zu untersuchende Leiterbahnanordnung gewährleistet. Darüber hinaus bietet es die Möglichkeit, die Sensorcharakteristik, z.B. in Form einer Modulationstransferfunktion [135,136], in Abhängigkeit von der Sensordistanz und dem Sensordurchmesser auf einfachem Weg zu bestimmen [55]. So konnte auf der Grundlage des entwickelten Modells gezeigt werden, dass

6. Diskussion und Zusammenfassung

sich das Auflösungsvermögen durch die Verkleinerung des Sensorelektrodendurchmessers nur bis zu einer gewissen Grenze steigern lässt, ab der es allein durch den Verlauf des elektrischen Feldes limitiert wird [55]. Die Entwicklung eines Sensors mit deutlich kleineren Elektroden, unter der Beibehaltung des derzeitigen Designs, wird daher nur in seltenen Fällen zu einer Steigerung des Auflösungsvermögens beitragen. Da das Modell den Einfluss des Sensors durch die Einbeziehung einer Sensorfunktion berücksichtigt, lässt sich zudem die Auswirkung unterschiedlicher Sensordesigns auf das Inspektionsergebnis in einfacher Weise abbilden. Gleichzeitig eignet sich das Modell hervorragend zur Entwicklung von Signalverarbeitungsverfahren und damit nicht zuletzt zur Erweiterung des Anwendungsgebiets des kapazitiven Inspektionsverfahrens. Als ein Beispiel zeigt Abb. 6.3 das Inspektionsergebnis (simulativ) für eine Leiterbahnanordnung mit unterschiedlichen Leiterbahnabständen und -breiten, welche mit unterschiedlichen Spannungen beaufschlagt wurden. Das entwickelte

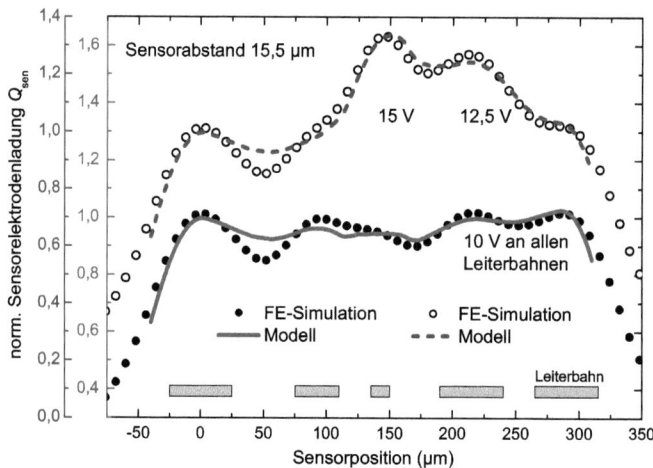

Abb. 6.3: Anpassung des modellierten Sensorsignals an die Simulationsergebnisse (Sensordistanz 15.5 µm). Das modellierte Signal beinhaltet freie Skalierungsfaktoren für die Amplituden der an den Leiterbahnen anliegenden Spannungen. Unter Kurve: gleiche Spannung an allen Leiterbahnen. Untere Kurve: 1,5-fach höhere Spannung an der mittleren Leiterbahn und 1,25-fach höhere Spannung an der Leiterbahn rechts davon. Die Leiterbahnabstände und -breiten sind schematisch durch die Balken am unteren Rand der Abbildung dargestellt. Die Kurven wurden aus Gründen der Übersichtlichkeit verschoben (obere Kurve gehört zu äußerer Achse.

Modell eignet sich sehr gut zur Überprüfung der tatsächlichen Spannungswerte, welche z.B. für die korrekte Funktion der planaren Bauelemente gedruckter, elektronischer Schaltungen sichergestellt werden müssen. Die Ermittlung der Leiterbahnspannungen anhand des Inspektionsergebnisses ist nur durch die Verwendung zusätzlicher Informationen (Modell) möglich, da das Sensorsignal durch das Produkt aus kapazitiver Kopplung und Spannungsamplitude bestimmt wird (Gl. 3.1) und die Signalanteile daher nicht getrennt werden können. Wird das entwickelte Modell der kapazitiven Kopplung (rein Geometrie-basiert) mit den Amplituden der Spannung als freie Parameter (Skalierungsfaktoren) an das Ergebnis angepasst (Fit), so ergeben sich die in Tab. 6.1 dargestellten Werte [55]. Wie zu erkennen ist, liegen die Ab-

Tabelle 6.1: Skalierungsfaktoren (Fit des Modells an das Simulationsergebnis)

Spannung (V)	s_1	s_2	s_3	s_4	s_5
alle 10,00 (untere Kurve)	1,005	0,990	1,034	1,003	1,033
15,00 und 12,50 (obere Kurve)	1,004	0,998	1,531	1,253	1,034

weichungen der so ermittelten Spannungen zu den tatsächlich anliegenden Spannungen im Bereich weniger zehn Millivolt. Über diese Anwendung hinaus kann das Modell zur Entwicklung und zum Test von Inversen- oder Wiener-Filtern [146, 147] verwendet werden, welche die Überlagerung (Faltung) des Messsignals mit der Sensorfunktion rückgängig machen und so den Kontrast im Inspektionsergebnis drastisch steigern können.

Mit der Erweiterung des Modells der kapazitiven Kopplung auf zweidimensionale Leiterbahnanordnungen (Abs. 5.2.2), welche die Modellierung von Leiterbahnüberschneidungen beinhaltet sowie der aufgrund der Analyse der Anordnungen abgeleiteten Vereinfachungen für geringe Leiterbahnabstände (<10 µm) [55], wurden die Voraussetzungen für die Modellierung des Sensorsignals für Inspektionsobjekte wie FPDs und gedruckte Schaltungen geschaffen. Somit wird es auch für die komplexen Anordnungen erstmals möglich, das zu erwartende Sensorsignal zu modellieren und so, unabhängig von der FE-Simulation, eine Einschätzung des zu erwartenden Sensorsignalkontrastes für unterschiedliche Beschaltungen der Inspektionsobjekte zu erhalten. Auch in diesem Fall kann das Modell natürlich, analog zu eindimensionalen Anordnungen, zur Entwicklung oder Verbesserung von Signalverarbeitungsverfahren herangezogen werden.

Die bislang diskutierten Simulationsergebnisse beziehen sich auf die Defektinspektion. Im Hinblick auf das zugrundeliegende Simulationsverfahren bedeutet dies, dass die auftretenden Defekte durch die Vorgabe von wohldefinierten (zeitlich-veränderlichen) Potentialen (Randbedingungen) abgebildet werden können. Die Simulation des Sensorsignals im Rahmen der

6. Diskussion und Zusammenfassung

Funktionsinspektion erfordert jedoch die Vorgabe von Strömen zwischen den Funktionseinheiten, welche zur Änderung der entsprechenden Potentiale führen. Um auch die Simulation dieser dynamischen Veränderungen innerhalb einer Schaltung (z.B. Pixelaufladung) bzw. des Sensorsignal zu ermöglichen, wurde das in Abschnitt 5.4 beschriebene (hybride) Simulationsverfahren entwickelt. Unter der Verwendung des Verfahrens wird es möglich, das Sensorsignal für die Schaltvorgänge der planaren Bauteile zu simulieren. Gleichzeitig kann hierbei die Sensorbewegung bzw. deren Auswirkung auf das Messergebnis miteinbezogen werden. Die Anwendungsgebiete des Simulationsverfahrens reichen von der Inspektion einfacher gedruckter Schaltungen (z.B. RFIDs) bis hin zu Schaltungen mit mehreren tausend Elementen, wie sie z.b. im Fall von FPDs vorkommen. Als konkretes Anwendungsbeispiel für das entwickelte Simulationsverfahren werden im Folgenden die Parameterextraktion für FPD-Pixel und -TFTs sowie die Bestimmung des Bild-Flickers (systematische Funktionsstörungen) [19, 103] diskutiert.

Die Charakterisierung der TFTs einer FPD-Backplane ist von entscheidender Bedeutung während der Entwicklung und Produktion. Im Unterschied zur Charakterisierung nicht-integrierter TFTs ist die Bestimmung der TFT-Parameter aus der Messung des Spannungsverlaufs am Pixel deutlich aufwendiger, da die Gate-Source- und die Drain-Source-Spannungen zeitlich variieren (Pixelaufladung). Zusätzlich können dynamische Effekt vorhanden sein, die die Verwendung standardisierter Auswertungsmethoden erschweren (Abs. 5.4). Die Simulation des Sensorsignals kann in diesem Fall herangezogen werden, um Extraktionsmethoden zu entwickeln und zu testen, da alle dynamischen Effekte in einfacher Weise in die Simulation (Skript-File) eingebracht werden können. Ist z.B. die Extraktion der TFT-Schwellspannung von besonderem Interesse, so kann es vorteilhaft sein, die Signalform des Gate-Spannungssignals zu variieren, um die Auswertung zu vereinfachen (Abs. 4.1.3). Abbildung 6.4 zeigt das Sensorsignal für die Messung der Spannung an einem Pixel der EPD-Backplane (Abs. 4.1.1), unter der Verwendung eines dreieckförmigen Gate-Spannungssignals. Da die Schwellspannung für die Simulation vorgegeben wurde, kann beispielsweise die in Abschnitt 4.1.3 vorgestellte Methode zur Extraktion der Schwellspannung anhand der Auswertung des simulierten Sensorsignals überprüft werden. In ähnlicher Weise lässt sich die Simulation zur Bestimmung von Signalformen, die zu einer Verstärkung der dynamischen Effekte (parasitäre Kapazitäten) führen, einsetzen. An diesem Beispiel wird bereits deutlich, in welchem Maß die Verbindung aus Simulation und Messung zur Erweiterung des Anwendungsbereichs des kapazitiven Inspektionsverfahrens beiträgt.

Abschließend wird noch kurz auf die Bewertung des Gesamteinflusses der systematischen Funktionsstörungen bei FPDs, dem sogenannten Flicker, eingegangen. Wie in Abschnitt 2.2.4

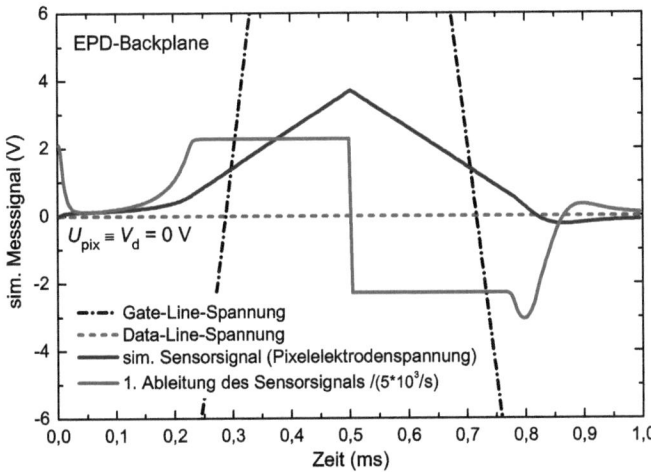

Abb. 6.4: Simuliertes Sensorsignal (dynamische FE-Simulation) für die Messung der Pixelelektrodenspannung eines Pixels der EPD-Backplane (Anregung der Gate-Line mit einem dreieckförmigen Spannungssignal), vgl. Abb. 4.23a. Alle anderen Lines werden auf Massepotential gehalten. Zusätzlich ist die erste Ableitung des simulierten Messsignals gezeigt, welche zur Bestimmung der Schwellspannung herangezogen werden kann.

beschrieben wurde, zählen RC-Delay, Voltage-Kickback, Leckströme und das Schaltverhalten zu den systematischen Defekten. Der Einfluss der Störungen auf die Pixelspannung zwischen zwei Bildwiederholungen (Frames) wird als Flicker bezeichnet. Die Simulation des Sensorsignals ermöglicht auf einfache Weise die Bestimmung der unterschiedlichen Flicker-Beiträge bzw. der Stärke ihres Beitrags (gezielte Vorgabe der Einflussgrößen) für ein gegebenes Display-Design. Somit wird die korrekte Interpretation aufgenommener Messsignale gewährleistet, auf deren Grundlage dann Designanpassungen seitens der Entwickler vorgenommen werden können. Die Bestimmung des Flickers erfolgt durch die Transformation des zeitlichen Verlaufs der gemessenen Pixelspannung in den Frequenzbereich (Fourier-Transformation). Alle Frequenzkomponenten unterhalb von 60 Hz werden bei einem fertiggestellten Display als Flicker wahrgenommen, da das Auge bis zu dieser Frequenz allen Bildvariationen folgen kann [19, 103].

6.2 Zusammenfassung

Basierend auf der Idee kapazitiver Sensoren wurde ein auf kapazitiver Kopplung beruhendes Inspektionsverfahren hinsichtlich der Defekt- und Funktionsinspektion der Funktionseinheiten planarer Elektronik sowie der grundlegenden physikalischen Eigenschaften der Kopplung

6. Diskussion und Zusammenfassung

zwischen den Funktionseinheiten und den eingesetzten Sensoren untersucht. Dies beinhaltet

- den Nachweis der Klassifizierung einer Vielzahl typischer struktureller Defekte unterschiedlicher planarer elektronischer Produkte sowie den Quervergleich der Ergebnisse mit optischen Untersuchungsmethoden,
- den Nachweis der Extraktion typischer elektrischer Kenngrößen durch die Inspektion der Funktionseinheiten verschiedener planarer elektronischer Produkte unter Betriebsbedingungen sowie den Quervergleich mit kontaktierenden elektrischen Messmethoden,
- die Entwicklung eines Messverfahrens zur zusätzlichen Messung zeitlich konstanter Spannungen der Funktionseinheiten,
- die Analyse der kapazitiven Kopplung zwischen Funktionseinheit und Sensor bzw. der Sensorcharakteristik durch die Abbildung des Scan-Vorgangs mittels Finite-Elemente-Methoden,
- die analytische Modellierung der kapazitiven Kopplung zwischen Sensor und Funktionseinheit und
- die Entwicklung eines hybriden Simulationsverfahrens zur Abbildung von Funktionsinspektionsmethoden.

Die Ergebnisse dieser Arbeit sind

- die Demonstration der Eignung des Verfahrens zur durchgängigen Prozesskontrolle bzw. industriellen Einsatzfähigkeit und zur Sicherstellung prozesssynchroner Inspektionszyklen, durch die subpixelgenaue Lokalisierung und Detektion struktureller Defekte sowie deren exakte Klassifizierung,
- der Nachweis der Einsatzfähigkeit des Verfahrens im Rahmen der Produktentwicklung bzw. zur Verkürzung der Entwicklungszeiten, einschließlich
  - der Extraktion elektrischer Kenngrößen (Voltage-Kickback, Schwellspannung, etc.),
  - der simultanen Messung von Gleich- und Wechselspannungsanteilen durch Umsetzung eines neuen Messverfahrens,
  - eines Verfahrens zur Inspektion elektrisch isolierter Funktionseinheiten (z.B. frühes Fertigungsstadium) durch selektive Einkopplung mittels angepasster Elektroden
- die Erschließung neuer Anwendungsgebiete durch die simulative Abbildung der kapazitiven Kopplung und Bestimmung der Sensorcharakteristik sowie durch die Analyse der auftretenden kapazitiven Kopplungen, einschließlich

- eines rein Geometrie-basierten analytischen Modells der kapazitiven Kopplung zwischen Sensor und Funktionseinheiten,
- der Entwicklung und des Tests von Parameterextraktionsalgorithmen (z.B. Bestimmung des Display-Flickers) anhand des entwickelten hybriden Simulationsmodells,
- der Überprüfung von Klassifizierungsmethoden und Entwicklung von Signalverarbeitungsverfahren, z.B. zur Bestimmung der elektrischen Spannungen der einzelnen Bestandteile von Leiterbahnanordnungen und
- zahlreicher Gestaltungsregeln bzgl. des Sensorkopfes zur Inspektion elektrisch isolierter Funktionseinheiten.

Mit dieser Arbeit wurden somit die Voraussetzungen für den Einsatz des kapazitiven Inspektionsverfahrens zur prozessbegleitenden Inspektion zahlreicher, bereits bestehender planarer elektronischer Produkte sowie zukünftiger Formen planarer Elektronik, wie AMOLED-Displays (Active-Matrix Organic Light Emitting Diode), gedruckte Sensoren, etc., geschaffen. Mittels der entwickelten Modelle und Simulationsverfahren lässt sich das Verfahren für entsprechende Inspektionsaufgaben konfigurieren und im Voraus auf die Anwendbarkeit überprüfen.

6. Diskussion und Zusammenfassung

Literaturverzeichnis

[1] V. Subramanian et al. Printed Electronics for Low-Cost Electronic Systems: Technology Status and Application Development. *ESSDERC 2008 - Proceedings of the 38th Euorpean Solid-State Device Research Conference*, 2008.

[2] ObservatoryNano. ICT Sector Focus Report - Printed Electronics. Technical report, ObservatoryNano, 2010.

[3] M. Berggren, D. Nilsson, and N. D. Robinson. Organic Materials for Printed Electronics. *Nature Materials*, 6, 2007.

[4] J. A. Rogers et al. Paper-Like Electronic Displays: Large-Area Rubberstamped Plastic Sheets of Electronics and Microencapsulated Electrophoretic Inks. *Applied Physical Sciences*, 98, 2001.

[5] R. A. Street. *Technology and Applications of Amorphous Silicon*. Springer, 1st edition, 2000.

[6] E. Maiser. European Technology: Flat Panel Displays (4th Edition), German Flat Panel Display Forum (DFF). Technical report, VDMA - German Engineering Federation, 2004.

[7] A. Wilson. Flat-Panel Inspection Demands Precision. Technical report, Vision Systems Design, 2007.

[8] W. Becker and M. Yamamoto. Markt- und Technologietrends bei Flüssigkristalldisplays. Technical report, Merck KGaA, 2002.

[9] J. Jang. Displays Develop a New Flexibility. *Materials Today*, 9, 2006.

[10] H.-J. In, K.-H. Oh, I. Lee, D.-H. Ryu, S.-M. Choi, K.-N. Kim, H.-D. Kim, and O.-K. Kwon. An Advanced External Compensation System for Active Matrix Organic Light-Emitting Diode Displays with Poly-Si Thin-Film Transistor Backplane. *IEEE Transactions on Electron Devices*, 57, 2010.

[11] B. Hekmatshoar, A. Z. Kattamis, K. H. Cherenack, K. Long, J.-Z. Chen, S. Wagner, J. C. Sturm, K. Rajan, and M. Hack. Reliability of Active-Matrix Organic Light-Emitting-Diode Arrays with Amorphous Silicon Thin-Film Transistor Backplanes on Clear Plastic. *IEEE Electron Device Letters*, 29, 2008.

[12] D. H. Redinger, S. Schnobrich, and M. A. Haase. Low-Cost Displays-Semiconductor and Lithographic Performance Requirements. *IEEE/OSA Journal of Display Technology*, 6, 2010.

[13] F. C. Krebs. Fabrication and Processing of Polymer Solar Cells: A Review of Printing and Coating Techniques. *Solar Energy Materials & Solar Cells*, 93, 2009.

[14] F. C. Krebs et al. A Complete Process for Production of Flexible Large Area Polymer Solar Cells Entirely Using Screen Printing - First Public Demonstration. *Solar Energy Materials & Solar Cells*, 93, 2009.

[15] H. Klauk. *Organic Electronics - Materials, Manufacturing and Applications*. Wiley-VCH Verlag GmbH und Co.KGaA, 1st edition, 2006.

[16] C. Cimino and D. Rose. New Test Realities for Evolving FPD Technologies. Technical report, Keithley Instruments, Inc., 2002.

[17] X-F. He and F. Frank. Flat-Panel Color Filter Inspection. Technical report, Vision Systems Design, 2011.

[18] X.-F. He. Uniquely Challenging. Technical report, Vision Systems Design, 2010.

[19] C. R. Kagan and P. Andry. *Thin-Film Transistors*. Marcel Dekker Inc, 1st edition, 2003.

[20] K. Hecker. Organic and Printed Electronics, 3rd Ed. Technical report, Organic Electronics Association (OE-A) VDMA – The German Engineering Federation, 2009.

[21] Isra Vision. Reduce Defects, Increase Yield – Even for Complex Flexible Printed Circuits. Technical report, Isra Vision, 2009.

[22] C. Lee, Y. Kim, Y.-G. Choi, Y.-H. Cho, K. Lee, and B.-M. Kwak. High-Density Silicon Microprobe Arrays for LCD Pixel Inspection. *Proceedings of the IEEE Micro Electro Mechanical Systems (MEMS)*, 1996.

[23] H. S. Jung, M.-S. Hong, S.-H. Lee, J. H. Park, D. Kang, and M. G. Lee. A Novel Stylus Profiler without Nonlinearity and Parasitic Motion for FPD Inspection System. *Journal of Mechanical Science and Technology*, 21, 2007.

[24] M. Brunner, S. Kurita, R. Schmid, F. E. Abboud, B. Johnston, P. Bocian, and E. Beer. Configurable Prober for TFT LCD Array Testing. *Patent, US 7319335 B2*, 2008.

[25] D.-M. Tsai and C.-Y. Hung. Automatic Defect Inspection of Patterned Thin Film Transistor-Liquid Crystal Display (TFT-LCD) Panels Using One-Dimensional Fourier Reconstruction and Wavelet Decomposition. *International Journal of Production Research*, 43, 2005.

[26] C.-J. Lu and D.-M. Tsai. Independent Component Analysis-Based Defect Detection in Patterned Liquid Crystal Display Surfaces. *Image and Vision Computing*, 26, 2008.

[27] G. Pedeville. Image Processing Advances Display Metrology. *Laser Focus World*, 40, 2004.

[28] R. Schmitt, M. Brunner, and D. Winkler. Electron-Beam Testing of Flat Panel Display Substrates. *Microelectronic Engineering*, 24, 1994.

[29] M. Brunner, R. Schmid, K.-H. Schweikert, and S. Becker. Testing the AM LCD Matrix with an Electron Beam. *ITG-Fachbericht*, 150, 1998.

[30] H. S. Kim, D. W. Kim, S. J. Ahn, Y. C. Kim, S. S. Park, K. W. Park, N. W. Hwang, S. W. Jin, and S. Y. Bae. Feasibility Study of TFT-LCD Array Tester Using Low Voltage Micro-Columns. *Microelectronic Engineering*, 85, 2008.

[31] W. Demtröder. *Experimentalphysik 3: Atome, Moleküle und Festkörper*. Springer-Verlag, 3rd edition, 2005.

[32] H. Niedrig. *Lehrbuch der Experimentalphysik, Bd.3, Optik*. de Gruyter, 10th edition, 2004.

[33] C. Lee, Y. Jeon, D. Jeong, I.-J. Yune, and K. No. An Electric Field Detector Using Electro-Optic Device. *Proceedings of SPIE - The International Society for Optical Engineering*, 4564, 2001.

[34] J. Hawthorne. Electro-Optics Technology Tests Flat-Panel Displays. *Laser Focus World*, 36, 2000.

[35] F. J. Henley. Capacitance Imaging System Using Electro-Optics. *Patent, US 5170127*, 1992.

[36] D. H. Jeong, C.-W. Jung, K.-S. Jung, and C.-K. Hong. Dynamic Characteristics of the PDLC-Based Electro-Optic Modulator for TFT-LCD Inspection. *Proceedings of SPIE - The International Society for Optical Engineering*, 4902, 2002.

[37] T. Kido, N. Kishi, and H. Takahashi. Optical Charge-Sensing Method for Testing and Characterizing Thin-Film Transistor Arrays. *IEEE Journal on Selected Topics in Quantum Electronics*, 1, 1995.

[38] H. Ibach and H. Lüth. *Festkörperphysik: Einführung in die Grundlagen*. Springer-Verlag, 6th edition, 2002.

[39] H. P. Hall and P. R. Pilotte. Testing TFT-LCD Substrates With a Transfer Admittance Method. *SID Symposium Digest of Technical Papers*, 1991.

[40] Y.-H. Liu, Y.-C. Liu, and Y.-Z. Chen. High-Speed Inline Defect Detection for TFT-LCD Array Process Using a Novel Support Vector Data Description. *Expert Systems with Applications*, 38, 2011.

[41] L. C. Jenkins, R. J. Polastre, R. R. Troutman, and R. L. Wisnieff. Functional Testing of TFT/LCD Arrays. *IBM Journal of Research and Development*, 36, 1992.

[42] Y.-C. Lin and H.-P. D. Shieh. In-Process Functional Testing of Pixel Circuit in AMOLEDs. *IEEE Transactions on Electron Devices*, 52, 2005.

[43] S. Sambandan, R. B. Apte, W. S. Wong, R. Lujan, M. Young, B. Russo, S. Ready, and R. A. Street. Defect Identification in Large Area Electronic Backplanes. *Journal of Display Technology*, 5, 2009.

[44] C. Fricke and A. Schick. Method for Inspecting a Strip Conductor Structure. *Patent, WO 2006/122897 A1*, 2006.

[45] H. Klausmann and K. Kragler. Sensor Element, Device and Method for Inspecting a Printed Conductor Structure, Production Mehtod for Sensor Element. *Patent, WO 2008/058949 A3*, 2008.

[46] H. Klausmann and M. Neusser K. Kragler. Measuring Device and Method for Inspecting the Surface of a Substrate. *Patent, WO 2008/058869 A3*, 2008.

[47] D. L. Smith. Display Matrix Tester. *Patent, US 5694053*, 1997.

[48] W. S. Coates, R. J. Bosnyak, and I. E. Sutherland. Method and Apparatus for Probing an Integrated Circuit Through Capacitive Coupling. *Patent, US 6600325 B2*, 2002.

[49] S. Murakawa, S. Doi, Y. Egashira, T. Rokkaku, and S. Ueda. Potential Sensor for Detecting Voltage of Inspection Target at Non-Contact Condition to Attain Higher Speed of Inspection. *Patent, US 2002/0153919 A1*, 2002.

[50] S. Murakawa, S. Doi, Y. Egashira, and S. Ueda. Apparatus and Method for Testing Electrode Structure for Thin Display Device Using Fet Function. *Patent, US 2004/0100299 A1*, 2004.

[51] T. Fuji and S. Ishioka. Apparatus and Method for Inspecting a Board Used in a Liquid Crystal Panel. *Patent, US 6859062 B2*, 2005.

[52] M. Koerdel, F. Alatas, A. Schick, K. Kragler, R. L. Weisfield, S. J. Rupitsch, and R. Lerch. Contactless Inspection of Flat Panel Displays and Detector Panels by Capacitive Coupling. *Transactions on Electron Devices*, 58, 2011.

[53] M. Koerdel, F. Alatas, A. Schick, J. Jongman, C. Sekhar, S. J. Rupitsch, and R. Lerch. Contactless Functionality Inspection of Flat-Panel Display Pixels and Thin-Film Transistors by Capacitive Coupling. *Transactions on Electron Devices*. accepted for publication, 2012.

[54] M. Koerdel and F. Alatas and A. Schick and S. J. Rupitsch and R. Lerch. Impact of Sensor Design on the Contactless Inspection of Planar Electronic Devices by Capacitive Coupling. *Procedia Engineering*, 25, 2011.

[55] M. Koerdel, F. Alatas, A. Schick, S. J. Rupitsch, and R. Lerch. Contactless Inspection of Planar Electronic Devices by Capacitive Coupling: Development of a Model Describing the Sensor Signal and Its Impact on Signal Post-Processing. *Sensors and Actuators A: Physical*, 172, 2011.

[56] M. Koerdel, F. Alatas, A. Schick, S. J. Rupitsch, and R. Lerch. Modelling the Capacitive Coupling of Sensors Applied to the Contactless Inspection of Planar Electronics. *Procedia Engineering*, 5, 2010.

[57] J. D. Jackson. *Classical Electrodynamics*. John Wiley & Sons Inc, 3rd edition, 1998.

[58] W. Nolting. *Grundkurs Theoretische Physik 3: Elektrodynamik*. Springer, 7th edition, 2004.

[59] I. N. Bronstein, K. A. Semendjajew, G. Musiol, and H. Mühlig. *Taschenbuch der Mathematik*. Verlag Harri Deutsch, 5. edition, 2001.

[60] L. K. Baxter. *Capacitive Sensors: Design and Applications*. IEEE PRESS Marketing, 1st edition, 1997.

[61] G. Brasseur. Anwendungen kapazitiver Messtechnik. *e & i elektrotechnik und informationstechnik*, 3, 2002.

[62] A. Fuchs, H. Zangl, M. J. Moser, and Th. Bretterklieber. Non-Invasive Measurements of Fluids by Means of Capacitive Sensors. *Metrology and Measurement Systems*, 16, 2009.

[63] M.-L. Sheu. A Novel Capacitive Sensing Scheme for Fingerprint Acquisition. *2005 IEEE Conference on Electron Devices and Solid-State Circuits*, 2005.

[64] R. V. Jones and J. C. S. Richards. The Design and Some Applications of Sensitive Capacitance Micrometers. *Journal of Physics E: Scientific Instruments*, 6, 1973.

[65] H. Zangl, A. Fuchs, and Th. Bretterklieber. Non-invasive Measurements of Fluids by Means of Capacitive Sensors. *e & i elektrotechnik und informationstechnik*, 1-2, 2009.

[66] W. Yang. Design of Electrical Capacitance Tomography Sensors. *Measurement Science and Technology*, 21, 2012.

[67] W.-C. Heerens. Application of Capacitance Techniques in Sensor Design. *Journal of Physics E: Scientific Instruments*, 19, 1986.

[68] W.-C. Heerens and F. C. Vermeulen. Capacitance of Kelvin Guard-Ring Capacitors with Modified Edge Geometry. *Journal of Applied Physics*, 46, 1975.

[69] W.-C. Heerens. Basic Principles in Designing Highly Reliable Multiterminal Capacitor Sensors and Performance of Some Laboratory Test Models. *Sensors and Actuators*, 3, 1982.

[70] J.-M. Torres and R. S. Dhariwal. Electric Field Breakdown at Micrometre Separations. *Nanotechnology*, 10, 1999.

[71] R. Lerch. *Elektrische Messtechnik*. Springer, 5th edition, 2010.

[72] E. Bruun. Feedback Analysis of Transimpedance Operational Amplifier Circuits. *IEEE Transactions on Circuits and Systems I: Fundamental Theory and Applications*, 40, 1993.

[73] M. Koerdel, F. Alatas, and A. Schick. Constant-Voltage Sensor. *Patent, WO 2011141224*, 2011.

[74] J. L. Vossen and W. Kern. *Thin Film Processes II*. Academic Press Inc., 1st edition, 1991.

[75] A. Mills. Strategies in Light 2006: Record LED Sales But Price Erosion. *III-Vs Review*, 19, 2006.

[76] P. G. Le Comber, W. E.Spear, and A. Ghaith. Amorphous-Silicon Field-Effect Device and Possible Application. *Electronics Letters*, 15, 1979.

[77] D. Pribat. The Use of Thin Silicon Films in Flat Panel Displays. *Materials Science Forum*, 455-456, 2004.

[78] B. H. Min, H.S. Choi, J. S. Park, and M. K. Han. New Thin-Film Transistor Structure for Increasing Storage Capacitance in the Pixel Element. *Materials Research Society Symposium Proceedings*, 297, 1993.

[79] R. L. Weisfield. Large-Area Amorphous Silicon TFT-Based X-Ray Image Sensors for Medical Imaging and Non Destructive Testing. In *Thin Film Transistor Technologies IV*.

[80] R. L. Weisfield, W. Yao, T. Speaker, K. Zhou, R. E. Colbeth, and C. Proano. Performance Analysis of a 127-micron Pixel Large-Area TFT/Photodiode Array with Boosted Fill Factor. *Proceedings of SPIE - The International Society for Optical Engineering*, 5368, 2004.

[81] R. L. Weisfield, M. A. Hartney, R. A. Street, and R. B. Apte. New Amorphous-Silicon Image Sensor for X-Ray Diagnostic Medical Imaging Applications. *Proceedings of SPIE - The International Society for Optical Engineering*, 3336, 1998.

[82] Plus Lucis. Nobelpreis für Chemie 2000. *Plus Lucis*, 3, 2000.

[83] G. Inzelt, M. Pineri, J. W. Schultze, and M. A Vorotyntsev. Electron and Proton Conducting Polymers: Recent Developments and Prospects. *Electrochimica Acta*, 45, 2000.

[84] W. Clemens, W. Fix, J. Ficker, A. Knobloch, and A. Ullmann. From Polymer Transistors Toward Printed Electronics. *Journal of Materials Research*, 19, 2004.

[85] D. J. Gundlach et al. Contact-Induced Crystallinity for High-Performance Soluble Acene-Based Transistors and Circuits. *Nature Materials*, 7, 2008.

[86] G. H. Gelinck et al. Flexible Active-Matrix Displays and Shift Registers Based on Solution-Processed Organic Transistors. *Nature Materials*, 3, 2004.

[87] T. von Werne, K. Reynolds, and B. H. Pui. Off-Set Top Pixel Electrode Configuration. *Patent, US 2011/0101361 A1*, 2011.

[88] J. M. Jacobson. Electronically Addressable Microencapsulated Ink and Display Thereof. *Patent, 6120588*, 2000.

[89] S. E. Burns et al. A Scalable Manufacturing Process for Flexible Active-Matrix E-Paper Displays. *Journal of the SID*, 13, 2005.

[90] Y-Y. Noh, N. Zhao, M. Caironi, and H. Sirringhaus. Downscaling of Self-Aligned, All-Printed Polymer Thin-Film Transistors. *nature nanotechnology*, 2, 2007.

[91] S.-J. Lee, S.-W. Lee, K.-M. Oh, K.-E. Lee, M.-S. Yang, and Y.-K. Hwang. A Novel Five-Photo-Mask Low-Temperature Polycrystalline-Silicon CMOS Structure. *IEEE International Electron Devices Meeting (IEDM)*, 2009.

[92] T. Sakurai and A. R. Newton. A Simple MOSFET Model for Circuit Analysis. *IEEE Transactions on Electron Devices*, 38, 1991.

[93] T. Sakurai and A. R. Newton. Alpha-Power Law MOSFET Model and Its Applications to CMOS Inverter Delay and Other Formulas. *IEEE Journal of Solid-State Circuits*, 25, 1990.

[94] C. D. Dimitrakopoulos and P. R. L. Malenfant. Organic Thin Film Transistors for Large Area Electronics. *Advanced Materials*, 14, 2002.

[95] T. W. Kelley. Recent Progress in Organic Electronics: Materials, Devices, and Processes. *Chemistry of Materials*, 16, 2004.

[96] A. E. Parker and D. J. Skellern. A Realistic Large-Signal MESFET Model for SPICE. *IEEE Transactions on Microwave Theory and Techniques*, 45, 1997.

[97] O. Marinov, M. J. Deen, U. Zschieschang, and H. Klauk. Organic Thin-Film Transistors: Part I - Compact DC Modeling. *IEEE Transactions on Electron Devices*, 56, 2009.

[98] M. J. Deen, O. Marinov, U. Zschieschang, and H. Klauk. Organic Thin-Film Transistors: Part II - Parameter Extraction. *IEEE Transactions on Electron Devices*, 56, 2009.

[99] H. Aoki. Dynamic Characterization of a-Si TFT-LCD Pixels. *IEEE Transactions on Electron Devices*, 43, 1996.

[100] H. Lee, C.-S. Chiang, and J. Kanicki. Dynamic Response of Normal and Corbino a-Si:H TFTs for AM-OLEDs. *IEEE Transactions on Electron Devices*, 55, 2008.

[101] Y. Nagae M. Takabatake, M. Tsumura. Consideration of Feed-Through Voltage in Amorphous-Si TFT's. *IEEE Transactions on Electron Devices*, 40, 1993.

[102] J. D. Cohen H. R. Park, D. Kwon. Electrode Interdependence an Hole Capacitance in Capacitance-Voltage Characteristics of Hydrogenated Amorphous Silicon Thin-Film Transistors. *Journal of Applied Physics*, 83, 1998.

[103] M.-S. Son, K.-H. Yoo, and J. Jang. Electrical Simulation of the Flicker in Poly-Si TFT-LCD Pixels for the Large-Area and High-Quality TFT-LCD Development and Manufacturing. *Solid-State Electronics*, 48, 2004.

[104] M. Kaltenbacher. *Numerical Simulation of Mechatronic Sensors and Actuators*. Springer-Verlag, 2nd edition, 2010.

[105] S. Triebenbacher, M. Kaltenbacher, B. I. Wohlmuth, and B. Flemisch. Applications of the Mortar Finite Element Method in Vibroacoustics and Flow Induced Noise Computations. *Acta Acustica united with Acustica*, 96, 2010.

[106] J. P. A. Bastos and N. Sadowski. *Electromagnetic Modeling by Finite Element Methods (Electrical and Computer Engineering)*. Marcel Dekker Inc., 1st edition, 2003.

[107] L. F. Pavarino and A. Toselli. *Recent Developments in Domain Decomposition Methods*. Springer-Verlag, 1st edition, 2002.

[108] A. Martnez Olmos, M. A. Carvajal, D. P. Morales, A. Garca, and A. J. Palma. Development of an Electrical Capacitance Tomography System Using Four Rotating Electrodes. *Sensors and Actuators A: Physical*, 148, 2008.

[109] M. H. W. Bonse, C. Mul, and J. W. Spronck. Finite-Element Modelling as a Tool for Designing Capacitive Position Sensors. *Sensors and Actuators*, 46-47, 1995.

[110] B. Flemisch, M. Kaltenbacher, and B. I. Wohlmuth. Elasto-Acoustic and Acoustic-Acoustic Coupling on Nonmatching Grids. *International Journal for Numerical Methods in Engineering*, 67, 2006.

[111] A. Elshabini-Riad and F. D. Barlow. *Thin Film Technology Handbook*. McGraw Hill Companies Inc., 1st edition, 1998.

[112] W.-S. Kwon and K.-W. Paik. Fundamental Understanding of ACF Conduction Establishment with Emphasis on the Thermal and Mechanical Analysis. *International Journal of Adhesion and Adhesives*, 24, 2004.

[113] T. R. Shrout and S. J. Zhang. Lead-Free Piezoelectric Ceramics: Alternatives for PZT. *Journal of Electroceramics*, 19, 2007.

[114] K. Lubitz and T. Steinkopff. Solid-State Actuator, Especially Piezoceramic Actuator. *Patent, US 2007/0252478 A1*.

[115] Physik Instrumente (PI) GmbH & Co. KG. Miniatur Piezoaktoren in Multilayer-Bauweise - PL022, PL033, PL055 PICMA Chip Aktoren. Technical report, Physik Instrumente (PI) GmbH & Co. KG, 2009.

[116] Polytec Inc. Hardware Handbuch Polytec Scanning Vibrometer PSV 300, 2010.

[117] NanoFocus AG. Bedienungsanleitung Nanofocus µsurf explorer, 2011.

[118] F. Alatas. *Kapazitives Messsystem zur Chrarakterisierung von plananren elektronischen Strukturen*. PhD thesis, Lehrstuhl für Messsystem- und Sensortechnik, Technische Universität München, 2012.

[119] M. Koerdel, F. Alatas, and A. Schick. Inspektion elektrisch isolierter Bestandteile planarer Elektronik. *Patent, DE 2011P19265*, 2012.

[120] H. Klausmann and K. Kragler. Vorrichtung und Verfahren zur berührungslosen Ankontaktierung von leitfähigen Strukturen, insbesondere von Dünnschicht-Transistor-Flüssigkristallanzeigen. *Patent, EP 2138856 A2*, 2009.

[121] S. Jacob E. Bergeret E. Bènevent P. Pannier M. Guerin, A. Daami and R. Coppard. High-Gain Fully Printed Organic Complementary Circuits on Flexible Plastic Foils. *IEEE Transactions on Electron Devices*, 58, 2011.

[122] J. Dresner. Dynamic Changes in Characteristics of a-Si Transistors During Fast Pulsed Operation. *IEEE Transactions on Electron Devices*, 38, 1991.

[123] J. Metzger. Charakterisierung eines Sensors zur berührungslosen Messung konstanter Spannungen. Projektarbeit, 2011.

[124] P. Y. C. Hwang R. G. Brown. *Introduction to Random Signals and Applied Kalman Filtering*. Wiley, 3rd edition, 1996.

[125] PI Ceramic Piezotechnologie. *Miniatur Piezoaktoren in Multilayer-Bauweise (Datenblatt PL022 · PL033 · PL055 PICMA® Chip Aktoren*. Physik Instrumente (PI) GmbH Co.KG, 2009.

[126] M. W. den Otter. Approximate Expressions for the Capacitance and Electrostatic Potential of Interdigitated Electrodes. *Sensors and Actuators A: Physical*, 96, 2002.

[127] ANSYS Inc. ANSYS Meshing User's Guide. Technical report, ANSYS, Inc., 2011.

[128] Department of Sensor Technology. CFS Manual. Technical report, University of Erlangen-Nuremberg, 2011.

[129] International Center for Numerical Methods in Engineering. GiD User Manual. Technical report, International Center for Numerical Methods in Engineering, 2011.

[130] Kitware Inc. ParaView Guide. Technical report, Kitware, Inc., 2011.

[131] J. Grabinger. Mechanical-acoustic coupling on non-matching finite element grids. Master's thesis, University of Erlagen-Nuremberg, 2007.

[132] S. Triebenbacher. Nonmatching grids for computational acoustics. Master's thesis, University of Erlangen-Nuremberg, 2006.

[133] M. Koerdel, F. Alatas, A. Schick, S. J. Rupitsch, and R. Lerch. Contactless Inspection of Electrically Isolated Electronic Components of Planar Electronic Devices by Capacitive Coupling. *Sensors and Actuators A: Physical*. doi: 10.1016/j.sna.2012.01.025, available Online, 2012.

[134] H.-M. Tong et al. Process for Fabricating Wafer Bumps. *Patent, US 6846719 B2*, 2005.

[135] M. G. Collet. Solid-State Image Sensors. *Sensors and Actuators A: Physical*, 10, 1986.

[136] R. Kohler, N. Neumann, and G. Hofmann. Pyroelectric Single-Element and Linear-Array Sensors Based on P(VDF/TrFE)Thin Films. *Sensors and Actuators A: Physical*, 45, 1994.

[137] P. Monk. *Finite Element Methods for Maxwell's Equations*. Clarendon Press, 1st edition, 2003.

[138] J. J. Barnes and R. J. Lomax. Finite-Element Methods in Semiconductor Device Simulation. *IEEE Transactions on Electron Devices*, 24, 1977.

[139] R. E. Bank, D. J. Rose, and W. Fichtner. Numerical Methods for Semiconductor Device Simulation. *IEEE Transactions on Electron Devices*, 30, 1983.

[140] R. E. Bank, W. M. Coughran, W. Fichtner, E. H. Grosse, D. J. Rose, and R. K. Smith. Transient Simulation of Silicon Devices and Circuits. *IEEE Transactions on Computer-Aided Design of Integrated Circuits and Systems*, 4, 1983.

[141] M. Feliziani and F. Maradei. Circuit-Oriented FEM: Solution of Circuit–Field Coupled Problems by Circuit Equations. *IEEE Transactions on Magnetics*, 38, 2002.

[142] F. Piriou and A. Razek. Finite Element Analysis in Electromagnetic Systems - Accounting for Electric Circuits. *IEEE Transactions on Magnetics*, 29, 1993.

[143] P. Servati and A. Nathan. Modeling of the Static and Dynamic Behavior of Hydrogenated Amorphous Silicon Thin-Film Transistors. *Journal of Vacuum Science & Technology A*, 20, 2002.

[144] J. S. Choi, G. W. Neudeck, and S. Luan. A Computer Model for Inter-Electrode Capacitance-Voltage Characteristics of an a-Si:H TFT. *Solid-State Electronics*, 36, 1993.

[145] A. B. Kahng and S. Muddu. Delay Analysis of VLSI Interconnections Using the Diffusion Equation Model. *31st ACM/IEEE Design Automation Conference*, 1994.

[146] M. A. G. Izquierdo, J. J. Anaya, O. Martinez, and A. Ibanez. Multi-Pattern Adaptive Inverse Filter for Real-Time Deconvolution of Ultra Sonic Signals in Scattering Media. *Sensors and Actuators A: Physical*, 76, 1999.

[147] R. G. Brown and P. Y. C. Hwang. *Introduction to Random Signals and Applied Kalman Filtering*. Wiley-VCH Verlag GmbH und Co.KGaA, 3rd edition, 1996.

i want morebooks!

Buy your books fast and straightforward online - at one of world's fastest growing online book stores! Environmentally sound due to Print-on-Demand technologies.

Buy your books online at
www.get-morebooks.com

Kaufen Sie Ihre Bücher schnell und unkompliziert online – auf einer der am schnellsten wachsenden Buchhandelsplattformen weltweit! Dank Print-On-Demand umwelt- und ressourcenschonend produziert.

Bücher schneller online kaufen
www.morebooks.de

VDM Verlagsservicegesellschaft mbH
Heinrich-Böcking-Str. 6-8
D - 66121 Saarbrücken

Telefon: +49 681 3720 174
Telefax: +49 681 3720 1749

info@vdm-vsg.de
www.vdm-vsg.de

Printed by Books on Demand GmbH, Norderstedt / Germany